VR 到 AR
——一种循序渐进的技术演变

方艳红　吴　斌　张红英　著

科学出版社

北　京

内 容 简 介

增强现实（augmented reality，AR）作为虚拟现实（virtual reality，VR）的技术延伸，是虚拟与现实的连接入口，是一种实时计算摄像机捕捉到的现实影像的位置及角度并加上相应虚拟信息的技术。伴随着 AR 技术的快速发展，其体感交互设备 Kinect、RealSense 也被广泛应用于游戏、物联网家居控制、医学、导航与定位、三维重建等领域。本书从系统设计的角度出发，由浅入深地讲述了 VR 和 AR 系统开发的关键技术，以实例设计的方式讲解 VR、AR 系统的具体开发流程和步骤。

本书分为两大部分，第一部分是 VR 技术的开发与应用，主要讲述 VR 技术在三维重建、远程手术仿真、柔性体力触觉渲染中的研究，包括第 1~4 章；第二部分是 AR 技术的开发与应用，主要讲述 AR 技术在游戏开发、物联网家居控制、骨关节功能评价、导盲、人体动态图像三维重建以及疲劳驾驶监测等系统中的研究与应用，包括第 5~11 章。

本书是 VR 和 AR 技术的入门研究教程，适合高校计算机信息类相关专业学生学习，同时由于书中附有大量案例，其同样适用于企业开发人员。

图书在版编目(CIP)数据

VR 到 AR：一种循序渐进的技术演变/方艳红, 吴斌, 张红英著. —北京:科学出版社, 2020.11

ISBN 978-7-03-066423-5

Ⅰ.①V… Ⅱ.①方… ②吴… ③张… Ⅲ.①智能技术–研究 Ⅳ.①TP18

中国版本图书馆 CIP 数据核字 (2020) 第 202158 号

责任编辑：张 展 侯若男 / 责任校对：彭 映
责任印制：罗 科 / 封面设计：墨创文化

科学出版社 出版

北京东黄城根北街16号
邮政编码：100717
http://www.sciencep.com

成都锦瑞印刷有限责任公司印刷
科学出版社发行 各地新华书店经销

*

2020 年 11 月第 一 版 开本：787×1092 1/16
2020 年 11 月第一次印刷 印张：15 1/2
字数：368 000

定价：135.00 元
(如有印装质量问题，我社负责调换)

前　言

自 2015 年中央电视台春节联欢晚会吉祥物"阳阳"以 AR 的舞台效果亮相以来，越来越多的 AR 活动进入大众视野，如支付宝 AR 扫红包、扫福娃以及蚂蚁庄园中玩星星球 AR 游戏等。那么，什么是 AR 技术？它和大家在 VR 体验馆中感受到的 VR 技术又有什么区别呢？

VR 是一种能够创建和体验虚拟世界的计算机仿真技术，它以模仿的方式为用户创造一个三维空间的虚拟世界，通过视、听、触等感知行为为使用户产生一种沉浸于虚拟环境的感觉，及时、无限制地体验三维空间内的事物变化。想象一下，当你在现实世界通过一个交互设备抓取虚拟世界中的某一个物体时，除了视觉，还会有触觉、力觉甚至是嗅觉等信息反馈，这种感觉像是抓到了一个真的物体。

VR 技术的难点包括适应具体应用的硬件设备开发、沉浸体验和真实感兼得、屏幕实时刷新等，尽管 20 世纪 90 年代至今，VR 技术进入高速发展阶段，甚至在 2016 年出现了"VR 元年"这一说法，但其关键问题一直没有得到实质性解决。因此，涌现出许多相关方向的研究者，也许很多人的研究只是冰山一角，但无疑也在缓缓推动着 VR 技术的发展。

随着 VR 技术的发展，2010 年后 AR 技术逐渐出现并盛行，一般我们认为，AR 技术的出现源于 VR 技术的发展，但二者存在明显的差别。传统 VR 技术可以为用户创造另一个世界，使其沉浸在虚拟世界中；而 AR 技术则是把计算机带入用户的真实世界中，通过听、看、摸、闻等虚拟信息，来扩充和增强用户对现实世界的感知，这类扩充和增强的信息可以是三维虚拟物体，也可以是文字、音频和视频等多媒体信息，并支持与客户的交互。真实世界与虚拟世界的信息集成、实时交互、在 3D 空间中添加定位虚拟物体是 AR 系统的主要特点。

伴随着 AR 技术的快速发展，其体感交互设备 Kinect、RealSense 也被广泛应用于游戏、物联网家居控制、医学、导航与定位、三维重建等各领域。

本书从系统设计的角度出发，由浅入深地讲述了 VR 技术的关键问题，并以实例设计的方式分析了其在三维场景重建、远程手术仿真、柔性体力触觉渲染等系统中的研究与应用。同样，本书还概述性地分析了 AR 关键技术，并以实例设计的方式分析了其体感交互设备在游戏开发、物联网家居控制、骨关节功能评价、导盲、人体动态图像三维重建以及疲劳驾驶监测等系统中的研究与应用。

本书的特点体现在三个方面。

(1)研究方法。本书以实例开发方式进行详细讲解，从系统分析、设计到实现按步骤说明，研究其关键技术并提出方法，对相关的内容从可借鉴的角度进行了深入分析。

（2）内容范围。本书从 VR、AR 基础研究出发，理清 VR 与 AR 的关系，以循序渐进的方式对 VR 技术在三维场景重建、远程手术仿真、柔性体力触觉渲染中进行了研究以及讲解了 AR 技术在游戏开发、物联网家居控制、骨关节功能评价、导盲、人体动态图像三维重建以及疲劳驾驶监测等系统中的研究与应用。

（3）结构体系。本书第一部分阐述 VR 技术的开发与应用，包括第 1～4 章；第二部分介绍 AR 技术的开发与应用，包括第 5～11 章。

需要说明的是，本书在以实例方式讲解 VR、AR 的具体开发应用时，其设计和实现方法并不是唯一的，因为同一问题可以以不同方式解决，我们给出的只是其中的一种。书中各实例实验仿真验证结果都是在所述实验环境下验证通过的。

参与本书编写的有方艳红、吴斌、张红英、巨佩、唐文强、李悦、陈艾文、洪文杰、杨雪梅、杨茂、张益君、缪红、周秋宇、赵琳、王双双等，其中巨佩完成第 2 章的系统设计、实现与实验仿真，唐文强完成第 3 章的系统设计、实现与实验仿真，方艳红完成第 4 章的系统设计、实现与实验仿真，李悦完成第 6 章的系统设计、实现与实验仿真，陈艾文、洪文杰完成第 7 章的系统设计、实现与实验仿真，杨雪梅完成第 8 章的系统设计、实现与实验仿真，杨茂完成第 9 章的系统设计、实现与实验仿真，张益君、缪红完成第 10 章的系统设计、实现与实验仿真，周秋宇完成第 11 章的系统设计、实现与实验仿真，第 1 章、第 5 章由方艳红、赵琳、王双双编写。全书由方艳红整理、定稿，吴斌、张红英审稿。

本书旨在为 VR 和 AR 初级程序开发者提供较全面的参考资料，要求读者具备 C#及 Unity 3D 的基础知识，书中包含大量真实案例，操作步骤详尽，代码清晰。本书适合高校计算机相关专业学生学习 AR 及 VR 技术，同时也适用于企业开发人员。

由于作者水平有限，本书疏漏与不足之处在所难免，恳请各位专家以及广大读者批评指正。

目　　录

第1章 VR 概 述

从虚拟现实的概念出现起，VR 体验馆无疑成为对 VR 概念最直观的普及方式。从国内大大小小的 VR 体验馆来看，VR 体验已经不仅仅局限于商场中的蛋椅，而是已经迈向了真正的虚拟现实体验。在现实世界中，你可以看到很多玩家都戴着头盔手舞足蹈，实际上，他们正沉浸于虚拟世界的场景中，这些场景足以以假乱真，让用户身临其境。利用 VR 技术，玩家可以在游戏中看到一些存在于虚拟世界中的东西，如丧尸、巨兽，甚至是千百年前的世界。电影《侏罗纪公园》完美地重现了侏罗纪时期的恐龙，广受大众喜欢，有了 VR 技术，就算是在家里也能看到恐龙的血盆大口，不必非要去电影院观看电影。利用 VR 技术，人们就可以真切"进入"科幻大片中，体验一把当主角的感觉，读者们是不是很期待呢？

那么如此神奇的 VR 到底是什么呢？它是如何出现又是如何成长的呢？所有的这些问题，都能在本章找到答案。

1.1 什么是 VR

VR 是 virtual reality 的缩写，中文的意思就是虚拟现实。

虚拟现实中的"现实"泛指在物理意义上或功能意义上存在于世界上的任何事物或环境，它可以是实际上可实现的，也可以是实际上难以实现的或根本无法实现的。而"虚拟"是指用计算机生成的意思。因此，虚拟现实是指用计算机生成的一种特殊环境，人可以通过使用各种特殊装置将自己"投射"到这个环境中，并操作、控制环境以实现特殊的目的，即人是这种环境的主宰。

"虚拟现实"的概念最先出现在各大著作中，目前发现的最早著作是 1938 年法国的《残酷戏剧——戏剧及其重影》[1]。在这本著作里，作者将剧院描述为"la réalité virtuelle"，即虚拟现实。

然而我们说的虚拟现实与此不同。我们说的虚拟现实是一种能够创建和体验虚拟世界的计算机仿真技术，它以模仿的方式为用户创造一个三维空间的虚拟世界，通过视、听、触等感知行为使用户产生一种沉浸于虚拟环境的感觉，及时、无限制地体验三维空间内的事物变化。

想象一下，当你在现实世界通过一个交互设备抓取虚拟世界中的某一个物体时，除了视觉，它还会有触觉、力觉甚至是嗅觉等信息反馈，这种感觉像是抓到了一个真的物体。

1.2   VR 系统组成

一个典型的 VR 系统主要由计算机、输入设备、输出设备、VR 设计/浏览软件和三维模型数据库组成。用户以计算机为核心，通过输入设备、输出设备与 VR 设计/浏览软件与虚拟世界进行交互，图 1-1 为其系统组成结构图。

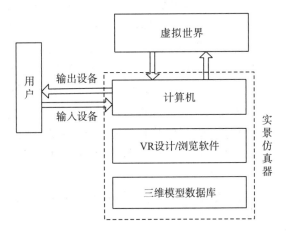

图 1-1   VR 系统组成结构图

图 1-1 中，计算机是 VR 系统的核心，主要用于接收、处理、控制及显示各种信息及相互间的作用和状态，负责整个虚拟世界的生成、用户和虚拟世界的实时交互计算等功能。

输入设备、输出设备用于感知用户输入信息，使用户与虚拟世界进行交互，是实现消费者交互、沉浸感的重要设备。VR 输入设备包括游戏手柄、3D 鼠标器、3D 数据手套、位置追踪器、动作捕捉器等，VR 输出设备包括头盔显示器、3D 立体显示器、3D 立体眼镜、洞穴状自动虚拟展示系统(cave automatic virtual environment，CAVE)、影像分离器等。在 VR 系统中，用户与虚拟世界之间要实现自然的交互，必须采用特殊的输入、输出设备，以识别用户输入的各种信息，并实时生成逼真的反馈信息。

VR 设计/浏览软件包括专业的虚拟现实引擎软件和很多辅助软件。专业的虚拟现实引擎软件将各种媒体素材组织在一起，形成完整的具有交互功能的虚拟世界，如 Unity3D、GLUT-OpenGL Utility Toolkit 等，它们主要负责完成虚拟现实系统中的模型组装、热点控制、运动模式设立、声音生成等工作。另外，它还要为虚拟世界和后台数据库、虚拟世界和交互硬件建立起必要的联系接口。成熟的虚拟现实引擎软件还会提供插件接口，允许客户针对不同的功能需求而自主研发一些插件。辅助软件一般用于准备构建虚拟世界所需的素材，如在前期数据采集和图片整理时，需要使用 AutoCAD 和 Photoshop 等二维图像处理软件和建筑制图软件；在建模贴图时，需要使用 3ds Max、MAYA 等主流三维软件；在准备音视频素材时，需要使用 Audition、Premiere 等软件。

三维模型数据库在 VR 系统中的作用主要是存储系统需要的各种数据，如地形数据、场景模型、制作的各种建筑模型等各方面信息。对于所有在虚拟现实系统中出现的物体，在数据库中都需要有相应的模型。

　　图 1-2 所示是一个基于头盔显示器的典型 VR 系统实例[2]，它由计算机、头盔显示器、数据手套、力反馈装置、话筒、耳机等设备组成。

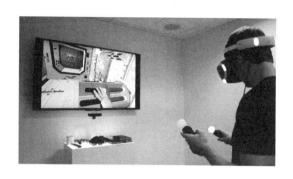

图 1-2　基于头盔显示器的典型 VR 系统

　　该系统首先由计算机生成一个虚拟世界，头盔显示器作为输出设备为用户形成一个立体显示的场景；用户可以通过头的转动、手的移动、语音等方式与虚拟世界进行自然交互；计算机根据输入设备感知用户输入的各种信息，实时计算，并通过输出设备将信息反馈给用户；要为用户产生身临其境的沉浸感，要求输出设备实时更新各种反馈信息，即头盔式显示器实时更新相应的场景信息，耳机实时输出虚拟立体声音，力反馈装置产生实时的触觉/力觉反馈(当然，要同时实现视觉、听觉、触觉信息的实时更新是非常有难度的，这几乎是 VR 技术一直以来的研究难点，此部分内容将在后续章节做进一步说明)。

　　尽管目前 VR 系统中应用最多的交互设备是头盔显示器和数据手套，但是如果把使用这些设备作为虚拟显示系统的标志就显得不够准确，这是因为 VR 技术是在计算机应用和人机交互方面开创的全新领域，当前这一领域的研究应用还处于初步阶段，头盔显示器和数据手套等设备只是当前已经研制实现的交互设备，未来人们还会研制出其他更具沉浸感的交互设备。

1.3　VR　特　点

　　当我们戴上 VR 头戴显示器，即可进入"另一个世界"。尽管一部电影也可能会带来沉浸感，但是它没有交互性，而在 VR 系统中，这种沉浸感有交互性，随着身体或头部的运动，用户可以看到不同角度的场景。至于虚拟环境，是我们构想出来的，它可以是你喜欢的一个电影场景，也可以是对现实世界的复制。

　　沉浸感(immersion)、交互性(interaction)和构想性(imagination)是 VR 系统的三个主要特征。

　　沉浸感，是指利用计算机产生的三维立体图像让用户置身于一种虚拟环境中，就像是在真实的客观世界中一样，能给人一种身临其境的感觉。沉浸感可以衡量参与、融入、代入感的程度，是强烈的正负情绪交替的过程。想要更好理解沉浸感，可以回忆一下自己做过的最真实的梦，在梦境中，你以自己的视角观察到的一切都是"真实的"，同理，VR的完全沉浸也是这种体验。

交互性，是指在 VR 系统中，人们不仅可以利用电脑键盘、鼠标进行交互，而且能够通过 VR 眼镜、VR 数据手套等传感设备进行交互，感觉就像是在真实的客观世界中一样。例如，当用户用手去抓取虚拟环境中的物体时，手就有握东西的感觉，而且可感觉到物体的重量。计算机能根据使用者的头、手、眼、语言及身体的运动来调整系统呈现的图像及声音。使用者通过自身的语言、身体运动或动作等自然技能，就能对虚拟环境中的对象进行考察操作。

构想性，是指由于虚拟现实系统中装有视、听、触、力觉的传感及反应装置，当用户在虚拟环境中同时获得视觉、听觉、触觉、力觉等多种感知时，可增强其对学习内容的感知程度、认知程度，触发其对概念的深化理解从而萌发新的联想，因而可以说，虚拟现实可以启发人的创造性思维。因此，VR 系统的构想性对于教育领域的应用意义尤为重要。

如果把这三个特征划分为三个层次，那么，沉浸感是第一层次的知觉体验，交互性是第二层次的行为体验，构想性是第三层次的精神体验。这三者相辅相成，正是沉浸感的知觉体验、自如的行为体验，以及梦幻般的精神体验一起把人类体验推向全新的增强体验。不过，现在的 VR 体验离预期的体验还有很长的路要走。沉浸感体验是近些年的产业目标，但重点仍局限于视觉体验；交互性是中期目标，是传感器集成和人工智能的合成问题；构想性是长期目标，涉及更为高级的脑认知问题。

1.4 VR 发展历史

2018 年 3 月，斯皮尔伯格导演的电影《头号玩家》带来了一股 VR 热潮，让沉寂已久的 VR 技术又一次回归大众视野。电影以大型 VR 游戏为创作背景，只要玩家带上 VR 眼镜，穿上体感服装，就可以进入无比梦幻的虚拟世界，现实生活中无力解决的棘手问题在虚拟游戏世界中得到了完美解决。

回到现实生活中，我们离电影中所描述的场景在技术实现上又有多远呢？如此神奇的 VR 技术到底是什么？它是如何出现又是如何成长的呢？

VR 技术跟其他技术一样，是随着市场的需求逐渐发展起来的。这个漫长的发展过程主要分为三个阶段。

1. 20 世纪 50～70 年代：VR 技术的探索阶段

1956 年，在全息电影技术的启发下，美国电影摄影师莫顿·海利希(Morton Heilig)开发了一台叫 Sensorama 的机器，如图 1-3 所示。它就像现在的大型游戏机一样，当我们把头放进这台机器后，不仅会有 3D 的视觉，还能闻到气味、听到声音。但 Sensorama 没有互动性，仅靠事先做好的画面播放，因此当时并没有得到很好的反响[3]。

图 1-3　最早的虚拟现实体验机 Sensorama

　　1965 年，美国计算机图形学之父伊凡·苏泽兰(Ivan Sutherland)发表了一篇名为"The Ultimate Display"(《终极的显示》)的文章。文章首次提出了全新的、富有挑战性的图形显示技术，即不通过计算机屏幕这个窗口来观看计算机生成的虚拟世界，而是观察者直接沉浸在计算机生成的虚拟世界中，就像生活在客观世界中。随着观察者随意转动头部与身体，其所看到的场景会随之发生变化。用户也可以用手、脚等部位以自然的方式与虚拟世界进行交互，虚拟世界会产生相应的反应，使观察者有一种身临其境的感觉。

　　1968 年，苏泽兰带领他的团队在实验室开发出第一个计算机图形驱动的头盔显示器(helmet-mounted display，HMD)及与之匹配的头部位置跟踪系统。HMD 使用的是阴极射线显像管(cathode ray tube，CRT)显示技术，可追踪头部的动作，但当时计算机的计算能力差，显示的像素也非常低。

　　20 世纪 70 年代，苏泽兰在原来的基础上把模拟力量和触觉的力反馈装置加入系统中，研制出了一个功能较齐全的头盔式显示器系统，如图 1-4 所示，该显示器为每只眼镜显示独立的图像，并提供与机械或超声波跟踪器的接口。

图 1-4　虚拟现实的早期应用

　　1975 年，迈隆·克鲁格(Myron Krueger)基于视频的方法设计了一个虚拟图形环境，称为 VIDEOPLACE 系统，使图像投影能实时地响应体验者的活动。1985 年，Michael McGreevy 组织完成了 VIEW 系统，让体验者穿戴数据手套和头部跟踪器，通过语言、手势等完成交互。它们是虚拟现实系统的雏形，该时期也被称为 VR 技术概念和理论产生的初期阶段。

2. 20 世纪 80 年代初期至中期：VR 技术系统化，从实验室走向实用阶段

20 世纪 80 年代，美国的 VPL 公司创始人 Jaron Lanier 正式提出了 virtual reality 一词。当时，研究此项技术的目的是提供一种比传统计算机模拟更好的方法。

1984 年，美国航空航天局研究中心虚拟行星探测试验室开发了用于火星探测的虚拟世界视觉显示器，将火星探测器发回的数据输入计算机，为地面研究人员构造火星表面的三维虚拟世界。

3. 20 世纪 90 年代至今，VR 技术高速发展阶段

新一轮的虚拟技术浪潮出现在 20 世纪 90 年代。公开资料显示，1993 年，Liquid Image 公司销售的第一款头盔重 3 公斤，配有一块 5.7 英寸（1 英寸=2.54cm）的 240×240 像素的 TFT-LCD 屏幕，在 15 个月内以 6800 美元的售价获得了 110 万美元的销量[4]。

此后 20 年间，许多厂商生产出性能更好的虚拟现实头盔，应用领域也逐渐从军队模拟训练、高校教学等应用扩展到了游戏领域。但当时的虚拟现实设备仍十分昂贵，面向消费者端的产品始终没能形成潮流。这种情况一直持续到 Oculus VR 公司的出现。公司创始人帕尔默·勒基（Palmer Luckey）在创办公司之前就已经将 VR 眼镜硬件成本降至 500 美元以内，且性能出色。2012 年 8 月 1 日，Oculus 网站进行众筹。公司传奇人物约翰·卡马克（John Carmark），也被称为射击游戏之父，完成了第一代 Oculus 眼镜 70% 的底层代码并开源了这些底层代码。利用这些开源技术，做 VR 头盔的企业将其价格不断拉低。2016 年，最便宜的、最简易的 VR 眼镜只售 9.9 元。

2016 年也被业界称为"VR 元年"。这一年，HTC，Oculus，SONY 的三大头显产品相继发售，谷歌、微软、索尼、阿里巴巴等企业纷纷进入虚拟现实产业，让 VR 技术走出实验室，走进了大众消费市场。可是，对于 VR 行业来说，2016 年也是矛盾的一年，前半年，概念火热，VR+演唱会、VR+影视等各种 VR 产业如火如荼；后半年，资本紧缩，不少 VR 视频平台不再更新，公司濒临倒闭的消息接连传出。噱头炒得火热却缺乏优质内容，无法给观众带来良好体验的行业现状让不少刚刚诞生的 VR 产品阵亡在起跑线上。

尽管被称为"VR 元年"的 2016 年最终并没有成为"VR 爆发年"，但是，把它定位成 VR 产业平稳增长的开端似不为过。除了谷歌、微软、高通、三星等科技巨头纷纷入场，数百家初创公司也应运而生。

在过去的几年里，如果大家留意虚拟现实产业的增长轨迹，会发现这项新兴技术正在变得越来越主流。首先在 2014 年，大约只有 20 万的 VR 活跃用户，这一数字到 2017 年已经增加到了 9000 万，到 2018 年全球 VR 产业规模已近千亿元人民币，年均复合增长率超 70%，全球投融资重点已从硬件终端转向内容应用。预计，2020 年全球 VR 产业规模将超 2000 亿元人民币，其中 VR 市场 1600 亿元人民币、AR 市场 450 亿元人民币[5]。

2018 年 9 月 27 日，以"携手拥抱 VR+ 共同开启新时代"为主题的 2018 国际虚拟现实创新大会召开，中国信息通信研究院联合华为公司、虚拟现实内容制作中心发布了《中国虚拟现实应用状况白皮书(2018)》。该白皮书指出，中国 VR 产业生态已初步建立的规模化、融合化是其发展应用的两大趋势。下一步，中国会加速 Cloud VR（云化虚拟现实）发展，将 VR 技术融入文化娱乐、工业生产、医疗健康、教育培训和商贸创意五个领域。

因此，尽管目前 VR 技术还是局限于实验性产品，但 VR 技术的未来非常有前景。也许几年后 VR 应用程序会像微信、支付宝一样成为我们手机上的必备软件，让我们拭目以待吧！

1.5　VR 系统的分类

VR 技术已经成为未来几年的科技发展趋势，也将是未来发展的一个新领域。VR 技术将为我们带来不一样的观影感受，沉浸式交互、3D 环绕，让人分不清现实与虚拟。不过，目前市场上的 VR 技术还不能为用户提供完美的体验，在技术上还有很大的提升空间。

目前，VR 系统可分为 4 类：桌面式 VR 系统、沉浸式 VR 系统、增强现实的 VR 系统、分布式 VR 系统。

1. 桌面式 VR 系统

桌面式 VR 系统也称窗口 VR 系统，如图 1-5 所示[6]，它是利用个人计算机或图形工作站等设备仿真，将计算机的屏幕作为用户观察虚拟世界的一个窗口。通过各种输入设备实现与虚拟现实世界的充分交互，包括鼠标、追踪球、力矩球等。它要求参与者使用输入设备，通过计算机屏幕观察 360°范围内的虚拟世界，并操纵其中的物体，但这时参与者缺少完全的沉浸，因为它仍然会受到周围现实环境的干扰。

图 1-5　桌面式 VR 系统

桌面式 VR 系统的最大特点是缺乏真实的现实体验，但是对硬件要求极低，有时只需要计算机和数据手套、空间位置跟踪定位设备等，因而应用比较广泛。作为开发者和应用者来说，从成本等角度考虑，采用桌面式 VR 系统往往被认为是从事 VR 研究工作的必经阶段。

常见的桌面式 VR 系统工具有：全景技术软件 QuickTime VR、虚拟现实建模语言 VRML、网络三维互动 Cult3D 和 Java3D 等，主要用于 CAD(computer aided design，计算机辅助设计)、CAM(computer aided manufacturing，计算机辅助制造)、建筑设计、桌面游戏等领域。

2. 沉浸式 VR 系统

高度沉浸感、高度实时性是沉浸式 VR 系统的主要特点。常见的沉浸式 VR 系统有：基于头盔式显示器的 VR 系统、遥在系统。

基于头盔式显示器的 VR 系统是采用头盔式显示器或投影式显示系统来实现完全投入。它把现实世界与参与者隔离，把参与者的视觉、听觉和其他感觉封闭起来，并提供一个新的、虚拟的感觉空间，利用空间位置跟踪定位设备、数据手套、其他手控输入设备、声音设备等使得参与者产生一种完全投入并沉浸其中的感觉，如图 1-6 所示[6]，是一种较理想的 VR 系统。

图 1-6　基于头盔式显示器的 VR 系统

遥在系统采用远程控制形式，常用于 VR 系统与机器人技术相结合的系统。在网络中，当在某处的操作人员操作一个 VR 系统时，其结果却在很远的另一个地方发生。这种系统需要一个立体显示器和两台摄像机以生成三维图像，将真实世界的场景一一映射在虚拟环境中。操作人员可以戴一个头盔式显示器，与远程网络平台上远程的摄像机相连接，输入设备中的空间位置跟踪定位设备可以控制摄像机的方向、运动，甚至可以控制自动操纵臂或机械手，自动操纵臂可以将远程状态反馈给操作者，使得他可以精确地定位和操纵该自动操纵臂。遥在系统主要应用于远程手术、远程探测等领域。

3. 增强现实的 VR 系统

沉浸式 VR 系统强调人的沉浸感，即沉浸在虚拟世界中，人所处的虚拟世界与真实世界相隔离，感觉不到真实世界的存在。而增强现实的 VR 系统(简称增强式 VR 系统)，不仅是利用虚拟现实技术来模拟、仿真现实世界，而且可以增强参与者对真实环境的感受，也就是增强现实中无法感知或不方便的感受。

在增强式 VR 系统中，虚拟对象所提供的信息往往是用户无法凭借其自身感觉器官直接感知的深层信息，用户可以利用虚拟对象所提供的信息来加强对现实世界的认知。典型的实例是战机飞行员的平视显示器，它可以将仪表读数和武器瞄准数据投射到安装在飞行员面前的穿透式屏幕上，飞行员不必低头读座舱中仪表上的数据，从而更集中精力盯着敌人的飞机航向，如图 1-7 所示[6]。

图 1-7　增强式 VR 系统

　　增强式 VR 系统有 3 个特点：真实世界和虚拟世界融为一体、具有实时人机交互功能、真实世界和虚拟世界是在三维空间中整合的。增强式 VR 系统可以在真实的环境中增加虚拟物体，如在室内设计中，在门、窗上增加装饰材料，改变各种式样、颜色等来审视最后的效果，以达到增强现实的目的。

　　常见的增强式 VR 系统有：基于台式图形显示器的系统、基于单眼显示器的系统(一只眼睛看到显示屏上的虚拟世界，另一只眼睛看到的是真实世界)、基于透视式头盔显示器的系统。

　　目前，增强式 VR 系统常用于医学可视化、军用飞机导航、设备维护与修理、娱乐、文物古迹的复原等领域。

4. 分布式 VR 系统

　　近年来，计算机、通信技术的同步发展和相互促进成为全世界信息技术与产业飞速发展的主要特征。特别是网络技术的迅速崛起，使得信息应用系统在深度和广度上发生了本质的变化，分布式 VR 系统是一个较为典型的实例。分布式 VR 系统是 VR 技术和网络技术结合的产物，是一个在网络的虚拟世界中，将位于不同物理位置的多个用户或多个虚拟世界通过网络连接成共享信息的系统。

　　分布式 VR 系统的目标是在沉浸式 VR 系统的基础上，将地理上分布的多个用户或多个虚拟世界通过网络连接在一起，使每个用户同时加入一个虚拟空间里，通过联网的计算机与其他用户进行交互，共同体验虚拟经历，以达到协同工作的目的，它将虚拟提升到了一个更高的境界。

　　目前，典型的分布式虚拟现实系统有 SIMNET，SIMNET 由坦克仿真器通过网络连接而成，用于部队的联合训练。通过 SIMNET，位于德国的仿真器可以和位于美国的仿真器一样运行在同一个虚拟世界中，参与同一场作战演习。

1.6　VR 技术的应用

　　VR 技术的应用非常广泛，目前在军事、医学、城市仿真、教育与培训、艺术与娱乐中有着较多的应用。

1. 军事应用

VR 技术发展源于航天和军事部门,其最新技术成果往往被率先用于航天和军事领域。

目前,VR 技术在军事领域的应用主要有两个方面:一是模拟真实战场环境,通过背景生成与图像合成创造一种险象环生、几近真实的立体战场环境,使受训士兵"真正"进入形象逼真的战场,从而增强受训者的临场反应,大大提高训练质量;二是模拟各军种联合演习,建立一个"虚拟战场",使参战双方同处其中,根据虚拟环境中的各种情况及其变化,实施"真实的"对抗演习。这样的虚拟作战环境可以使多个军事单位参与到作战模拟中来,而不受地域的限制,可大大提高战役训练的效率,还可以评估武器系统的总体性能,启发新的作战思路。

VR 技术对节省军用开支、提高士兵心理素质、积累军队作战经验、增强战斗力都有深远影响。因此,未来在军事领域,VR 技术的应用必将会更加频繁。

2. 医学应用

VR 技术在医学方面的应用具有十分重要的现实意义。VR 技术使用范围包括建立合成药物的分子结构模型和各种医学模拟,如模拟人体解剖和外科手术培训等。VR 技术所带来的视觉沉浸感和可交互性可以让学生"进入"人体进行观察学习,医学生将不必再围着标本做解剖练习。国内外越来越多的 VR 手术直播已悄然兴起。2016 年 6 月 7 日,好医术 VR 团队和上海市第六人民医院院长张长青合作,第一次在国内实现 VR 手术 App 直播。这次手术通过好医术 App 向来自 20 个省(区、市)3000 多位执业医师进行了现场直播,医生们第一次体验到 VR 技术给医学教育带来的便利与创新。2016 年 11 月,英国的 Mativision 直播了其利用 VR 技术进行手术的过程,25 个来自世界各地的医生戴着 Gear VR 观看了 Ashok Sethi 医生操作了两个复杂的整形外科手术。

VR 技术可以大大降低医学培训费用,同时它对降低手术风险、提供最佳手术方案具有重大意义。

3. 城市仿真

城市规划一直是对全新的可视化技术需求最为迫切的领域之一,VR 技术可以广泛地应用在城市规划的各个方面,并带来切实可观的利益。

在展现规划方案方面,VR 系统的沉浸感和互动性不但能够给用户带来强烈、逼真的感官冲击,获得身临其境的体验,还可以通过其数据接口在实时的虚拟环境中随时获取项目的数据资料,为大型复杂工程项目的规划、设计、投标、报批、管理带来便利,有利于设计与管理人员对各种规划设计方案进行辅助设计与方案评审。

在规避设计风险方面,由 VR 技术所建立的虚拟环境是由基于真实数据建立的数字模型组合而成,严格遵循工程项目设计的标准和要求建立逼真的三维场景,对规划项目进行真实的"再现"。用户在三维场景中任意漫游,还可进行人机交互,这样很多不易察觉的设计缺陷能够轻易地被发现,减少由于事先规划不周全而造成的无可挽回的损失与遗憾,大大提高了项目的评估质量。

在加快设计进度方面,利用 VR 系统,用户可以轻松、随意地进行修改,改变建筑高度,改变建筑外立面的材质、颜色,改变绿化密度,只要修改系统中的参数即可,这大大加快了方案设计的速度和质量,提高了方案设计和修正的效率,也节省了大量的资金。

在提供合作平台方面，VR 技术使政府规划部门、项目开发商、工程人员及公众可从任意角度实时、互动、真实地看到规划效果，更好地掌握城市的形态和理解规划师的设计意图。有效的合作是保证城市规划最终成功的前提，VR 技术为这种合作提供了理想的桥梁，这是传统手段如平面图、效果图、沙盘乃至动画等所不能达到的。

在加强宣传效果方面，对于公众关心的大型规划项目，在项目方案设计过程中，VR 系统可以将现有的方案导出为视频文件，以用来制作多媒体资料并予以公示，让公众真正地参与到项目中来。当项目方案最终确定后，也可以通过视频输出制作多媒体宣传片，进一步提高项目的宣传展示效果。

VR 技术在规划的各个阶段，通过对现状和未来的描绘，为改善人们居住生活环境以及形成各具特色的城市风格提供了强有力的支持。因此，VR 技术在城市仿真方面的应用也相当广泛。

4. 教育与培训

在教育与培训领域，虚拟现实技术能将三维空间的概念清楚地表示出来，使学习者直接、自然地与虚拟环境中的各种对象进行交互，并通过多种形式参与到事件的发展变化过程中去。全国百所中小学校师生教学体验的青岛智海云天"VR 多维课堂"成为业界关注的焦点。学生戴上头盔即可进入大千世界的神奇景观中，领略大自然的无穷魅力，学习星球运转模式；也可以"穿越"至清末，感受虎门销烟历史事件中强大的爱国主义精神，或领略洋务运动浪潮里中华儿女自强求富的奋斗精神；拿出化学药品时不需要担心自己的手被灼伤，想要加热试管也不需要引燃酒精灯的火焰，只要转动头盔，化学实验课便可轻松实现。

这种 VR 沉浸式课程学习体系由 VR 智能眼镜、VR 云课件、VR 教学操控系统组成，是互联网前沿科技在中小学课堂上真正的应用，极大改变了传统教学模式，激发了学生的学习兴趣和创新潜能，为参与者以直观、有效的方式掌握一门新知识、新技能提供了前所未有的途径。

5. 艺术与娱乐

VR 技术在艺术领域所具有的潜在应用能力也不可低估。VR 技术所具有的临场参与感与交互能力可以将静态的艺术(如油画、雕刻等)转化为动态的艺术，可以使观赏者更好地欣赏作者的思想艺术。例如，2017 年威尼斯双年展时，保罗·麦卡锡(Paul McCarthy)创作了新媒体作品《C.S.S.C.关山飞渡关山　玛丽与伊芙的虚拟现实实验》，直接邀请观众参与到心理与生理领域重叠的新场景中；扎哈·哈迪德设计工作室与伦敦蛇型画廊合作，在香港 Artis Tree 举办了名为《实验永无止境》的展览，将个人绘画与四种实验性 VR 体验结合，专门为观众提供了一个"亲密接触"扎哈建筑作品的机会。

另外，VR 技术提高了艺术表现能力，在家庭娱乐方面，VR 技术也显示出很好的前景，如一个音乐家可以在家演奏各种各样虚拟的乐器，出行不便的人可以到虚拟的音乐厅欣赏音乐会等。

1.7　VR 技术经典应用案例

VR 技术给人一种沉浸感,被认为是下一代娱乐事业的终端形式,具有传统娱乐方式不可比拟的优势。研究者和相关企业相信,VR 技术能够像曾经的电视机、个人电脑、智能手机一样彻底改变人们的生活,所以他们肯为此花费巨大的人力、物力、财力。

事实上,许多行业已经尝到了 VR 技术的甜头,以下介绍关于 VR 技术使用最成功的十个市场案例[7]。

(1)可口可乐虚拟雪橇之旅。2015 年的圣诞,可口可乐公司在波兰创造了一场华丽的虚拟雪橇之旅。通过使用 Oculus Rift,人们可以沉浸在虚拟现实的世界里扮演一天的圣诞老人。在这次虚拟雪橇之旅的体验中,体验者可以像真正的圣诞老人一样驾驶雪橇车穿越波兰,拜访各个村庄。

(2)麦当劳 Happy Meal Headset。Happy Meal Headset 之于麦当劳就好像纸板眼镜之于谷歌,麦当劳 Happy Meal Headset 最早在瑞典试点发行。通过 Happy Meal Headset,人们可以获得基础的 VR 体验。麦当劳还为 Happy Meal Headset 量身定制了一款虚拟现实滑雪游戏。

(3)米歇尔·奥巴马的 VR 视频。白宫曾经邀请 The Verge 公司为原第一夫人米歇尔·奥巴马拍摄了一个 360°全景 VR 视频。在这个视频中,米歇尔·奥巴马谈论了关于她在健康饮食和坚持锻炼方面所做出的努力。

(4)《纽约时报》的 VR 纪录片。战争使得儿童流离失所,《纽约时报》抓住了这个悲伤的事实并拍摄了相关的 VR 沉浸纪录片。同时,《纽约时报》还和谷歌公司联合免费向《纽约时报》的读者提供谷歌纸板眼镜和相应的 VR App。

(5)Boursin 虚拟现实营销。作为全球知名的芝士供应商,Boursin 将虚拟现实和市场营销完美结合,通过视频给消费者提供了一场口感丰富的芝士品牌体验之旅。

(6)Topshop 虚拟现实 T 台服装秀。Topshop 是英国著名的时尚品牌。Topshop 在其位于伦敦的品牌旗舰店给幸运的顾客提供独家的时装 T 台走秀 360°全景虚拟现实体验,该服装秀被认为是史上与 VR 技术结合最完美的典范。

(7)Volvo 虚拟现实驾驶。虚拟现实驾驶是一件非常有意义的事,尤其是当你身边没有汽车租赁商的时候。著名的汽车厂商 Volvo 在发布 XC90SUV 时就提供了一个相应的虚拟现实体验 App。通过这个 App,使用者就好像是真的坐在 XC90SUV 的驾驶席里体验驾驶新车的乐趣。

(8)Patron 的 VR 产品之旅。世界知名的烈酒厂商 Patron 制作了一个关于其产品制作全流程的虚拟现实短片,向用户彰显 Parton 在烈酒制作领域贴近自然的艺术化工业流程。

(9)迈乐公司的 Trailscape。为了推广新的登山鞋,美国迈乐公司创造了一个登山的虚拟现实体验平台,并命名为 Trailscape。参与者将带上虚拟现实头盔在一个平台上独自行走,伴随着视线里沉浸感十足的 VR 影像,体验一场前所未有的登山之旅。

(10)万豪酒店的 Teleporter。你是否想象过无论在何时何地,只要你想,就可以被传送到一个美丽的沙滩之上？美国著名的万豪酒店就使用虚拟现实来为他们酒店的用户实现了这一幻想，万豪和两家著名的 VR 产品服务供应商合作开发了一个高分辨率的 4DVR 旅游体验平台。

1.8　VR 关键技术

VR 技术的理想状态是让使用者如同身临其境一般，可以及时、没有限制地观察三维空间内的事物，但目前 VR 技术还存在哪些技术难点需要攻克呢？

1. VR 场景构建

如果把 VR 系统比喻成话剧表演，那么在演出以前首先需要做的就是搭建舞台，为了能够搭建出一个好舞台，无数的技术和数据工程师下足了功夫。VR 系统制作的第一步是 VR 场景构建，三维激光扫描、全景拍摄、通用或专用建模软件构建是常用的建模方式。

三维激光扫描又称为实景复制技术，是最精确的一种场景构建方式。它能够提供扫描物体表面的三维点云数据，因此可以用于获取高精度、高分辨率的数字模型。海量的点云数据预处理是其核心工作，自动提取几何特征生成三维模型、模型比对、干涉检查、碰撞分析、编辑图纸、数据支持等功能可以强化 VR 系统的真实感与沉浸感。一般的三维扫描仪厂商除了设备，还会有简单的点云数据处理软件，但大部分不能满足复杂场景的构建要求，如何实时处理点云数据，使 VR 系统具备大数据、一站式、自动化、跨平台的处理特色是其研究难点。

全景拍摄是以某个点为中心进行水平 360° 和垂直 180° 拍摄，将所拍摄的多张图拼接成为一幅包含全部场景的图片，使用专用的发布软件播放，并且使浏览者能够根据自己的意愿拖动鼠标来观看场景的任何角落，使人有身临其境的感觉。全景拍摄采用的设备一般有单反相机、鱼眼镜头、云台和三脚架，成本相对不高，技术门槛比其他场景构建方式也相对低一些，因此受到很多公司的青睐。目前，全景拍摄技术发展迅猛，但也很混乱，拍摄没有标准格式，制作也没有很强大的编辑软件，播放软件还处于探索阶段[8]。

一般采用通用建模软件构建三维场景，其中 3ds Max 是一款较常用的软件。3ds Max 功能强大、操作简单、数据格式兼容性强，因此在全世界拥有众多使用者。但这款软件作为通用建模软件，在一些规则性很强的行业建模方面效率偏低，尤其不能满足实时渲染的 VR 场景要求。

专业软件工具是最有针对性的构建方式，如针对建筑行业的草图大师、PKPM，针对工业领域的 PDMS、SP3D、AutoPLANT Piping，针对家装行业的酷家乐、指挥家、打扮家，针对影视行业的 Maya、Poser（动物和人体建模）等。还有很多公司自己开发场景构建工具以满足特殊场景构建，如很多游戏公司都会开发地图编辑器。

未来 VR 设计软件将会大规模普及，工业领域所有的产品进行 VR 设计将会是标配，产品生产前，三维数据将会被用于广告宣传、外观专利申请，样品将会采用 3D 打印技术进行生产，消费者看到的商品信息将会是立体的。在建筑领域，大楼的设计、景观造型、装修全部采用 VR 设计，设计公司完成设计后会将大楼的设计数据共享给建筑公司、装修公司、销售公司、政府等，相关人员可以通过 VR 系统获得房屋的外观和内部信息。在游戏和电影领域，大量的战争场景、古代宫殿会采用 VR 手段进行构建。

其他的应用还有很多很多，因此在 VR 系统中构建 VR 场景这项工作一开始就受到了各大公司的关注，在 Google 推出 VR 绘图软件之后，Unity、UE4 纷纷推出自己的 VR 场景构建工具。在后续研究中，开发各种 VR 设计工具或将已有的设计方法融入特定的 VR 系统是其主要研究方向。

2. 自动立体显示技术

自动立体显示技术是一种立体图像显示方法，观众不需要佩戴 3D 眼镜便可观赏到立体图像，所以这种技术也被称为免眼镜 3D 显示技术。要想 VR 技术像电视机、个人电脑、智能手机一样彻底改变人们的生活，自动立体显示技术必不可少。

目前已有的裸眼立体显示器如 Exceptional3D、Fukoer Full View 等，它们支持双画面 3D 影视信号输入，完全兼容眼镜式 3D 影视标准，转换实时视点，将双视点 3D 信号转换成无须佩戴眼镜观看的多视点信号，实现裸眼 3D 显示。裸眼立体显示器主要应用于 3D 数字看板显示市场和市场营销场所，如电影院大堂、产品发布会、新闻发布会等。

3. 触觉反馈技术

触觉反馈(haptic or tactile feedbacks)技术能通过作用力、振动等一系列动作为使用者再现触感。这一力学刺激可被应用于计算机模拟中的虚拟场景或者虚拟对象的辅助创建和控制，以及加强对于机械和设备的远程操控方面。触觉和视觉、听觉一样，是人类感知外界的重要模态之一，并且是唯一既可接受环境输入又可对环境输出的感知通道。在真实世界中，人类通过触觉系统感知物体的形状、质量、硬度、粗糙度和温度等。在虚拟世界里，人们使用各种被称为力触觉设备的机电设备来触摸、感知和操纵计算机产生的虚拟物体，通过与计算机进行互动来实现虚拟触觉。

人类触觉对力的变化非常敏感，为了获得真实的力触感，通过力触觉设备感受到的力反馈的计算要求以 500～1000Hz 的频率进行刷新，相比于计算机显示器 25～100Hz 的刷新频率，这对计算效率无疑是个巨大挑战。

4. 人机交互技术

VR 系统中的人机交互技术(human-computer interaction techniques)是指通过计算机输入、输出设备，以有效的方式实现人与计算机对话的技术。传统的交互设备主要有数字头盔、数字手套、力反馈设备等。但随着科技、互联网的快速发展，新的人机交互技术正被尝试应用在 VR 系统中，其中具代表性的有眼球追踪和语音识别技术。

眼球追踪技术是通过捕捉眼睛的注视点(运动轨迹)来代替 VR 环境中的鼠标，与计算机虚拟环境进行交互。只要让设备知道人们在注视着哪里，那么设备就可以有选择地弱化注视点周围画面的渲染强度，从而相应地降低硬件的渲染压力。注视点清晰，周围逐渐虚化，符合人眼成像的规律，同时，用眼睛注视点来当鼠标，看哪里，光标就指向哪里，效率也将比用手指操作鼠标的方式高很多倍。

语音识别技术，也称为自动语音识别(automatic speech recognition，ASR)，是一种将人类语音中的词汇内容转换为计算机可读输入的技术，如将语音转换为按键、二进制编码或者字符序列。目前，以 Siri、Cortana 和 Google Assistant 为代表的智能语音助手已经在

PC（personal computer，个人计算机）和移动计算平台上广泛应用，相信在未来的 VR 世界中，同样也会有一个听得懂你说话、还能帮你解决复杂问题的虚拟助手出现。

5. 系统集成技术

系统集成技术是指将不同的系统根据应用需要，有机地组合成一个一体化的、功能更加强大的新型系统的过程和方法。集成技术包括信息的同步技术、模型的标定技术、数据转换技术、数据管理模型、识别和合成技术等。由于虚拟现实中包括大量的感知信息和模型，系统集成技术也起着至关重要的作用。

VR 集成系统主要由检测模块、反馈模块、传感器模块、控制模块、建模模块构成。其中，检测模块检测用户的操作命令，并通过传感器模块作用于虚拟环境；反馈模块接受来自传感器模块的信息，为用户提供实时反馈；传感器模块一方面接受来自用户的操作命令，并将其作用于虚拟环境，另一方面将操作后产生的结果以各种反馈的形式提供给用户；控制模块则是对传感器进行控制，使其对用户、虚拟环境和现实世界产生作用；建模模块获取现实世界组成部分的三维表示，并由此构成对应的虚拟环境。在五个模块的协调作用下，最终构建出 3D 模型，实现对现实的虚拟。

1.9　VR 技术需要突破的瓶颈

屏幕分辨率、刷新率，芯片计算能力、功耗以及元件上的瓶颈，直接限制了 VR 技术在手机端的发展。硬件和内容的双重掣肘，让 VR 技术在很大程度上还只停留在"概念"层面。那么 VR 技术有哪些需要突破的瓶颈问题呢？

1. 无法完全解决的眩晕感——体验者可能会呕吐

目前，VR 体验的最大问题就是眩晕感。体验者在适应全新的感官环境时，可能会出现类似晕车的状况。虽然一些研究人员表示在虚拟影像中添加一个鼻部图像，可能会帮助体验者更好地适应，但目前尚未得到 VR 设备及软件厂商的支持。虽然一些高端设备解决了部分眩晕感的问题，但因体验者自身身体状况、适应能力的影响，还是无法完全避免眩晕感的产生，体验者连续佩戴设备的时间可能无法超过 30 分钟。

2. 沉浸体验和真实感难兼得

沉浸体验常被作为衡量虚拟现实的一个重要指标，然而在当前的技术条件下，沉浸体验却成了另一个衡量指标——画面真实感（即清晰度）的"天敌"。

想要画面变得更真实，就需要高清晰度来支持，如果清晰度提高了，那么画面就会离人眼更远，从而降低沉浸体验，反之亦然。之所以会如此，主要是因为屏幕分辨率的限制。我们可以理解为，离屏幕越近，颗粒感越强，而颗粒感通过透镜放大后进一步明显，使得人眼获取的实际场景比较模糊，如果分辨率没有高到一定程度，就无法解决这个难题。

3. 屏幕刷新率

120Hz 的屏幕刷新率是保证 VR 画面接近现实的最低要求，当前手机屏幕的刷新率基本还停留在 60Hz 的水平，只有 PC 显示器可以满足 120Hz 屏幕刷新率最低要求。同时，刷新率的提升会对芯片的计算、功耗造成很大压力，这对设备的硬件提出了较高要求。

1.10　本 章 小 结

　　本章首先介绍了 VR 技术的定义、特点、系统组成、分类、发展历史、具体应用、经典应用案例等，同时对 VR 关键技术、需要突破的瓶颈问题做了分析，为后续 VR 技术应用研究做了铺垫。

　　VR 技术作为一种先进的计算机多媒体技术，通过给用户同时提供视、听、触等各种直观而又自然的实时感知交互手段，将成为一种新的重要媒介和平台。尽管它的发展慢于预期，也存在一些问题，但仍是最有潜力的趋势化技术。

　　本书第 2～4 章将着重介绍 VR 技术在三维场景重建、远程手术仿真以及柔性体力触觉交互技术等方面的研究与应用，通过实例开发的方式说明 VR 技术应用的具体方法及待解决的问题。

　　笔者相信，无论 VR 技术如何发展，产业怎样演进，仍有很多的未知等着我们去发现。因此，当前涌现出的诸多研究也许只是 VR 技术研究内容的冰山一角，但无疑也在缓缓推动着 VR 技术的发展。

第2章 VR技术在三维场景重建中的应用

2018年5月18日，贝壳找房对外公布了他们最新的售房计划——VR看房平台。用户只需下载一款App，躺在沙发上，喝着咖啡，在家就可以漫游于每一个感兴趣的房屋内，房屋的三维结构、尺寸信息、户型、装修、内饰等一览无余。作为全国最大的3D场景内容生产商，他们将VR技术应用在传统行业上，获得大众好评。VR看房平台其实就是借助3D实景技术，真实、准确地让用户看到现实场景，实现场景再现，而这也是VR三维场景重建技术在中国不动产领域的首次大规模应用。

在本章中，我们将了解什么是VR三维场景重建。本章将在概述性地介绍VR三维场景重建技术的基础上，以某公司的三维虚拟园区简介系统设计为例，说明基于3ds Max与Unity3D平台的VR三维场景重建方法，所设计的三维虚拟公司园区简介系统具有全视角虚拟实景功能，可以让参观者体验良好的方向感与沉浸感，克服以往三维虚拟实景无法环绕观看的弊端，可应用于公司形象宣传、园区规划等方面。

2.1 VR三维场景重建定义

VR三维场景重建是VR与三维重建技术的结合，高精度的三维重建技术可以使虚拟物体的仿真度更高，从而达到以假乱真的效果，其中，三维重建是在计算机环境下根据单视图或者多视图的图像重建三维信息的过程，是在计算机中建立表达客观世界的虚拟现实的关键技术。

在计算机中生成物体三维模型的方法主要有两类，一类是使用几何建模软件，通过人机交互生成人为控制下的物体三维几何模型；另一类是通过一定的手段获取真实物体的几何形状，如以断层扫描序列图像为基础的医学器官或植入体的三维重建、以深度信息为基础的物体立体空间三维模型绘制。通过几何建模软件生成三维几何模型的技术已经十分成熟，现有若干软件支持，如3ds Max、Maya、AutoCAD、Unity3D、UG等，它们一般使用具有数学表达式的曲线曲面表示几何形状。基于真实物体的三维建模一般称为三维重建过程，是利用二维投影恢复物体三维信息（形状等）的数学过程，包括数据获取、预处理、点云拼接和特征分析等步骤。

在VR系统中，利用各种三维重建技术实现真实环境与物体的虚拟仿真并用于后期人机交互，都称为VR三维场景重建。

2.2　VR 三维场景重建研究现状

VR 三维场景重建是一项投资大、难度高的科学技术。国外在 20 世纪 50 年代起便开始对相关技术进行研究，美国作为该技术的发源地，目前其研究水平遥遥领先于世界各国，英国和德国的技术水平较为领先，亚洲地区只有日本在该技术领域较为先进。

(1) 目前美国在该领域的基础研究主要集中在感知、用户界面、后台软件和硬件四个方面。美国为争取 1996 年夏季奥运会主办权，特别设计了一套大型三维虚拟实景系统，将奥运设施栩栩如生地表现出来。NASA Ames 实验室开发了虚拟界面环境工作站；麻省理工学院成立了媒体实验室，进行虚拟环境的研究。华盛顿大学华盛顿技术中心的人机界面技术实验室将 VR 研究引入教育、设计、娱乐和制造领域，设计出一个便携式的 MagicBook 增强现实系统，可以把虚拟的模型重叠在真实的书籍上，产生一个增强现实的场景。同时，该界面也支持多用户的协同工作。圣何塞州立大学已在虚拟世界平台“第二人生”上建立了虚拟校园[9]。

(2) 在欧洲，德国某大学为使学生便于查询和研究，联合研制出基于三维 GIS (geographic information system，地理信息系统)的城市模拟系统。德国在对柏林进行城市规划建设时需要城市规划模型，便利用三维虚拟场景技术进行建模，民族广场就是利用这个模型规划的[10]。英国在 VR 技术开发的分布并行处理、辅助设备(包括触觉反馈)设计和应用研究方面处于欧洲领先地位。

(3) 日本虚拟现实技术的发展在世界上同样具有举足轻重的地位,它在建立大规模 VR 知识库和虚拟现实的游戏方面做出了很大的成就。日本联合先进的虚拟模拟技术,于 2014 年 12 月设立全球首所虚拟学校,可让受心理问题困扰的学生在家中化身虚拟人物,利用手机摇杆在虚拟学校中自由学习和交流。东京大学的原岛研究室开展了 3 项研究：人类面部表情特征的提取、三维结构的判定和三维形状的表示、动态图像的提取[11]。东京技术学院精密和智能实验室研究出一个用于建立三维模型的人性化界面，称为 SpmAR。

在国内，20 世纪 80 年代，一些院校和科研单位陆续开始对 VR 技术进行研究，目前也已取得一些相当不错的研究成果，如宁波数字城市仿真中心开发的未来城市虚拟场景，可以让体验者感受未来城市的空间布局；在天津市著名的马场道规划修正方案中，成功运用 VR 技术达到辅助设计的目的；北京航空航天大学虚拟现实新技术国家重点实验室集成了分布式虚拟环境，可以提供用于飞行员训练的 VR 场景；清华大学光盘系统及应用技术国家工程研究中心所制作的“布达拉宫”，采用了 QuickTime 技术，实现了大全景 VR 绘制；浙江大学 CAD&CG 国家重点实验室开发了一套桌面型虚拟建筑环境实时漫游系统。此外，VR 三维场景重建技术的应用在三峡工程、二滩水电站及许多城市的规划工程中都取得了很大成效。

总之，三维场景重建是 VR 技术的一个重要内容，未来将在医学、军事、教育、商业、旅游、航天工业、娱乐、电子商务、城市规划、工业仿真、室内设计、古迹复原、水利水电等各个领域发挥重要作用，并已经开始迎来大规模的商业化应用，行业发展空间广阔。

2.3　三维虚拟公司园区简介系统分析

三维虚拟公司园区简介系统是 VR 三维场景重建技术的一个典型应用, 它将 VR 三维场景重建技术运用到公司或企业的形象展示中来, 不仅能更全面、充分地展示企业自身的信息, 还使受众有更好的沉浸感。

2.3.1　研究背景分析

目前网页上的公司或企业信息简介部分大都是二维图片或视频, 缺乏立体、动态的三维显示功能。随着计算机多媒体技术、VR 技术的发展, 设计具有三维场景感受的虚拟系统已成为可能, 并且被各行各业广泛接受。

三维场景重建同 VR 一样, 沉浸感、交互性和构想性是其主要特性, 但是在现有的很多园区重建系统 (如虚拟校园) 中, 虚拟场景大多采用平面地图与部分实景拍摄整合而成, 系统比较被动且过于机械化, 难以实现智能化的人机交互。若采用 360° 全景拍摄, 存在场景不够连续的问题, 依然无法克服缺乏互动感的缺陷[12]。因此, 本章所介绍的虚拟现实简介系统, 最大的难点在于建模的逼真度和绘制的实时性, 能够实现多方位、多角度环绕观察。

为了具有全视角虚拟实景功能, 克服以往三维虚拟实景无法环绕观看的弊端, 本书介绍的三维虚拟公司园区简介系统将现实中真实存在的公司园区通过数据采集与处理后, 使用 3ds Max 进行虚拟园区环境的三维建模, 再通过对模型实景外观贴图以及仿真材质渲染等, 尽可能地还原真实园区场景, 使浏览者可在系统中体验身临其境的感觉。同时, 系统运用了 Unity 3D 开发引擎特有的自动瞬时导入、支持大部分 3D 模型、贴图材质自动转换为 U3D 格式等特点, 将三维影像介绍与文字介绍相结合, 除了有重点区域的文字简介展示, 还提供全方位、多角度移动视角的参观方式, 对园区场景进行立体展示, 可应用于公司形象宣传、园区规划等方面, 生动形象地展示了公司园区风貌, 可以让参观者有良好的方向感与沉浸感。

2.3.2　系统功能分析

在设计中, 本书拟采用 3ds Max 建模, 制作三维数字模型; 用 Photoshop 等图像处理软件处理贴图, 得到效果逼真的三维模型; 将模型导入 Unity 3D 引擎中, 添加组件, 进行 UI (user interface, 用户界面) 设计, 并添加 C#语言编写的交互式脚本, 最后利用 Unity 软件发布系统。具体要求如下。

(1) 建模。建筑物三维模型生动形象, 与实体建筑几乎保持完全一致。

(2) 环境。有植物、地面、天空等生态环境, 场景自然真实。

(3) 渲染。利用 Photoshop 等图像处理软件将贴图附在模型表面上, 使三维模型更加真实生动。

（4）界面。UI 设计良好，文字简介清晰明了，交互性强。

（5）程序。编写脚本代码，实现介绍功能，使整个系统运行流畅。

（6）系统。能够用平台发布，具有三维场景漫游的功能。

系统的功能结构图如图 2-1 所示。

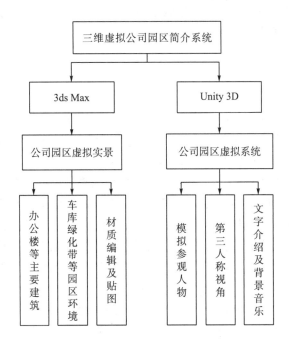

图 2-1　系统的功能结构图

从图 2-1 可以看出，本次设计主要运用 3ds Max 与 Unity 3D 两个开发工具，利用 3ds Max 对办公楼建筑物以及花草树木等环境物体进行建模，通过表面贴图处理后使其形象逼真，建成公司的虚拟园区实景，将其导入 Unity 3D 开发引擎后，通过编写脚本使摄像机处于第三人称的视角并在移动时进行观察，通过 UI 设计及代码控制，在摄像机移动到公司入口位置时展开公司的简介信息，便于用户形象地辨认位置，最后添加图像、音效等，使用户有更好的使用体验。

2.3.3　相关开发工具说明

Unity 3D 是由 Unity Technologies 公司开发的一个全面整合的专业游戏引擎，是能让用户轻松便捷地创建 3D 仿真游戏、可视化三维动态效果的跨平台综合开发工具[13,14]。它具有 7 个特点。

（1）通过可视化编程界面完成各种开发工作，高效脚本编辑，方便开发。

（2）自动瞬时导入，Unity 支持大部分 3D 模型，骨骼和动画直接导入，贴图材质自动转换为 U3D 格式。

（3）只需一键即可完成作品的多平台开发和部署。

（4）底层支持 OpenGL 和 Direct11，具有简单实用的物理引擎和高质量粒子系统，轻松上手，效果逼真。

（5）支持 Java Script、C#、Boo 脚本语言。

（6）Unity 性能卓越，开发效率出类拔萃，极具性价比优势。

（7）支持从单机应用到大型多人联网游戏开发。

3D Studio Max，简称 3ds Max，是 Discreet 公司开发（后被 Autodesk 公司合并）的基于 PC 系统的三维动画渲染和制作软件。在 Discreet 3ds Max 7 后，正式更名为 Autodesk 3ds Max，最新版本是 3ds Max 2020。

本章设计使用的是 Autodesk 3ds Max 2016。相比之前版本，该版本纳入了一些全新的功能，如凭借基于节点的全新编程系统，用户可以扩展 3ds Max 功能，并与其他用户共享新创建的工具；借助 Autodesk® A360 渲染支持新的物理摄影机，3ds Max 用户可以更轻松地创建真实照片级别的图像；通过新的 OpenSubdiv 支持双四元数蒙皮，美工人员可以更高效地建模；新的摄影机序列器可以更有条理地控制内容呈现；新的设计工作区提供基于任务的工作流，方便用户使用；新的模板系统为用户提供了基线设置，因此可以更快速地开展项目，渲染也更顺利。

2.4　三维虚拟公司园区简介系统总体设计

本章选取的公司园区是四川省成都市武侯区西部智谷 D 园区。用户进入三维虚拟公司园区系统后，可以全方位的立体角度在园区内参观，通过交互界面可以看到园区的介绍。系统流程框图如图 2-2 所示。

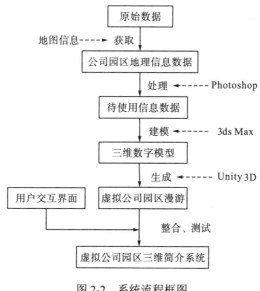

图 2-2　系统流程框图

图 2-2 中各个步骤详细解释如下所述。

1. 原始数据到公司园区地理信息数据的处理

该设计的原始数据的可利用率并不是很高，想要建立一个真实的虚拟公司园区，首先需要有园区环境中各建筑物的具体分布图和平面图，如果没有这些图纸，也必须要知道公司园区的整体占地面积和每一个物体的长度、宽度、高度以及在园区中所处的坐标等信息。另外，公司园区各区域的大概高度、最低点及最高点等地形信息也是必须要掌握的。通常，如果能拿到园区建筑的 AutoCAD 图纸是最好的，但如果没有，通过实地考察以及结合电子地图(如百度地图)等获得公司园区的地理信息数据也是行之有效的方法。

2. 公司园区地理信息数据到待使用信息数据的转换

通过拍照方式采集公司园区内大量的现场实景照片，对于纹理数据，本章主要采用自己拍摄的方式。由于受拍摄时的天气及周围环境的影响，拍出的照片通常不能直接使用，需要在亮度、色调上进行调校。另外，拍照取景时，可能会受拍摄角度、行人或树木等掺杂因素的影响，照片常常需要进行修复、剪裁等后期处理，可以通过 Photoshop 图像处理软件进行基本的图像处理，如去除杂景、调整色调、拉伸变形等。

3. 三维数字模型建模

对公司园区内单个实体对象分别单独建模，虚拟园区中的场景模型分为两类：一类是以场景为基础，在空间上连续分布的景观对象，如地形、天空等；另一类是以离散实体为特征，以独立的个体形式存在的地物对象，如建筑物、树木、路灯等。根据具体场景模型的类型和复杂情况采取适当的建模方法，最终得到公司园区中各个实体的场景文件，在各个单独的实体场景构建好以后，再把这些场景整合成完整的虚拟公司园区场景，将处理好的图片素材贴图在三维模型的表面，最终得到三维数字模型。

4. 生成虚拟公司园区漫游系统

将三维模型用 3ds Max 插件导出后，导入到基于 Unity 3D 平台下建立的工程项目中。由于 Unity 3D 软件要求输入模型为 FBX 类型，因此，3ds Max 导出的模型应为该数据类型。Unity 3D 将自动识别，在 Project 视图中找到相关的资源文件，包括模型与材质，从而生成虚拟园区漫游系统。

5. 虚拟三维公司园区简介系统

在 Unity 3D 内进行用户交互界面设计，通过编写脚本程序使系统实现公司园区介绍及会议室查找功能，并控制整个场景内的景观显示。

2.5　三维虚拟场景设计与实现

三维虚拟场景设计包括主要建筑物的设计、园区环境的设计、地面天空摄像机光线的设计等，具体实现过程中将利用 3ds Max 对虚拟公司园区进行三维建模，以下进行详细介绍。

2.5.1　园区的测绘与准备

由于设计的三维虚拟场景是基于真实存在的场景,为了最大限度地还原现实景观,需要获取园区内各建筑物以及园区边界的数据。3ds Max 软件支持建筑等的 CAD 图纸导入,根据精确的建筑图纸构建的模型也会非常精确。但实际操作时可能由于某些客观原因,研究者不能获取园区内各个物体的 CAD 图纸,因此需要通过人工测量的方式使三维模拟的建模逼近实际。

首先,在园区内各建筑物的数据测量上,通过对各种测量方式的准确性、可实施性等性能进行对比,本章最终选择地砖测量方式。因为建筑物露出地面的根基在半开放的状态下是可以看到的,而且建筑物墙体铺满了标准大小的地砖,若忽略地砖的拼接砖缝不计,那么根据地砖个数乘以地砖规格(长度、宽度)就可以得到每栋楼每一个面大致的长度。

其次,在绿化带、车库以及整个园区边界的测量上,可采用步测方式。步测时结合随身携带的智能手环及百度地图的“测距”工具,可以对园区内建筑物边界做出较准确的测量。

另外,需要准备好建模需要用到的贴图素材,通过对园区的观察,地面分为沥青地面和地砖地面,阶梯为米白色大理石瓷砖,一层是轴转大门,二层及以上办公区是竖条形玻璃,墙砖是灰色小方砖,走廊是方砖,护栏是半透明玻璃,地下车库入口是玻璃顶,花坛边沿是灰色方砖等。通过寻找相近贴图资源、实地拍照加后期处理等方式,得到了建模中所需的贴图素材图片,将其用直白的方式重命名,并放在一个文件中备用。

本次建模使用的软件是 Autodesk 3ds Max 2016。在打开软件后,我们首先需要对系统单位进行修改。系统默认的单位为美国标准的“英尺”,但本次设计为了更好利用实测的数据,将单位设置为“米”,在自定义栏下的“单位设置”中即可修改,图 2-3 为“单位设置”编辑框。

图 2-3　“单位设置”编辑框

2.5.2　主要建筑物的设计

建筑物是虚拟现实园区中的主要景观，在系统中，三维建筑物的表示和建模是最为重要的内容，为了更好地实现对楼群的建模工作，可以根据实际情况确定其设计原则。

（1）为了取得较真实的效果，对现实存在的建筑在虚拟环境中都尽量进行建模。

（2）根据园区内建筑物的外观与结构，对建筑物进行分类，确定构造模型，对外观和结构相同的建筑采用同一个构造模型。

（3）对于较复杂的模型进行结构拆分，使各个部分简单化，然后再依次建模，最终对各个结构通过三维方位关系进行拼合成组。

（4）在建筑物的建模过程中，应尽量先采用整体法，再对其进行纹理映射，以构造建筑物模型。

通过对建筑物的实际观察和测量，可以将建筑物大致分为三种类型："回"字楼、C 形楼及其他。前两种类型的建筑物数量较多，可以在详细建立第一个模型后，对模型数据进行修改得到类似的后续建筑模型。以下是几何模型建立的基本步骤及相关注意事项。

（1）对建筑物的结构进行拆分，分为大门、窗户、台阶、一层大厅、二层及以上办公区、走廊、护栏、顶棚、支柱等，其中每个部分的子部分都是相同的，可以利用复制功能通过修改位置坐标进行摆放。

（2）确定各个结构的实现方法，大门、窗户由于数量非常大(尤其是窗户)，可以用贴图的方式完成；一层大厅、台阶、顶棚、支柱可以用"标准基本体"中的"矩形"进行建模；二层及以上办公区可以利用"扩展基本体"中"L-Ext"和"C-Ext"对"回"字楼及C 形楼进行建模；走廊和护栏的建立均是利用矩形，但是由于数量比较多，在建模中需要特别注意坐标位置的摆放。

（3）开始建模，首先根据之前测量的数据先建出大楼主体，将中心位置设置在坐标原点；然后建模台阶，台阶比大楼主体周围各宽 2m，高度是 0.2m，建两层，依次贴合放在 z 轴正坐标上(由 0m 开始)；由俯视图确定好大楼主体位置后，沿 z 轴正坐标依次放置好一层大厅、二层及以上办公区的基本模型(刚开始这里视图框比较简单，可以利用捕捉开关以及俯、前、左三个视图的关系进行拖拽，但是到后期模型较多时就只能使用手动写入 x、y、z 三轴坐标，所以一定要对自己的建模数据有着清晰的思路)；最后建模走廊，走廊一般为半开放式，实测宽度为 3m，单数楼层会有开放式走廊，宽度是相同的，但是楼与楼连接处的走廊的建模需要对主体建筑中走廊的位置进行修改。

（4）对楼中半开放式走廊进行建模，在 C 形楼之间的连接中经常会出现半开放式的走廊，需要对原建筑的走廊部分进行挖空，具体操作方法为：首先在走廊所在的位置建立一个基本体，这里记为 B；然后将需要修改的模型选中，选择"复合对象""布尔"，点击"拾取操作对象 B"按钮后，点击刚刚建立的基本体 B，在"操作"中设置为"差值（A－B）"，这样 B 与原模型重复的部分就会消失。

（5）护栏的建模方式，护栏往往位于走廊的两边，在位置上有所重复，并且由于在

"米"制单位下厚度可以忽略不计,所以在俯、前、左三视图中会有两个都只显示一条线,可以通过显示面的视图将其拖拽到目标位置附近修改坐标,对侧的则可以直接复制,修改其中的一个坐标加上或减去宽度即可。

(6) 楼群模型形成,在一个一个完成单栋建筑的三维建模后,通过实际测量的位置,将几个单栋建筑模型整合就可形成一个楼群模型(要注意楼与楼之间的连接是否对正,可以利用透视图观察楼群的四周是否与真实建筑或是自己测绘的建筑图纸存在差异)。

(7) 建立好一个楼群模型之后,可以复制修改生成其他相似楼群模型,由于楼群之间的独栋是具有相似性的,可以将有相似性的独栋建筑模型成组复制,再"解组"对数据进行修改,数据修改后是由模型中点向外延伸或缩减的,所有的位置关系都会改变,需要重新修改 x、y、z 三轴的坐标;对于没有相似性的建筑则需要重新建模,单独对其进行数据测量及结构分析,再根据实际观察测量得到的位置关系对建筑模型进行摆放,以此得到园区内的 5 个主要的楼群建筑模型。

2.5.3　建筑物的纹理映射与贴图

建筑物并不是一个空白的面,有大门、窗户以及贴有各式各样的瓷砖,为了达到形象逼真的效果,我们需要对建筑模型的各个部分根据其具体情况进行材质编辑和贴图,基本方法和相关注意事项如下。

(1) 基本材质使用三种颜色构成对象表面,第一种是环境颜色,第二种是漫反射颜色,第三种是高光颜色,使用三种颜色及对高光区的控制,可以创建出大部分反射材质。这种材质相当简单,但能生成有效的渲染效果。

(2) 赋予模型材质的一般流程是:激活材质编辑球、选择一个样本球、选择材质类型和着色方式、设置材质颜色和光照特性、使用贴图通道和贴图、调整贴图坐标、将材质赋给对象、给对象使用贴图类型的修改变形器。材质编辑框如图 2-4 所示。

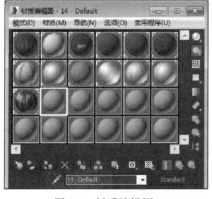

图 2-4　材质编辑框

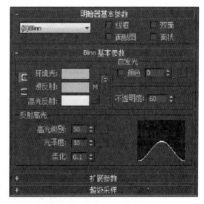

图 2-5　基本参数编辑框

(3) 着色基本参数:创建对象时,系统会随机赋予对象某种颜色,这种颜色缺乏光泽和立体感,显得不真实,通过着色基本参数可以设置材质的类型和质感表现方式,用于表现不同对象的表面特性。本次设计中，顶棚玻璃就通过这种方式进行了修改编辑。

（4）反射基本参数：自然界的物体有立体感，与背景形成远近不同的纵深效果，我们在设计中可以通过反射参数的修改模拟这一效果，软件中可对阴影色、表面色、高光色、自发光、不透明度进行设置。本次设计中主要用到的是不透明度和高光色的设置，为走廊的护栏等设置了 60%的透明度和 45%的高光，使其效果更加逼真。基本参数编辑框如图 2-5所示。

（5）贴图是材质应用到表面的一种模板。通过贴图，可以不用增加几何体的复杂程度就能给对象加入细节，最简单的贴图是位图（bitmap），还可以使用多个贴图和复合材质。材质编辑器 Maps 展卷栏中有 12 个贴图通道，使用这些贴图通道可以组合、分支贴图，它们是用 RGB 颜色或灰度强度来计算的。如图 2-6 所示，最左侧栏为贴图通道，中间是贴图数量，右边是贴图类型。

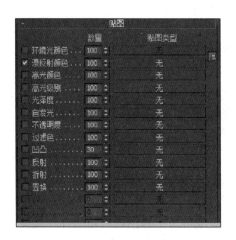

图 2-6   贴图编辑框

（6）本次设计中，建筑物的窗户均是由贴图完成的。由于建筑物本身的结构特点，仅仅 5 号和 6 号楼楼群就已经有两百多个模型对象，如果一个一个窗户去建模，又将增加几百个模型，并且无实际意义和作用，利用贴图就可以节省这部分工作的时间。

整个 9 号楼楼群主要建筑建模设计完成后的情况如图 2-7 所示。

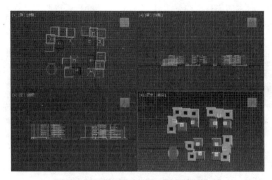

图 2-7   园区的所有主体建筑模型

2.5.4　建模过程中需要注意的问题

在本次三维建模的过程中,遇到了很多困难,通过不断寻找解决方案,笔者总结出一些经验,以下是在建筑物建模中需要注意的问题。

1. 善于利用捕捉器

一个完整的模型是用很多个对象去拼接完成的,但如果在拼接过程中没有对齐,会使作品的观感大打折扣(尤其对象的坐标不是这个对象的中点位置,它的顶点与边不能通过坐标输入的方式确定,在我们需要移动和旋转对象的时候,由于鼠标操作的限制性,往往很容易出现误差)。

3ds Max 软件提供的捕捉功能非常方便,它一共有四种捕捉方式,分别是捕捉开关、角度捕捉切换、百分比捕捉切换、微调器捕捉切换。在本次设计中用到的主要是捕捉开关和角度捕捉切换,可在软件上方编辑栏中直接点选,鼠标右键单击则为设置栏,需要移动对象时,可以根据实际移动需求选择捕捉顶点、中点等,而在打开角度捕捉开关旋转对象时,会以 5° 为单位旋转。图 2-8 为栅格捕捉设置界面。

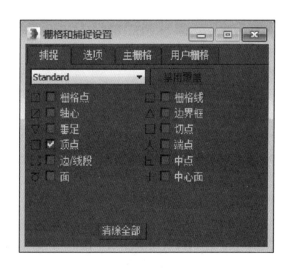

图 2-8　栅格捕捉设置界面

2. 创建对象时立刻命名

在建模(尤其是像本次设计这种较为复杂的建模)的过程中,一定要有良好的操作习惯,在创建对象时立即命名是十分重要的。因为在创建时,系统都是自动命名为基本体名加数字编号,当基本体多了之后会十分混乱,特别是有的对象是在某视图中重叠的或者相交的,移动时虽然是同一个点,但是鼠标有时会识别到非目标物体去操作,而在建模的最开始就进行简单易懂且有规律的命名,在后期调整中会十分方便。例如,本次设计中多而复杂的走廊会按照"拼音名+楼层数+方位名"的方式进行命名,后期操作便十分清晰明了。

3. 及时成组

按照我们惯有的思维逻辑，大多是完成一个模型的设计之后再去完成下一个，但众多的对象往往会干扰我们的视线，所以及时地将物体组成"组"是非常重要的。成组之后，这个组内的对象就不能够单独编辑了，无论是移动、旋转、缩放，都是组内所有对象一起变化，坐标也显示为该组所有对象的平均中点坐标，如果需要对组内对象进行单独编辑，解组就可以，比较方便。本次设计中，先将一类物体的对象编辑完成组，再将一个独栋大楼建模的所有对象成组，接着将一个楼号的对象成组，最终将一个楼群组成组，这样层层递进。

4. 利用隐藏

当对象比较多时，三个视图的线条会复杂而混乱，不容易看清楚自己正在编辑的对象是否为目标状态，这个时候可以利用隐藏功能，点击对象名称前面灯泡形状的指示，当其变为灰色（"熄灭"状态）时，该名称的对象就会在视图中隐藏，并且隐藏状态下的对象是不能够被编辑的，以方便操作。需要看见时，再点击鼠标左键，使其指示"点亮"，被隐藏的对象就会在视图中出现。

2.5.5　园区绿化带的设计

园区内的绿化带主要分为两种类型，一种是围绕在建筑物四周的，形状不规则；另一种是圆形的花坛，形状规则。

对于第一种绿化带类型，其设计步骤如下。

(1)创建选择"图形"中的"样条线"，当鼠标变为十字状态后，参考俯视图，从贴近建筑的一侧开始，在线与建筑之间留出绿化带边沿需要的距离。

(2)遇到转角时，单击鼠标左键，会在单击处留下一个白色的方块，然后接着向后画，如果想要一个圆弧形的转角，可以多次单击使每条线段比上一条旋转角度小一些，圆弧就更加圆滑。

(3)最终回到样条线开始的地方，结束时，单击第一个黄色的小方块，系统会跳出提示是否要闭合样条线，选择"是"。

(4)在修改栏选择"顶点"，样条线会出现刚刚单击后留下的小方块，可以拖移它们，将图形变得更加完美，修改完后点击别处，小方块就会消失。

(5)使用键盘，按"Ctrl+V"原地复制一条"样条线"，在提示是否复制时及时将名称修改以便区分。

(6)在修改栏为复制的样条线填写轮廓宽度，填入的值为绿化带边沿的宽度。

(7)在修改器的"网格编辑"中选择"挤出"命令，修改挤出高度为绿化带边沿的高度，并将其高度设置为紧贴地面，将其修改为深灰色。

(8)点击第一次画出的样条线，按照与步骤(7)同样的方式挤出，但是挤出的高度设置为"0"，在坐标值中将其高度修改为之前设置的绿化带边沿的高度，使其位于表面，修改其颜色为绿色，这样一道绿化带的基本形状就建好了。

对于第二种形状规则的圆形花坛绿化带，可以直接利用圆形工具画出样条线，之后的设计方法与上面的设计步骤类似。

2.5.6　地下车库出入口的设计

地下车库的出入口侧视图是一个直角梯形，但是在基本体模型中并没有该图形，需要我们自己去修改，其设计步骤如下。

(1) 按照尺寸建立好上、左、右、后四个面的立方体。

(2) 由于在基本体中唯一存在斜面的是圆锥体，因此建立一个圆锥体，将其旋转，在左视图和前视图中调整半径和高到合适的位置(这里最好将半径和高的值都设置得远远大于立方体的值，这样可以忽略曲面造成的影响)。

(3) 调整圆锥体的位置，使其的侧面与立方体重合，将立方体分为直角三角台和直角梯形台。

(4) 选中要修改的立方体，选择布尔类型符号，拾取圆锥体，用相同的方式做好另一个面或直接复制。

(5) 将顶面的立方体一角与侧面的立方体顶点捕捉，使其重合，旋转顶面立方体，这里注意不要打开角度捕捉，旋转至近似角度。

(6) 将四个面拼合，为其添加贴图，重命名成组。

图 2-9 是其中的一个地下车库进出口与其中一部分绿化带的展示。

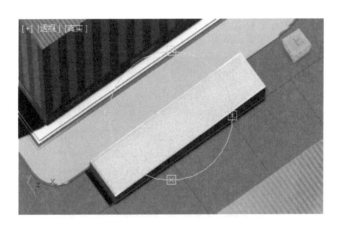

图 2-9　绿化带与车库进出口

2.5.7　地面天空设计

地面的设计是比较简单的，因为园区是城市中的地形，整个园区就是一个平整地面，园区地形近似为一个矩形。地面材质分为沥青和地砖两种，对于沥青材质，首先利用标准基本体画出一个平面，根据之前测量的近似值对其进行修改，高度输入为 0m，在前视图和侧视图中核对所有物体是否紧贴地面向上，在材质编辑器中为其贴图；对于地砖材质，在顶视图中的各个建筑物群的中庭处构建地砖区域的平面，将其高度设置为 0.002m，在材质编辑器中用地砖图片为其进行贴图。图 2-10 所示为地砖地面的效果。

图 2-10　地砖地面效果

天空的设计利用室外建模中比较常用的方法——天空盖，其设计步骤如下。

(1)首先利用标准基本体建立一个球体，使其半径远远大于园区，本次设计中将半径设置为 10000m。

(2)将球体中心移动到园区中点位置，右键单击球体，将其设置为可编辑多边形。

(3)增加球体的分割线，分割线越多，则球体表面顶点越多、越圆滑。

(4)选择可编辑平面，将球体从中点处用与地面重合的平面作为切片平面进行切片，切片完成之后删除下半球。

(5)选择可编辑顶点，选中除最下方一圈的所有顶点，将其上移，如图 2-11 所示，再将这些顶点用修改命令纵向下移，使这个半球变得扁一些。

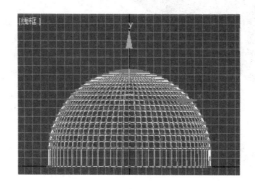

图 2-11　天空盖半球体顶点编辑

(6)在修改器列表中选择法线，勾选"翻转法线"，再为其贴图，贴图的照片选择为以天空为主图的全景照片，且就贴在半球体的内表面。

(7)在修改器列表中选择"uvw"贴图，将贴图方式改为"圆柱"，调整 u、v、w 的值，使贴图更加自然逼真。

2.5.8　摄影机的添加与调整

摄影机的添加方法是在创建编辑中切换为摄影机，选择"目标"摄影机，在视图中第一次单击的位置，就是摄影机所在位置，随着鼠标移动选定目标中点后第二次单击，摄影机就创建完成，在对象名称中会出现 Camera001 和 Camera001.Target，因为只有一个相机，可以不用更改名称。

接下来我们需要对摄影机的位置和拍摄范围等进行调整，首先将镜头参数调整为日常生活中我们常用的套机标准镜头 35mm，点击聚焦点，即 Camera001.Target，选择移动，将其放置到园区中点的位置，再用移动和旋转命令将相机放置到接近中垂的位置上。输入快捷命令 "C"，视图显示即为摄像机视图。

2.5.9 布光

布光，即向场景内添加光源，具体操作步骤如下。

(1)切换到添加光源的编辑窗口，将光源类型由 "光度学" 改为 "标准"，在对象类型中选择 "目标平行光"。

(2)在视图中第一次单击的位置，即光源所在位置，随着鼠标移动选定目标物中点后第二次单击，目标平行光就完成创建，在对象名称中会出现 Direct001 和 Direct001.Target，其中后者代表光源中心聚光点的位置。

(3)接下来我们需要对目标平行光的位置和照亮范围等进行调整，在修改中找到平行光参数编辑栏，输入 "聚光区" 和 "衰减区" 的值(这里需要注意，值必须大于园区范围才能将其全部照亮，具体的参数可以根据透视图和摄像机视图等进行调整)，再微调光源，直到将其放置在合适的位置上。

2.5.10 虚拟园区的整体渲染及导出

当建模和环境搭建均完成后，我们将所有的对象全部取消隐藏，在本次设计中的对象名称列表如图 2-12 所示。

图 2-12 模型对象名称列表

图 2-12 中，最左边带有倒三角的名称为组名，点开倒三角可以继续查看组内的对象，本设计中最上面的五个组包含了主体建筑和周围绿化带的五个建筑群，接下来是摄像机，再下面的四个组是园区的四个地下车库出入口，下面的四个依次是四个中庭的地砖地面，最下面的是光、地面及天空模型。

最后查看整体效果，可以再次对不合适的地方进行最后的微调，最终三维虚拟公司园区的透视俯瞰图如图 2-13 所示。

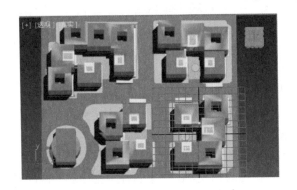

图 2-13　三维虚拟公司园区透视俯瞰图

在最终导出前，我们还需要对设计进行渲染。使用 3ds Max 自带的渲染器，渲染效果如图 2-14 所示。

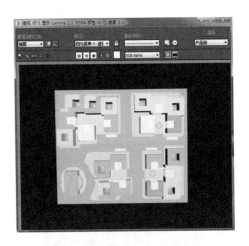

图 2-14　三维虚拟公司园区建模渲染效果图

渲染完成后，需要将园区的三维建模导出，即导入到 Unity 3D 开发平台进行再编辑。导出的文件格式为.FBX 文件，具体导出步骤如下。

(1)保证所有对象都处于非隐藏的状态，选中所有对象，单击右键转换为可编辑多边形。

(2)点击文件选择"导出"中的"导出选定对象"。

(3) 选择需要导出的文件夹，文件与贴图所在的文件包含在一个文件夹内，点击"保存"按钮。

(4) 在"FBX 导出"设置框中，点开"嵌入的媒体"并如图 2-15 所示进行勾选，点击"确定"按钮。

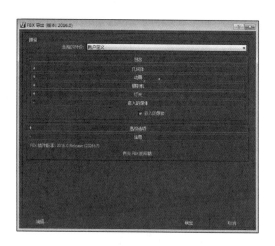

图 2-15　　"FBX 导出"设置框

(5) 查看系统提示，确定没有指示出任何错误后，选择导出命令，就生成了我们需要的 FBX 文件了。

2.6　虚拟园区简介系统设计与实现

虚拟园区简介系统的设计与实现将在 Unity 3D 开发平台下实现，首先将 2.5 节 3ds Max 中制作好的模型导入 Unity 3D 软件中，搭建系统场景；然后完善场景模型，添加人物模型，实现全方位环绕观察功能；最后添加简介功能，具体实现如下所述。

2.6.1　Unity 3D 环境下三维模型导入

在 Unity 3D 环境下搭建系统场景的第一步是将在 3ds Max 中做好的园区模型导入 Unity 3D 软件中，具体的步骤如下。

(1) 打开 Unity 3D 软件，新建一个 Project(场景)并命名，如 xibuzhigud。

(2) 点开 Project 中的 Assets，将三维建模和贴图所在的文件夹拖移进来(注意不能是汉字命名的文件夹，本设计中命名为 xitong)。

(3) 打开文件夹 xitong，可以看到导出的 n3.FBX 文件已经以预制体的形态存在于文件夹中，点击其右边的三角形，会展开模型中之前成组的一个个模型结构，图 2-16 所示为部分模型。

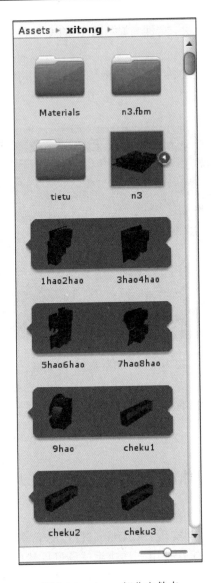

图 2-16　xitong 部分文件夹

(4)将三维模型预制体 n3 拖入 Scene 场景中，在编辑栏手动将其 x、y、z 三轴坐标均修改为 0，使其位于坐标原点。

2.6.2　园区场景的完善

将园区的三维模型导入之后，我们需要对整个系统的场景进行丰富和美化，并为其设置活动边界、添加背景音乐等，使整个系统界面更加完善与生动，具体操作如下。

(1)在园区的四周将建好的马路模型按照 2.6.1 节所示的方法拖入场景中，利用移动、旋转、修改的工具将其放置在园区的四周，如图 2-17 所示。

图 2-17　马路的模型

（2）为了让园区四周显得不那么单调，在它的周围加上了几栋其他的建筑，使场景更加生动。

（3）为活动范围设置边界，在 3D Object 中选择添加 Cube（立方体），一共五个，分别作为场景的底、前、后、左、右五个边界面，将地面填充为灰色，将周围的四个面设置为透明，如图 2-18 所示，设置为透明的方法是将 Mesh Renderer 前面的勾去掉。

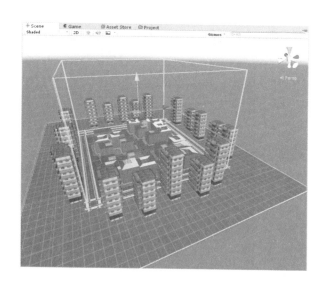

图 2-18　活动区域边界

（4）给场景添加背景音乐，在场景中添加一个 Audio Source 组件并命名（本设计中命名为 xitongMusic），在 Assets 新建一个文件夹 Music，将音乐文件拷贝到该文件夹中，并拖动到 AudioClip 中，勾选从头开始播放 Play On Awake 和循环 Loop，也可以调整其优先级等参数，编辑界面如图 2-19 所示。

（5）最后在园区中的绿化带上放置准备好的植物模型如图 2-20 所示，需要注意的是要给模型改变大小，参照建筑物设计时我们输入的一层楼的高度，符合现实世界的规律调整大小，添加植物模型可以增加场景的生动性与美观程度。

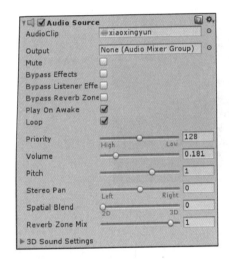

图 2-19　声音插件编辑界面　　　　　　　图 2-20　虚拟园区内绿化带上的植物模型

　　(6) 全部调整完成后，一定要记得修改物体的属性，道沿、建筑物、绿化带、车库等几乎全部的物体模型均需要设置刚体属性和碰撞属性，如图 2-21 所示。如果没有进行此设置，物体间便是可以穿透的，会发生违背现实物理定律的情况，特别要注意的是添加刚体属性时需要勾选"Use Gravity"和"Is Kinematic"，使建筑物安放在地面平面上。

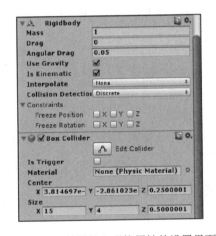

图 2-21　刚体属性和碰撞属性的设置界面

2.6.3　系统人物模型控制

　　现有的三维虚拟城市、虚拟校园等系统很多都没有做到全方位环绕观察，因为想要实现全方位环绕观察，观察点，也就是系统中的摄像机就不可以只存在于一个固定的位置。如果在一个固定位置点，假设摄像机放置在建筑物的正面，即使我们编写脚本使其拍摄范围可以 360° 灵活转动，那它的背面也一定是无法看到的。

　　为了解决这个问题，我们的第一种方案是设计环形的观察轨道，让摄像机可以按照轨道去环绕观察，但是这种方法无法调整距离，不可以随意移动到任何一个点去观察；第二种方案是将人物本身也模拟进系统中去，仿照现实中人们环绕观察事物的方式设置虚拟人物的观察方式，只要我们可以控制其移动位置便可以实现各个方位的多角度环绕观察。

因此在本设计中，在虚拟园区中添加了一个虚拟的参观人物，通过这个参观人物的运动，模拟参观者身临其境般地行走在园区内，可以更加生动形象地对园区进行了解。

本次行走的人物模型来自 Unity 3D 素材库中的人物 demo，他的运动形态需要用动画构成，Mecanim 动画系统是 Unity 公司从 Unity 4.0 版开始引入的新的动画系统，它提供了四种功能。

（1）针对人物角色提供了一种特殊的工作流，包括 avatar 的创建和对肌肉定义（Muscle definitions）的调节。

（2）动画重定向（Retargeting）的能力，可以非常方便地把动画从一个角色模型应用到其他角色模型上。

（3）提供了可视化的 Animation 编辑器，可以便捷地创建和预览动画片段。

（4）提供了可视化的 Animator 编辑器，可以直观地通过动画参数和 Transition 等管理各个动画状态的过渡。

添加好人物模型后，需要编写脚本程序，对该模型进行控制，使其具有我们需要的功能。由于 demo 有人物站立、行走、奔跑等姿态和动画，并且在程序中是每一帧更新一次的，因此我们通过设定键盘、鼠标等操作条件来分别调用人物模型的某个形态，该形态下的模型动画及运动参数可以自行设定。根据功能需求，本设计中的人物初始运动形态为站立姿态，键盘下方向键为运动状态，鼠标左键为奔跑姿态，鼠标右键为行走姿态，具体人物模型控制程序流程如图 2-22 所示。

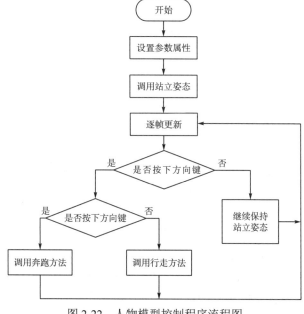

图 2-22　人物模型控制程序流程图

图 2-22 所示的人物模型控制程序流程图的具体实现步骤如下所述。

(1) 在 project 视图的 Assets/Scripts 目录下新建一个子目录 PlayerScripts，然后在该目录内新建一个脚本 PlayerControl .cs，并将其绑定到 Player 对象上。

(2) 在类中加入 walkSpeed、runSpeed 等变量，其中，变量 Animator 表示 Player 对象上的 Animator 组件。

(3) 在站立函数 Awake 中初始化变量 Animator 等，设定人物模型的初始状态。

(4) 在函数 Update 中调用对鼠标按键识别处理的功能，判断当前的操作方式，由此调用对应的方法和动画类。

图 2-23 是人物奔跑状态的动画截图。

图 2-23　人物奔跑状态

需要注意的是，如果摄像机位置固定，在 Game 窗口中，人物模型很容易就会走出视野区域，如果摄像机不跟随运动，也就无法实现期望的多角度环绕观察的效果，所以需要让摄像机跟随角色运动。

2.6.4　摄像机跟随角色运动的程序设计

为了达到我们期望的全方位环绕观察的功能，最主要的还是需要对摄像机进行控制，这里提出两种设计方式，第一种是将摄像机的位置参考人物模型，放置在其头部眼睛高度的位置，模拟人的观察视角，这种方式可以实现全方位环绕观察，但不能观察人物模型本身；第二种是以人物模型为中心，让摄像机固定在人物周围的一个球形面上，可以围绕人物模型进行转动，该方式不仅可以实现各个方位环绕观察的功能，还能够看清楚模拟人物的一举一动，更像是一个导游带着你参观，所有的直行转弯等都可以看得清清楚楚，方向感更加清晰。因此本设计采取第二种设计方式，摄像机控制脚本的程序流程图如图 2-24 所示。

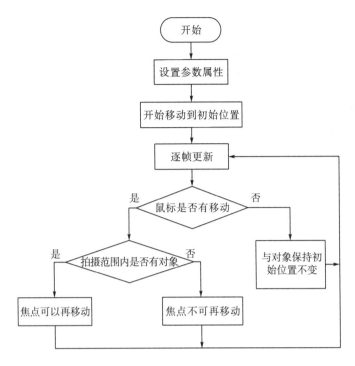

图 2-24　摄像机控制脚本的程序流程图

图 2-24 摄像机控制脚本的程序流程图的具体实现步骤如下所述。

(1)在 project 视图的 Assets/Scripts 目录下新建一个脚本，重命名为 Third Person Orbit Cam.cs，将其拖动到 Main Camera 对象上。

(2)在脚本中加入定义摄像机与人物模型之间关系的几个基础变量，其中 Target 表示目标碰撞体，这里指 player 对象上绑定的 capsule collider 组件。

(3)判断鼠标的移动，其移动控制可以联想为我们在调整场景中的对象时使用的旋转工具，不同的是该移动只有二维的方向。

(4)判断相机的拍摄范围，相机可以在人物模型周围移动，但是为了避免移动脱离，要让相机固定在人物周围的一个球面上，其示意图如图 2-25 所示。

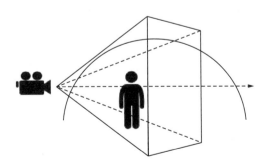

图 2-25　摄像机拍摄范围示意图

这里需要加入一个判断条件，当摄像机焦点上移使整个拍摄范围也上移时，需要判断人物模型是否没有完全在拍摄范围内，如果还在范围内，可以继续操作鼠标移动拍摄范围，但是一旦过了临界点便不再允许拍摄范围跟随鼠标进行移动。

2.6.5 简介说明的 UI 设计

本次设计需要完成的三维虚拟公司园区系统具有简介功能，即除了多角度的场景展示，还要有文字说明，将三维展示的生动性与文字说明的具体性相结合，更好地完成设计目的。

在文字展示的 UI 设计上，本设计构想了三种实现方案。

(1)类似于游戏中的公告，在窗口最顶部，显示一排不断向左滚动的文字。它的缺点是无法在需要介绍的地点附近进行展示，并且不是很方便用户查看。

(2)在需要介绍的物体上方添加一个平面，在这个平面上添加文字，形成这个物体的指示标签，它比第一种方法在阅读性上有所提高，因为"标签"就放在被介绍物体的附近，所以有比较清楚的指示，但是这个介绍标牌会一直存在于场景中，不免产生遮挡景象的情况，在观感上肯定会有所影响。

(3)在人物参观的必经道路上按需要显现"提示板"，即给"提示板"的显现设计一个范围，当人物模型走进这个范围时显示介绍文字，当人物模型走出这个范围后就不再显示了，为了避免参观模型从后方再次进入，介绍文字可以显示完成后就销毁。

综合考虑，本次设计我们使用第三种设计方案，其功能实现流程图如图 2-26 和图 2-27 所示。

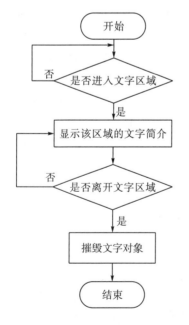

图 2-26　文字显示控制方法流程

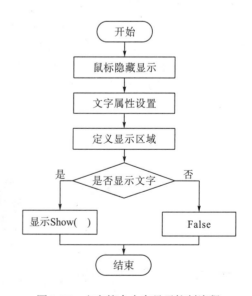

图 2-27　文字简介内容显示控制流程

图 2-26 所示的是文字显示控制方法流程图，其核心功能是对文字显示区域与人物模型对象进行判断，当系统开始运行，文字对象还存在于系统中的情况下，先判断人物模型是否进入文字区域，如果进入后就开始显示，并且判断人物是否已经离开了文字区域，一旦人物模型离开，便使用 Destroy() 销毁函数摧毁这个文字对象。

图 2-27 所示的是文字简介内容显示控制流程图。首先需要定义文字显示位置为 MiddleCenter、文字颜色为 white、文字字号为 36 等基本属性，设置初始状态文字为隐藏状态，定义显示区域大小，以及文字内容的显示周期，即当人物模型第一次进入显示范围后开始显示，当人物离开这个范围后，该文字对象将永久不显示。

2.7　虚拟园区简介系统展示

通过以上的设计研究，该系统总体上完成了设计目标及要求。

整个虚拟园区基本上还原了现实模板园区的真实场景，建筑物和其他周围环境设计比较贴近原物，具有真实感，各个部分的材质渲染也达到了预期效果，天空和光线的设计也让整个园区显得更加生动和立体。

在设计功能的实现上，使用三维景象介绍与关键信息文字介绍相结合的方式完成三维虚拟公司园区的简介功能。利用第三人称视角的影像方式，通过编写 C#脚本程序对人物模型动画以及系统中摄像机进行控制，使其实现各方位可移动环绕观察的功能，为文字显示内容编写程序脚本，控制其能够在需要被介绍的物体附近显示但却不会影响图像观察。

系统可以发布到各个平台，本次选择生成 PC 端的程序，发布界面如图 2-28 所示。

图 2-28　系统软件的发布界面

　　系统运行顺畅,视觉观感良好,运行结果基本达到了设计目标。系统界面运行效果图如图 2-29 所示。

图 2-29   系统界面运行效果图

2.8　本 章 小 结

　　本章介绍了基于现实模型的三维虚拟场景重建的实现过程,实现了设计目标中要求的功能,读者下一步可以继续将室内的模型也做出来,这样人物可以进入建筑物内部进行参观,展示内容会更加丰富,用户沉浸感也会更加强烈。

　　本章介绍的实例是一个很有实际价值的应用模型。对于需求分析中提及的公司来说是一个很好的宣传展示途径。若是将此系统拓展到其他场景,如学校,除了宣传,还可以帮助新生和家长等提前熟悉校园环境;如医院,可以提升病人的就诊效率;如景区,可以以此作为线上营销方式等。该技术未来在各行各业中都会有非常广泛的运用,在此课题上继续深入学习与研究都是非常有价值的。

第 3 章　VR 在远程手术仿真系统中的应用

远程医疗作为"智慧医疗"发展的一个重要组成部分，是计算机技术、通信技术、多媒体技术与医疗技术相结合的产物，旨在提高诊断与医疗水平、降低医疗开支、满足广大人民群众保健需求。我国是一个幅员辽阔的国家，医疗水平有着明显的区域性差别，特别是广大农村和边远地区与城市地区之间的差距，因此远程医疗在我国有着更宽广的发展前景。智研咨询发布的《2018—2024 年中国远程医疗行业市场调查及发展趋势研究报告》显示，远程医疗技术是解决我国医疗卫生事业发展面临高水平医疗人才极度短缺、优质医疗资源分布严重失衡、恶性医患纠纷持续高发等突出问题的重要手段[15]。

目前的远程医疗已经在远程咨询、远程会诊、远程会议、医学图像的远距离传输和军事医学方面取得了较大进展，但是在远程手术实现方面还有很多技术难点需要攻克。本章在前面 VR 三维场景重建技术基础上，设计并实现一个拥有远程图像分析、三维重建、手术仿真及音视频通信的远程 VR 手术仿真系统，以方便医生利用远程数据进行手术诊断、确定手术方案，实现医疗资源共享的功能。

3.1　基于 VR 的远程手术仿真系统分析

随着科学技术的发展，世界医疗水平也有了显著提高。新的医疗技术与精密的医疗仪器不断被研发出来，但是在医疗手术这一方面仍然是以人工手术、医疗器械辅助的方式来进行，手术效果受医生水平及环境影响，在一些特殊环境中，经常会有病人无法得到救治或者手术失败的情况发生。

基于 VR 的远程手术仿真系统是 VR 与医疗技术、网络技术的结合，其最终研究目标是实现真正的远程手术，也就是说，医生根据远方传来的现场影像进行分析，然后将信息反馈给手术现场医生或者直接利用机器进行远程手术操作。其分析结果或者手术操作可转化为数字信息传递至远程患者处，将信息反馈给当地医生或者控制当地的医疗器械的动作。这一点想起来有些匪夷所思，可只要想想现在外科手术有不少都是通过在内窥镜监视下操纵器械完成的这一事实，就不难理解了。远程手术其实不过是把"内窥镜"与"器械"的长度变得更长而已。当然要实现远程手术，对专家的操作技巧与相关力触觉设备的要求也是非常高的，但是将远程分析信息反馈到患者手术室，由当地医生实际操作手术，这是可以实现的。

国外在这一领域的发展已有 40 多年的历史，20 世纪 80 年代后期至 21 世纪前十年，美国和西欧等发达国家已经在远程咨询、远程会诊、远程会议、医学图像的远距离传输和军事医学方面取得了较大进展。据统计，1993 年，美国和加拿大约有 2250 例病人通过远程医疗系统就诊，其中 1000 人由得克萨斯州的定点医生进行了仅 3～5 分钟的肾透析会诊，其余病种的平均会诊时间约为 35 分钟；欧盟组织 3 个生物医学工程实验室、10 个大公司、20 个病理学实验室和 120 个终端用户参加的大规模远程医疗系统推广实验推动了远程医疗的普及；澳大利亚、南非、日本等地也相继开展了各种形式的远程医疗活动[16]。

我国从 20 世纪 80 年代开始就进行了远程医疗的探索，也已经在远程咨询、远程会诊、远程会议等方面取得较好成绩，如 1988 年解放军总医院通过卫星与德国一家医院进行了神经外科远程病例讨论；1995 年上海教育科研网、上海医大远程会诊项目启动，并成立了远程医疗会诊研究室；2013 年 12 月 21 日，中国为具有"高原之国"别称的玻利维亚成功发射一颗包括远程医疗服务功能的人造通信卫星。

本章在分析 VR 手术仿真系统的构成基础上，研究一种基于 VR 的远程手术仿真实验系统，该系统首先以客户端/服务器(client/server，C/S)架构构建远程通信网络，使其具备视频、语音、文件等实时传输功能，然后在该系统下基于虚拟现实技术实现虚拟手术仿真的三维场景渲染和简单手术操作，使系统具备二维医学图像分析、三维重建、器官分割等功能，系统的实现将为后续具有遥操作功能的 VR 手术仿真系统研究奠定基础。

3.2　基于 VR 的远程手术仿真设计

本实验设计一个拥有远程通信能力的虚拟手术仿真系统，以达到远程辅助医疗的功能。系统在 Windows 开发环境下基于微软基础类库(Microsoft foundation classes，　MFC)[17, 18]开发，以下首先概要介绍系统的整体设计思路以及各模块的设计思路。

3.2.1　功能特点

远程 VR 手术仿真的出现将给传统手术带来很多便利，其功能特点应包括以下方面。

(1) 系统能够利用图像数据帮助医生诊断病情，制定手术方案，方便选择最佳手术路径以减少手术损伤、减少身体正常组织的损伤、提高对病原位置的定位准确率，这对于执行复杂手术和提高手术成功率有着十分重要的意义。

(2) 系统可以利用获得的医学影像信息建立三维模型，设计并模拟手术过程，通过预演提前发现手术中的问题，提高手术的成功率。

(3) 系统可以让医生反复观察专家手术过程，重复进行手术训练，缩短手术培训时间，满足实验对象需求。

3.2.2　系统结构

基于 VR 的远程手术仿真系统的实现需要具备两大模块，即远程通信和 VR 手术仿真。远程通信模块主要完成客户端与服务器端视频、音频、虚拟仿真数据、文件等的实时传输。

VR 手术仿真模块主要包括二维图像共享浏览、三维重建及手术操作仿真等。用户的所有操作都基于系统可视化界面。系统结构图如图 3-1 所示。

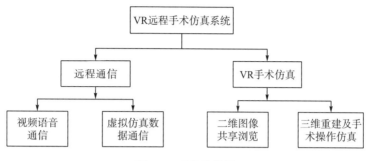

图 3-1　系统结构图

图 3-1 中所有模块都基于系统用户界面，即用户的所有操作都在用户界面上进行。远程通信模块为用户提供视频语音通信功能以及仿真时的数据通信功能，以便于进行远程视频、音频交流及远程操作数据的传输。VR 手术仿真实验模块将为用户提供远程实时二维图像共享浏览和三维重建以及简单的切割算法。用户可以通过这两个模块提供的功能对远程手术进行监督和指导。

3.2.3　系统模块设计思想

系统各模块设计思想介绍如下。

1. 视频语音通信模块

视频语音通信模块要保证通信双方能流畅地进行视频和语音通信。为完成这一目标，本设计选用 AnyChat 音视频互动开发平台(SDK)[19]。AnyChat SDK 是使用 H.264 视频编码标准和 AAC 视频编码标准以及 P2P(点对点)技术的一个二次开发平台，整合了佰锐科技在音视频编码、多媒体通信领域领先的开发技术和丰富的产品经验，具有高质量、宽适应性、分布式、模块化等特点。视频语音通信示意图如图 3-2 所示。

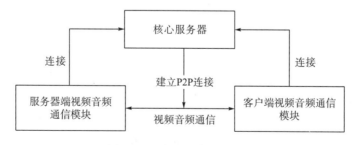

图 3-2　视频语音通信示意图

该 SDK 开发平台提供了一个核心服务器，要进行通信，需要先在服务器端配置核心服务器，然后系统服务器端和客户端与配置好的核心服务器进行连接，连接成功之后核心服务器会对服务器端和客户端进行 P2P 连接，就可以实现视频语音通信。

2. 虚拟仿真数据通信模块

虚拟仿真数据通信模块是系统远程通信的核心内容，也是远程同步的关键。设计中采用 C/S 通信方式，即在一个用户服务器端上建立服务器，其他服务器端作为客户端连接该服务器进行网络通信。采用多线程技术处理客户端消息，以避免连接后服务器端无法进行其他的操作而死锁。因为系统需要实时通信，所以采用 TCP/IP 协议来进行通信。虚拟仿真数据通信流程图如图 3-3 所示。

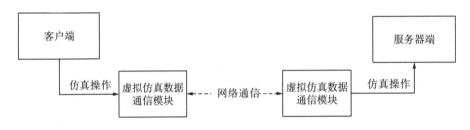

图 3-3　虚拟仿真数据通信流程图

客户端在进行仿真操作时，通信模块将仿真操作转化为数据通过网络通信发送到服务器端的通信模块中，在服务器的通信模块中还原为仿真操作在服务器端执行。

3. 二维图像共享浏览模块

VR 手术仿真在主界面模块的基础上创建了子界面进行分析及其操作，系统的二维医学图像分析功能将在 MFC SDI 提供的基本功能上完成，改造打开文件的功能以便能够打开 DICOM 格式的医学图像，利用 MFC SDI 提供的 View 视图类和 Doc 文档类来完成图像的加载、显示及更新。核心图像处理技术将使用 MITK（Medical Imaging ToolKit，是由在中国科学院自动化研究所田捷研究员带领下的医学影像处理研究组开发的集成化的医学影像处理与分析 C++类库）类库进行开发[20]。

MITK 采用的是数据流模型，把数据处理作为中心，在概念上是把数据和算法分开的。MITK 的结构如图 3-4 所示。

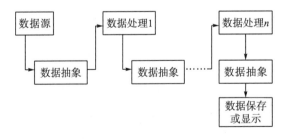

图 3-4　MITK 结构

图 3-4 中的"数据源"负责生成数据，从文件中读取数据到内存中或者使用特定的算法生成数据；"数据处理"完成对数据源中读取的数据的算法处理；"数据抽象"是对要

处理的数据进行抽象定义，经最后处理、抽象定义过的数据保存在电脑中或显示在屏幕上。

"数据源""数据抽象""数据处理""数据保存或显示"对应的 MITK 类分别为 mitkDICOMReader、mitkVolume、mitkImageModel、mitkImageView。

4. 三维重建及手术操作仿真

系统三维重建的数据采用现在医疗软件中使用较多的 CT、MRI 图像序列，数据格式为 DICOM，功能基于 VolumeRenderX 控件实现。VolumeRenderX 控件通过采用多种不同的三维绘制算法，能将标准格式的医学图像序列（DICOM 格式）重建成为三维影像，从而方便医务人员对病人进行诊断和治疗。

3.3　远程通信实现

在构建虚拟手术仿真系统之前，需要先完成远程通信，以达到拥有远程视频、语音通信以及远程数据通信的功能。如前所述，远程通信以 C/S 架构实现，服务器端和客户端都是通过建立套接字后进入虚拟仿真数据通信模块中，而在进入视频语音通信模块时，服务器需要先配置核心服务器，其各部分具体实现方法如下所述。

3.3.1　远程视频语音通信实现

视频语音作为远程医疗的主要交流方式，其基本要求是实时流畅。本书采用 AnyChat SDK 开发平台进行远程视频语音通信，该平台已经封装好一个核心服务器，在进行简单的视频语音通信时，不需要开发业务服务器，只需要完成客户端的编码就可以在不同的客户端上连接核心服务器并进入指定的聊天房间进行视频语音通信。

在通信前，核心服务器需要部署在服务器端的电脑上，而且在进行通信时，服务器和客户端都需要连接核心服务器，然后由核心服务器进行服务器和客户端的 P2P（点对点）连接。具体步骤为：

①在服务器运行 AnyChat for Windows SDK 包中的 server 目录下的 install.bat；

②修改配置文件 AnyChatCoreServer.ini，配置好 SDKFilterPlus 配置项；

③启动核心服务器。

在完成核心服务器的配置之后，需要在自己的程序中编写用来进行语音通信的客户端，这个视频语音通信模块在系统服务器端和客户端没有区别，因为双方都是通过连接核心服务器后进入房间建立 P2P 视频语音连接，然后进行相关通信。程序的编码使用 SDK 提供的技术手册即可完成。

通信模块只支持客户端和服务器端 P2P 通信，点击开始按钮之后服务器（或者客户端）就向核心服务器发送信息，然后由核心服务器建立二者的 P2P 连接。图 3-5 所示为视频语音通信结果，由图可见，视频语音通信在单机测试中视频效果较好。

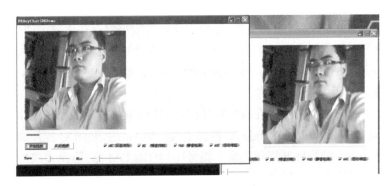

图 3-5　视频语音通信结果

3.3.2　虚拟仿真数据通信实现

服务器端和客户端通过建立套接字实现数据通信，实现流程如图 3-6 所示。

在图 3-6(a)中的服务器端，首先获得本机 IP，填写 IP 结构体，建立套接字之后开启侦听，当侦听到有客户端连接请求时建立连接，同时进入线程函数，然后在线程函数中服务器接收客户端发送的消息，根据不同的消息类型发送到不同的处理函数中去进行处理。

在图 3-6(b)中的客户端，创建套接字后向服务器发送连接请求，连接成功后保存套接字标示符，在客户端进行仿真操作时将使用该套接字描述符向服务器发送消息。具体实施过程中，有以下部分需要特别注意。

1. 通信消息的封装

服务器与客户端通信时需要使用固定的消息格式，因为在套接字发送数据时是以字节的形式发送的。本书中将服务器和客户端通信的消息封装为一个结构体，发送时转换为字节的形式发送，接收端接收到后再将其转换为原来的结构体格式，这样就可以提取出其中的信息。结构体定义如下：

```
struct Ifo_message
{
    int message_type;
    char buf1[50];
};
```

其中，结构体的第一个成员是一个整型数据，用来指定消息的类型。第二个成员是一个字符串，用来传输数据。

2. 建立服务器监听套接字

本书使用 Win32 的套接字 API 来实现套接字编程。

首先在当前项目中创建两个空白文件，一个是 ServerSocket.h 文件，一个是 ServerSocket.cpp 文件；使用套接字之前先包含其头文件 Winsock2.h，同时静态加载其连接库(如：#pragma comment(lib,"WS2_32.lib")；然后创建函数 int StartServer_SocketMain() 作为服务器端入口函数，在入口函数的开始对套接字进行初始化，其核心是需要调用 WSAStartup 函数来绑定相应的套接字库；最后按照服务器编程的步骤首先创建服务器套接字，然后绑定主机 IP 和端口号，开启侦听等待连接就可以了。

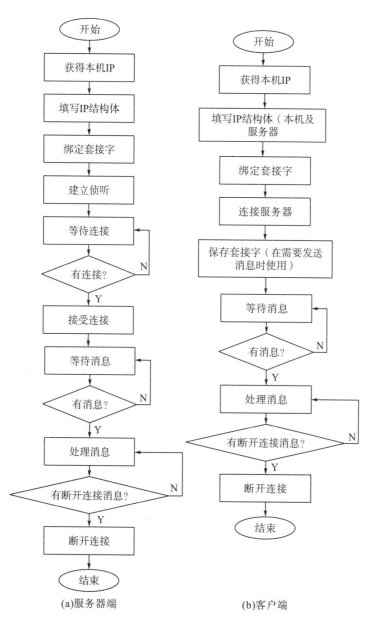

图 3-6　服务器-客户端通信流程

3. 创建多线程

　　系统创建服务器之后就需要完成服务器与客户端的通信，服务器端接收到客户端的消息后对其进行相应的处理。为了提高程序的响应速度，设计中采用多线程技术，即在服务器 accept 函数成功接收到客服端的连接请求后，系统使用 CreateThread 函数创建一个线程，同时将 accept 函数返回的已经建立连接的套接字标识符传入线程函数中。在线程函数中，系统使用作为参数传递进来的套接字标识符作为接收数据，接收到消息后分发到各个消息处理函数中进行处理。

3.4　VR 手术仿真系统的实现

在构建远程通信系统后，将在该系统下基于 VR 实现虚拟手术仿真的三维场景进行渲染和简单手术操作，使系统具备二维医学图像分析、三维重建、器官分割等功能。接下来将详细介绍各部分的功能实现方法。

3.4.1　二维医学图像共享浏览功能

如前所述，本书中二维医学图像共享浏览功能的实现是建立在 MITK 基础上的，使用 MITK 二次开发库在 SDI 的 View 类中建立显示二维图像的环境，然后通过 Doc 类加载图像数据并且将数据转化为 MITK 中的标准格式，再通过 View 类来读取新格式数据并显示到屏幕上。二维图像共享浏览流程图如图 3-7 所示。

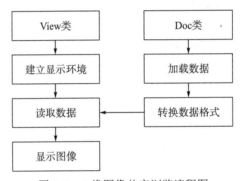

图 3-7　二维图像共享浏览流程图

在图 3-7 所示的二维图像共享浏览流程图中，首先进行数据读取功能的实现，将"文件"菜单下的"打开"选项改为"Pop-up"格式的菜单，然后再在上面添加一个子菜单项"打开 DICOM 文件"，使用 MFC 自带的 ClassWizard 进行点击响应函数的实现。

在实现响应函数之前，系统需要在 Doc 类中添加一个 mitkVolume* 类型的成员变量用来进行数据处理，并且添加 2 个成员函数 mitkVolume* GetVolume() 和 void clearVolume() 分别用来获取 volume 对象和清除 volume 对象，当然还需要在类初始化时对刚才定义的成员变量进行初始化。

在 Doc 类中添加一个成员函数 void showpicture(char * a) 用来处理图像，传入的参数为"打开 DICOM 文件"菜单功能函数获得的文件路径，具体实现如下：

```
mitkDICOMReader *reader = new mitkDICOMReader;
reader->AddFileName(a);
if (reader->Run())
```

```
{
    clearVolume();
    m_Volume = reader->GetOutput();
    m_Volume->AddReference();
    UpdateAllViews(NULL);

}
    reader->Delete();
```

代码中创建了一个 DICOM 的 reader 用来读取文件数据，然后将文件的路径添加到 reader 中转换为统一的 volume 数据后传给 m_Volume 变量进行显示，最后使用 UpdateAllViews()函数更新 SDI 中的视图。

如上操作，已经把数据加载到 Doc 类中，现在只需要在 View 类中显示就可以了。首先在 View 类中添加一个 mitkImageView*类型的变量 m_View 用来显示图像，在 View 类的 create 函数中添加如下代码：

```
RECT clientRect;
this->GetClientRect(&clientRect);
int wWidth = clientRect.right - clientRect.left;
int wHeight = clientRect.bottom - clientRect.top;
m_View = new mitkImageView;
m_View->SetParent(GetSafeHwnd());
m_View->Show();
m_View->SetLeft(0);
m_View->SetTop(0);
m_View->SetWidth(wWidth);
m_View->SetHeight(wHeight);
m_View->SetBackColor(0, 0, 0);
m_ImageModel = new mitkImageModel;
m_View->AddModel(m_ImageModel);
m_View->SetCrossArrow(false);
```

这样系统就建立了一个用来显示图像的环境，但是还没有把 Doc 类中已经加载的数据添加进来进行显示，接下来只需要把加载 Doc 类中数据的代码添加在 View 类的 OnUpdate()函数中就可以实现显示。最终二维图像共享浏览实现如图 3-8 所示，该图是 MITK 中的一张脑部 CT 图像，当然，用户可以浏览其他标准格式的医学图像。

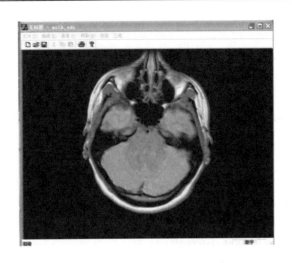

图 3-8　二维图像共享浏览

3.4.2　三维重建功能

　　物体三维重建的方法可以分为两类：一类通过几何建模和人机交互生成现实物体的虚拟三维几何模型；另外一类则是通过现实捕捉技术获得真实物体的几何形状。第一类三维重建技术已经非常成熟，有非常多的软件可以进行三维操作，如本书中用到的 VolumeRenderX 控件。

　　VolumeRenderX 是一个能够将 DICOM 格式医学图像进行三维重建的控件，包括常用的面提取、拖动条手动提取、三维模型面切割、体切割等算法，可以实现医学器官的有效重建、分割以及缝合。本书基于 VolumeRenderX 控件实现虚拟器官三维重建，具体过程是：

　　①从文件中读取 CT 数据，传输到 VolumeRenderX 控件上；

　　②使用控件提供的接口函数完成重建功能。

　　基于 VolumeRenderX 控件实现虚拟器官三维重建流程，如图 3-9 所示。

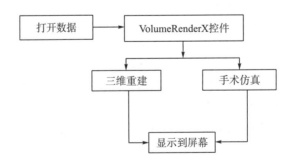

图 3-9　三维重建和手术仿真操作流程

　　在具体的可视化界面设计上，需要为 VolumeRenderX 控件关联一个变量以便在对话框中进行操作，关联变量之后在对话框上添加提取序列 CT 数据、三维模型面切割、体切割、缝合重建等命令按钮，在对应的消息映射函数中执行操作。

三维重建功能演示如图 3-10 所示。由图 3-10(a) 中的头部整体三维重建和图 3-10(b) 中的头部切割后三维重建结果可以看出：该系统三维重建功能完善，效果逼真，可以进行简单的手术操作演示，方便医生对患者病情的分析和手术方案的确定。

 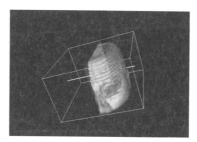

(a)头部整体三维重建　　　　　　　　(b)头部切割三维重建

图 3-10　三维重建功能

3.5　基于 VR 的远程手术仿真测试

在完成系统远程通信与 VR 手术仿真两大主要功能的实现后，接下来对系统测试过程及结果做分析说明。

3.5.1　系统测试结果

首先，系统主界面效果图如图 3-11 所示。主界面是用户打开软件后的界面，用户所有的操作都在该主界面上进行。

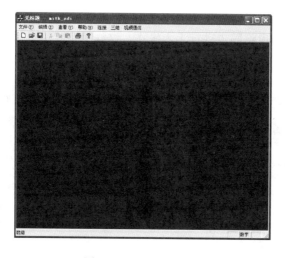

图 3-11　主界面效果图

远程连接测试图如图 3-12 所示。用户在点击连接菜单后将弹出如图所示的连接菜单，服务器端点击"建立服务器"，而客户端则点击"连接服务器"进行连接。

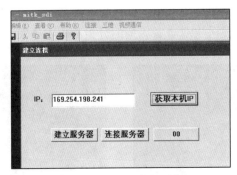

图 3-12　远程连接测试图

远程二维图像共享浏览如图 3-13 所示，建立连接之后，客户端在进行二维图像分析时，会通过通信模块将相应的数据发送到服务器，服务器将显示同样的操作效果。

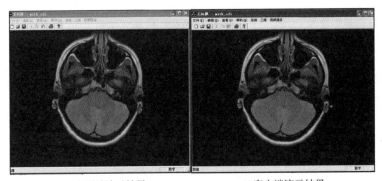

(a)服务器端演示结果　　　　　　　　　(b)客户端演示结果

图 3-13　远程二维图像共享浏览

远程三维重建及手术操作效果图如图 3-14 所示。在建立连接的前提下，客户端进行手术仿真时，服务器端也将同步进行手术操作，这样医生就可以进行远程手术指导。

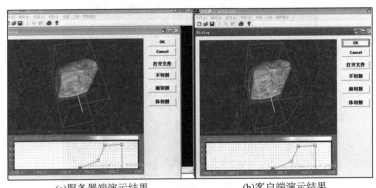

(a)服务器端演示结果　　　　　　　　　(b)客户端演示结果

图 3-14　远程三维重建及手术操作效果图

系统使用 Anychat 二次开发库来完成视频音频通信，视频效果清晰，语音通信流畅。能够很好地实现远程交流的功能。视频音频通信如图 3-15 所示。

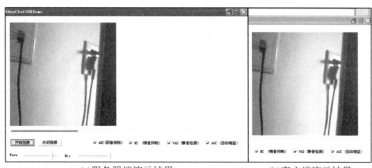

(a)服务器端演示结果　　　　　　　　　(b)客户端演示结果

图 3-15　视频音频通信

3.5.2　系统测试结果分析

在完成系统编码后，最重要的工作就是测试及 BUG 修复，因为本系统采用分模块的设计模式，所以只需要进行分模块测试。

1. 用户界面及二维医学图像浏览测试

该部分测试不需要使用网络通信，只要在单机上就可以完成测试，主要需要测试的是各个菜单是否能正确响应，能否成功地调用子模块，在图像浏览时打开数据是否成功，如果打开的数据不是标准医学图像是否会出错。

2. 三维重建模块测试

该模块使用一个三维重建控件，基本的操作都是封装好了的，只需要对其功能实现进行测试就可以了。

3. 视频语音通信测试

视频语音通信需要在不同的 PC 端进行通信测试，测试不同的系统和不同的摄像头驱动以及麦克风驱动是否对通信有影响。

4. 数据通信模块测试

数据通信模块是系统的核心，而且容易出错，需要在编码时就进行测试。根据网络通信的步骤逐步进行调试，特别需要注意的是在 View 类对窗口消息进行相应处理时对各个对话框是否存在进行判定，避免一些错误的操作导致服务器响应出错。

因为用户界面、二维图像分析、三维重建模块是独立的模块，所以出现的问题比较少。而数据通信模块需要嵌入到各个模块中，因此出现的问题相对较多，如 Doc 类不能响应服务器发给其的窗口消息，因为 Doc 类不是窗口类的派生类，不能接受并处理窗口消息，所以需要将窗口消息发送给 View 类并进行响应处理；在接收到窗口消息之后需要判断用户是否已经打开相应的对话框，如果没有打开相应的对话框而对其进行操作的话将会造成系统崩溃；在测试过程中常常发现问题却不能找到问题出现的位置，在这样的情况下，我们需要压缩范围来查找问题，在可能出现问题的地方设置测试点进行测试。

经过最后的修改，系统已经能够正常运行，用户可以在单机上进行二维医学图像的浏览和对二维医学图像序列进行三维重建，同时可以与远程用户进行视频语音通信，也可以在建立连接之后进行远程二维医学图像浏览和三维重建以及简单的切割操作。

3.6　本 章 小 结

随着计算机技术的快速发展，计算机技术已经深入到社会的各行各业，医疗领域也不例外。目前，世界各国都在积极开展计算机辅助医疗相关技术研究，典型的是日本、美国等国家早在 1986 年就研究出了一种由交互式 CT 机组成的导航系统，这个系统也就是最初的计算机辅助手术系统。我国在这一方面的研究起步较晚，但是国内研究计算机辅助手术系统的机构也越来越多，如清华大学、上海交通大学、浙江大学等高校及研究所都成立了相关的实验室和研究院。

我国幅员辽阔，部分地区医疗水平还相对较低，特别是中西部地区。这些地方也有着很多的医疗需求特别是手术需求，但是这些地方的手术水平非常有限，很多小型的医院连能进行手术的医生都没有，因此研究一个有着虚拟仿真且能进行远程指导的手术系统便有着重大的意义，这样一个系统不仅能帮助医生利用图像数据合理地制定手术方案，而且可以在一些紧急情况下进行远程交互，如在一些偏远的地方有紧急手术需求而主刀医生技术却有限时，便可以利用这个系统获得有手术能力的医生的远程指导从而保证患者能得到有效的治疗。

1. 研究成果

本系统通过远程通信技术以及相关控件实现了一个集二维图像分析、三维重建等功能于一体的远程虚拟手术仿真系统，让医生克服了地域差距，该系统可实现远程医疗及远程手术指导的功能，能很好地让医疗资源共享，缓解中西部地区医疗及手术资源紧张的境况。系统提供了手术需要的医学图像分析功能和三维重建功能，能够很好地远程辅助医生进行诊断并确定手术方案。

2. 系统缺陷

系统虽然具备了一定的手术辅助功能，但是功能仍然非常有限，在图像分析功能上只能读取标准医学图像，导致对其他医学图像的不兼容。同时，三维手术操作仅能简单地进行一些手术操作，难以与实际手术中复杂的手术操作结合起来，起到的手术演示功能有限。

3. 后续研究方向

这样的远程虚拟手术系统能实现远程辅助手术的功能，但仍然受限于当地手术医生的技术水平。对于我国现在医疗水平地域差距大的现状，进行远程手术的研究是非常有意义的，因此后续在遥操作机器手术研究上还需进一步加强。

第4章　VR中柔性体力触觉渲染研究

由第3章可知，VR技术作为多媒体与仿真技术迅速发展的产物，正被逐渐应用在虚拟手术仿真训练、手术诊断等医学教育领域，它对降低实习手术风险、节约医务培训费用、改善我国医学手术水平发展不平衡现状等有着非常重大的意义。然而，由于人体柔性组织受力与形变的复杂关系，柔性体模型的实时形变和力反馈计算几乎成为VR技术研究和实际应用的难题，因为在真实的虚拟医学手术训练中，为了加强手术训练者的沉浸感，需要用于柔性体形变的视觉刷新描述与柔性体力反馈的触觉刷新描述尽可能同步，但常用的柔性体受力形变仿真模型如弹簧质点模型、有限元模型等都不能很好地满足该要求。因此，急需提出全新的、完善的虚拟柔性体实时形变仿真模型。

本章在分析虚拟柔性体力触觉渲染研究现状的基础上，提出了一种基于球面调和(spherical harmonic，SH)函数的力触觉模型，该模型利用SH的正交归一、旋转不变、多尺度等特性实现了柔性体几何模型的准确表达；利用主成分分析(principal component analysis，PCA)方法完成柔性体在不同作用力下的形变比较，根据简化后的波动方程计算物体形变后的力反馈，使得柔性体的受力形变计算更加简单而且量化；同时为了满足虚拟柔性体力触觉渲染对形变视觉刷新频率和力触觉刷新频率的同步要求，提出了基于SH与径向基函数神经网络(radial basis function neural network，RBF-NN)的力触觉渲染算法，最后利用虚拟现实渲染软件Vizard创建虚拟手术环境，并基于Sensable®Phantom®Desktop™力反馈设备搭建视觉力触觉交互实验平台，验证本书提出的力触觉渲染算法。实验结果表明，基于SH表达和RBF-NN实时形变预测的柔性体力触觉渲染方法是一种有效的建模方法，它的具体实现对虚拟现实中柔性体碰撞检测、力触觉交互研究等都会产生深远的影响，在如虚拟手术训练、手术诊断等医学教育领域有很好的应用前景。

4.1　柔性体力触觉研究简介

提升虚拟世界的真实感和建立人体健康信息系统同被列为美国国家工程院于2008年2月15日公布的由专家评选出的人类在21世纪面临的十四大科技挑战之一。专家认为，如果攻克这些技术难关，人类生活质量将有所提高。而虚拟现实中的力触觉交互技术在医学训练、手术规划、手术模拟、虚拟诊断、远程康复治疗、远程机器人辅助手术等多个医疗领域都有广泛应用价值。在这些应用中，触觉的加入能够增强可视化表达或提供视觉无法提供的信息。因此，虚拟现实的力触觉再现技术就成为目前虚拟现实技术中的一个研究热点。

　　力触觉和视觉、听觉一样,是人类感知外界的重要模态之一,并且是唯一既可接受环境输入又可对环境输出的感知通道。在真实世界中,人类通过触觉系统感知物体的形状、质量、硬度、粗糙度和温度等;在虚拟世界中,人们使用各种被称为力触觉设备的机电设备来触摸、感知和操纵计算机产生的虚拟物体,即力触觉交互(haptic interaction)。力触觉交互研究包括虚拟物体的力触觉建模、力触觉再现的人机交互感知设备、人的力触觉心理和生理特性研究三部分[21],其中,虚拟物体的力触觉建模研究是力触觉再现技术中最为重要的环节。虚拟物体的力触觉建模本质上是建立一种基于物理约束的物体受力变形模型,其所计算的作用力和受力变形应当尽可能接近真实世界中物体之间相互作用所产生的作用力和受力变形,即虚拟物体的力触觉渲染(haptic rendering)。力触觉渲染往往和视觉渲染结合在一起,构成一个视觉力触觉(visual haptic)计算机交互平台。在这个平台上,键盘、屏幕、鼠标、系统和力触觉设备分别为操作者的视觉和触觉提供物理通道,以进行与虚拟物体的多通道实时交互。相对于传统的视觉交互,触觉的引入提供了更深层次的信息感知,消除了使用二维平面图像表达三维物体的歧义,提供了从三维物理空间到三维虚拟空间的直观映射,从而使得与虚拟空间中物体的交互更加准确和有效。

　　图 4-1 所示为一个典型的视觉力触觉交互平台,其中,主计算机和力触觉设备是整个交互系统的硬件平台。主计算机主要完成模型仿真计算以及图形渲染等任务,模型仿真计算包括进行虚拟物体的几何模型、物理模型、计算模型建模以及碰撞检测、变形及反作用力计算等;图形渲染包括物体受力前后真实感、图形绘制及虚拟场景描述等。力反馈设备主要完成操作者与力触觉模型之间的交互,一方面,它利用传感器准确跟踪人手的运动和位置,将操作者操纵的“手术器械”(力反馈设备的操纵杆)的空间位置、运动方向等信息输入系统;另一方面,它将虚拟环境中力触觉模型受力后生成的力触觉信息反馈给用户。

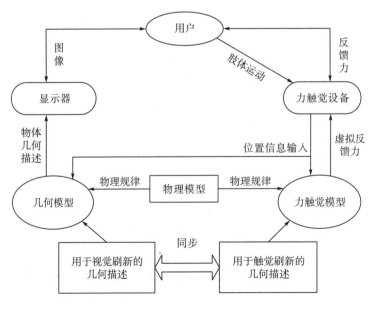

图 4-1　视觉力触觉交互平台示意图

为了得到稳定、连续、真实的力触感，要求通过力触觉设备施加在力触觉模型上的力反馈输出以几百甚至上千赫兹的频率进行刷新，并且要求用于视觉刷新的几何描述与用于触觉刷新的几何描述尽可能同步，即在操作者感受到力触觉模型对人的反作用力的同时，图形工作站应将虚拟场景中的形变模型显示在图形设备终端。相比于视觉动画 25～100Hz 的刷新频率，这对计算效率无疑是个巨大挑战。因此，对力触觉模型的准确建立以及实时的力触觉渲染控制算法提出了较高要求。

在过去的几十年，人们已经研究开发了大量的力触觉渲染算法[22,23]，并在刚体的力触觉渲染方面取得很大成功。但是对于柔性体力触觉渲染的研究却进展缓慢，其难点在于柔性体的形变和力的关系非常复杂，如何在形变、力的准确描述和计算效率之间取得平衡是个难以解决的问题。例如在虚拟手术仿真训练中，随着交互的进行，操作者通过力触觉设备操纵虚拟手指按压虚拟患者的腹部，操作者感受到的力反馈会随着被按压部位的形变而不断变化。而人类触觉对力的变化非常敏感，为了获得真实的力触感，通过力触觉设备感受到的力反馈的计算要求以 500～1000Hz 的频率进行刷新。同时，在这大约几毫秒的计算周期内，力触觉渲染过程必须完成柔性体的受力形变及力反馈生成计算。为了提高计算效率，人们往往对现实中的物理现象和过程进行简化，这又会导致出现模型表达误差。

因此，国内外很多研究者对虚拟柔性体的力触觉渲染方法在不断地进行着研究与探索[24-27]，包括柔性体物理模型的建立、碰撞检测、物体形变及力反馈实时计算等。建立实时、准确的柔性体形变模型，开发实时有效的柔性体力触觉渲染算法成为其发展的必然。

4.1.1　柔性体力触觉渲染方法概述

虚拟现实研究中的柔性体通常包括虚拟布料、液态物质(如水、油等)以及人体或动物柔性器官。柔性体力触觉渲染系统主要由柔性体力触觉模型建立(几何模型、物理模型、计算模型的融合)、碰撞检测、形变及力反馈计算、图形绘制等几大模块组成。

图 4-2 以虚拟手术仿真系统中的人体柔性器官力触觉渲染为例，描述了柔性体力触觉渲染系统主要软件功能模块及相互间的关系。

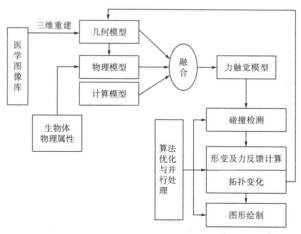

图 4-2　柔性体力触觉渲染系统功能图

1. 几何模型

从医学图像数据库获取器官的断层扫描（computed tomography，CT）数据，经过必要的数据处理后，采用体绘制或面绘制的方式可以实现柔性组织的几何模型三维重建。几何模型描述了人体组织器官的几何形状，是所有后续处理的基础。几何模型有"面模型"和"体模型"两种，其中"面模型"用表面的拼合来描述组织的表面信息，其模型变化和绘制等处理较为成熟，但进行切割形变模拟时由于拓扑关系改变而造成实现困难，而且真实感不够。"体模型"的基本元素是体素，可以表示物体内部的情况，同时可以方便改变拓扑关系，支持切割形变，真实感较强。

2. 物理模型

物理模型用于控制软组织在虚拟手术器械作用下的交互性能。人体软组织的构造极其复杂，而且一般由几个层次组成，通过对软组织生物力学特性的研究可以得到其物理模型的外在表现和内在参数。在目前已有的描述软组织变形的物理模型中，最简单的是虎克定律的"线弹性模型（linear-elastic model）"[28]，但这个模型一般只适用于变形较小的情况，复杂情况必须用非线性模型来描述。常见的非线性模型有"黏性模型"，如最简单的 Newton 黏性流公式。因为大多数的软组织材料既有弹性又有黏性，因此必须采用"黏弹性模型（visco-elastic model）"[29]来描述软组织的物理模型。

3. 计算模型

计算模型提供了一个计算框架，用以根据软组织物理和生理特性的要求实施几何模型的变形和拓扑改变，与此同时，几何模型的变化又必须及时地反馈到计算模型上。在建立几何模型和物理模型的同时，需要建立一个计算模型来实现各个模型所具备的功能，计算模型本身的选择也影响这两个层次模型的复杂程度和技术选择。物理模型描述软组织在外界交互作用下的动态变化过程，其最终结果是几何模型的变化。几何模型是一切几何形状和拓扑结构变化的被作用对象，而计算模型则是组合这两个模型的计算框架，由这个框架来协调几何模型和物理模型的相互关系，并融合在一起，将计算结果显示在用户面前。

4. 力触觉模型

力触觉模型是几何模型、物理模型、计算模型的融合。对一个类似于手术模拟系统的柔性体力触觉模型而言，实际是将现实世界的实物信息映射到计算机的数字空间从而生成相应的虚拟物体的过程。

5. 碰撞检测

碰撞检测用来检测用户所操纵的虚拟手术器械是否与力触觉模型发生碰撞，以决定是否需要进行模型的变形及力反馈计算。碰撞检测贯穿力触觉交互模拟的整个过程，为了给出真实的物理现象或反应，不仅要判断物体之间是否发生碰撞，而且还要在发生碰撞的情况下精确地定位发生碰撞的位置。如果一个虚拟场景对精度的要求不高，可以只求出相交的基本几何元素对，但如果是一个类似虚拟手术的对精度要求非常高的系统，就要求必须能够求出碰撞点的物理现象或反应，以便实施变形和力反馈计算。碰撞检测是实现系统实时计算的关键问题之一，因此，快速、健壮的碰撞检测算法是系统提出的必然要求。

6. 形变及力反馈计算

这部分计算由物理模型来支持，当前提出了许多种模型来反映不同的物理特性。从物理真实感的角度来讲，当模型受到外力作用后就要发生变形，真实地模拟出这些变形，给操作者以真实的感觉是其主要目的。在柔性体力触觉交互系统运行过程中，力触觉模型要能够实时计算给操作者的力反馈，并且在第一时间反馈给操作者。

7. 图形绘制

图形绘制就是将几何模型的仿真结果绘制在计算机显示设备上。合理的图形绘制方法，不仅能够逼真地模拟手术现场，而且还能提高视觉反馈速度，满足手术模拟的实时性。

8. 算法优化与并行处理

由于柔性体力触觉交互系统对于实时反馈的要求和其本身的复杂性，必须采取一定的措施来削减计算时间，这就要求对算法进行优化与并行处理，提供实时的力触觉渲染控制算法。

4.1.2　相关技术国内外研究现状

柔性体力触觉渲染研究，涉及柔性体几何建模、柔性体形变模型计算、实时碰撞检测、人机交互等多项技术的研究。它作为多媒体和仿真技术迅速发展的产物，正被逐渐应用在虚拟手术仿真训练、手术诊断等医学教育领域，它对降低实习手术风险、节约医务培训费用、改善我国医学手术水平发展不平衡现状等有着非常重大的意义。

4.1.2.1　柔性体力触觉技术应用

在计算机力触觉(computer haptics)应用方面，美国国家航空航天局在 1994 年就开始研制用于空间作业任务的力触觉反馈虚拟环境[30]。在医疗领域，1999 年，德国研究者研制了具有图像和力反馈的骨髓穿刺手术模拟系统[31]；2000 年，美国新泽西州立罗格斯大学和斯坦福大学联合成功研制虚拟和遥距操作的辅助康复系统，通过视觉力触觉交互，医生能够远程帮助残疾病人进行肢体功能的康复锻炼[32]；同年 7 月，著名的带有力反馈性能的达芬奇遥距操作机器人微创手术系统通过美国食物药品管理局认证，该系统在 IBM 和 MIT 的支持下由 Intuitive Surgical 公司于 1995 年开始研发[33,34]；2001 年，德国 Karlsruhe 商用虚拟内窥镜手术训练装置问世，操作者通过带有力触觉的机械手模拟控制手术刀进行虚拟内窥镜手术；2007 年，日本大阪大学的 Yoshihiro Kuroda 等利用 CyberForce 开发了多手指虚拟手术交互系统[35]；2009 年，美国的 Liang 等利用 Phantom 开发了用于关节囊缝合的虚拟手术训练系统[36]；2011 年，瑞士的 Tobergte 等利用 Sigma.7 手控器开发了双手操作的手术训练平台[37]。

我国在计算机力触觉方面的研究起步稍晚，但也取得了初步成果。国防科技大学使用线弹性有限元法研究了力触觉交互在鼻腔镜手术中的应用[38]；北京航空航天大学开发了"黎元"等医疗辅助设备和用于牙医操作的双设备视觉力触觉仿真平台，并研究了相关的力触觉渲染算法，他们在牙科手术模拟系统中使用了多刷新频率的方法，但是没有深入探讨柔性变形体的力触觉渲染问题[39-42]；东南大学研制了多种力触觉设备，并提出了探针和虚拟变形体的交互算法，但是计算速度仅为 100～200Hz[43-46]，为此他们又提出了基于时间序列的虚拟力触觉预测算法，可提高力触觉再现系统中力触觉模型的实时性和精度，但是仅用于改进弹簧质点接触力变形模型[47,48]；天津大学开发了以力触觉设备为主手的"妙手"显微外科手术机器人系统，但尚未对器官变形的力触觉交互进行详细研究[46]；上海交通大学、清华大学和中国科学院自动化研究所等也各自开发了具有力反馈特性的装置。

总体来说，国内的科研力量大部分投放在专用力触觉设备的研制方面，而对力触觉渲染算法的研究仅限于个别应用，针对变形体的力触觉渲染问题，还远未解决。然而，无论使用哪种力触觉设备，都需要首先解决柔性体受力与形变的准确描述与实时刷新的力触觉渲染问题。

4.1.2.2　现有柔性体计算模型

现有的柔性体物理模型分为线弹性模型、Mooney-Rivlin 模型、Maxwell-Voigt 模型以及扩展模型。其中，线弹性模型主要处理线性、弹性模型；Mooney-Rivlin 模型主要处理模拟液态等不可压缩的物质模型；Maxwell-Voigt 模型主要处理非线性、弹性、黏性模型；扩展模型主要处理非线性、弹性模型。

基于上述物理模型的计算模型主要有质点弹簧法(mass-spring methods，MSM)和有限元方法(finite element methods，FEM)[49,50]。其中，MSM 是将物体质量离散到质点上，并使用弹簧将它们连接起来。质点的空间位置表示物体的几何形状，物体的变形和力的关系遵循虎克定律[51]。

MSM 的网络连接类型多种多样，常用的有三角形、四边形或六边形，如图 4-3 所示。

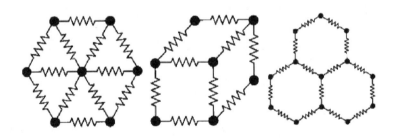

图 4-3　弹簧质点模型中的网络模型

对于 MSM 中任意一个质点 i，其动力学特性可以用牛顿运动定律表示：

$$m_i x_i + \beta_i x_i + \sum_j g_{ij} = f_i \tag{4-1}$$

式中，m_i 是质点的质量；x_i 是该质点当前的坐标向量；β_i 是与其相连弹簧的阻尼系数；g_{ij} 是物体内部其他质点对当前质点的作用力总和(它们阻止形变并促使质点保持初始的位置)；f_i 是物体所受外部作用力在该质点上的分量。对于常用的线性弹簧，质点 j 对质点 i 的内部作用力为

$$g_{ij} = k_{ij} \frac{\left|x_i - x_j\right| - \left|x_i - x_j\right|^0}{\left|x_i - x_j\right|} (x_i - x_j) \tag{4-2}$$

式中，k_{ij} 是质点 i 与质点 j 之间的弹簧刚度系数；$\left|x_i - x_j\right|$ 和 $\left|x_i - x_j\right|^0$ 分别是它们之间的当前距离和初始距离，联合所有质点的运动方程就可以获得物体的运动模型。

MSM 具有网络构建简单直观，联合方程组易解等特点，它适合描述大的物体形变及其切割操作。但是偏强系数设定的任意性及其质点间联系的复杂性使其描述准确度降低[52]。

FEM 是将物体划分为有限的单元，每个单元通过离散节点(处于边界上)与其他单元相连接。若以位移为未知量，那么每个单元内部或边界上任一点处的位移都可以通过该单元的节点位移值来插值确定(即位移函数)。单元节点或单元边界的共用性决定了位移在各单元之间的连续性。FEM 代数方程形式的系统动力学平衡方程为[53]

$$M\ddot{U} + D\dot{U} + KU = F \tag{4-3}$$

式中，M、D 和 K 分别是物体相应的质量、阻尼和刚度矩阵；F 是所有外力的合成向量；U 为节点位移。根据相应的边界条件求解出各单元节点的位移，然后通过位移函数获得任意点的位移量。通过获取空间连续的动力学方程的近似数值解，就可以确立物体受力与形变的关系，获得仿真模型。

FEM 的优点是具有较高的仿真精度和真实度，但是计算量大成为其应用于实时仿真的主要障碍。FEM 最初被应用于仿真预测、离线仿真或优化其他仿真模型，但是必须要进行一些改进或简化工作，如压缩 FEM 和预计算 FEM。

Bro-Nielsen[54-57]首次应用压缩法进行实时仿真，其基本思想是只计算物体模型中可见部分的节点形变和受力，从而有效减小刚度矩阵的尺寸。Hansen 和 Larsen[58]等利用类似的方法来建立大脑组织仿真系统，Berkley 等[59]基于压缩法建立了虚拟缝合仿真系统。然而压缩法的适用性仍旧比较有限，不适用于如切割物体等仿真操作，因为它们是建立在线性弹性理论基础上的，由此决定了有限元模型只能用于仿真局部的小变形，当它被用于仿真全局较大形变时会引起严重的失真且需要较多的计算时间。为了减少计算时间，Saekely 等[60]通过并行硬件计算来实现柔性器官的仿真。但是对于切割或撕裂操作等改变物体拓扑结构的场合，需要再次进行费时的预计算，因此限制了并行硬件实现方法的广泛应用。

预计算 FEM 将柔性体的形变仿真计算分为在线和离线两部分，在线部分主要完成柔性体拓扑结构改变后的形状绘制，而离线部分完成不同条件下的形变计算。预计算 FEM 为实时的仿真计算提供基础，但是柔性体的切割或撕裂等操作将会引起 FEM 中矩阵的变化，使得预计算法的优势不复存在，这成为有限元模型中需要解决的问题[61]。

为了得到稳定、连续、真实的力触感，部分研究人员开始尝试建立新的力触觉模型，如张小瑞等[49]提出基于物理意义、叠加正交小波基的力触觉交互模型，通过在交互过程中添加适量噪声来提高操作者的力触觉感知能力；Tang 等[62]提出用波数域内的增速来描述 3D 柔性模型的形状改变；Dutu 等[63]提出用模糊推理模型来估计力触觉反馈信息；Ponce 等[64]提出采用支持向量机模型来表达人体皮肤的柔性形变；Wang 等[65]提出通过添加弹簧和阻尼器构建球体树的方法构建柔性体力触觉模型，并应用在牙齿及牙龈等混合虚拟柔性体力触觉交互中；Fredrik 和 Howard[66]提出基于点云数据流的力触觉渲染模型，利用 RGB-D 视频传感器获取移动物体的物理形变属性；Xu 等[67]提出基于点云数据流的遥距操作中间模型，构建基于点云数据的虚实场景映射。在这些新的力触觉渲染与遥操作控制研究中，不同空间域的转换与多分辨率思想逐步被应用在柔性体的受力与形变表达中，仿真模拟与反馈视频融合的虚拟场景构建方式得到进一步的应用。

本章将在研究 SH 计算模型的基础上，提出基于 SH 表达的柔性体力触觉模型，利用主成分分析方法实现柔性体在不同受力下的形变模型比较，并根据简化后的波动方程计算柔性体形变后的力反馈，详细介绍见 4.3 节。

4.1.2.3   相关的碰撞检测技术发展

快速、健壮的碰撞检测算法对后续的力触觉渲染工作有着重要的影响。然而，碰撞检测模块会占用大量的存储空间和处理时间，往往导致出现系统处理的瓶颈。例如在一个虚拟手术系统中，为了提供给用户真实的沉浸感以及精确的交互能力，碰撞检测模块必须能够实时地计算手术刀和人体组织的碰撞并给出精确的碰撞结果，这就要求碰撞检测算法必须具有良好的时间复杂度以及空间复杂度。

碰撞检测方法从时间域的角度划分，可分为静态碰撞检测、离散碰撞检测和连续碰撞检测法三类；从空间域的角度划分，可以分为基于实体空间的碰撞检测和基于图像空间的碰撞检测[68,69]。对于基于实体空间的碰撞检测方法，根据所使用实体表示模型的不同可以分两类[70]：第一类是基于 BSP(binary space partitioning，二叉空间分割)树、k-d 树和八叉树(oct-tree)等的空间剖分法(space decomposition)，它主要是针对稀疏环境中分布比较均匀的几何对象间的碰撞检测，将整个虚拟空间划分成体积相等的小单元格，只对占据同一单元格或相邻单元格的几何对象进行相交测试；第二类是基于层次包围体树的方法，它适合于虚拟空间中多个物体间的碰撞检测，其主要用几何形状简单的包围体包围虚拟场景中复杂的几何模型，然后构建树状层次结构以逼近真实的物体，通过判断两模型不同层次包围盒的相交情况来检测碰撞，根据包围盒类型的不同，层次包围体树又可分为层次包围球树[71-73]、AABB(aligned axis bounding box)层次树[74]、OBB(oriented bounding box)层次树[75]、k-Dop(discrete orientation polytope)层次树[76]、凸壳层次树以及混合层次树等[77]。

层次包围体树与空间剖分法作为有效的碰撞检测数据结构，已被成功应用于刚体的碰撞检测。许多成型的碰撞检测系统如 Quick-CD(k-DOP)、PQ(Sphere)、SOLID(AABB)、和 RAPID(OBB)都在工程中得到了广泛应用。但适用于刚体的碰撞检测算法未必适用于柔性体对象，因为柔性体碰撞检测远比刚体复杂，具体表现在以下方面。

(1)算法应具备自我碰撞检测能力。

(2)在发生碰撞后，拓扑结构的改变会导致基本几何元素的增加或减少，这时必须重新构建或刷新整个包围体树，且重新构建或刷新整个包围体树所耗费的时间必须在实时仿真要求范围内。

(3)为了获得仿真物体碰撞的变形等效果，不仅要求算法能检测到碰撞发生的位置，而且还需要返回穿刺深度等详尽的碰撞信息。

为此，国内外研究者提出了一系列的改进方法，并且在理论和实践上都取得了一定的成果。研究主要遍布在虚拟手术、虚拟场景三维重建等领域，在国外，如 Wong 等[78]提出了一种新的基于视图的裁剪方法径向连续自碰撞检测骨骼模型；Sulaiman 等[79]提出了基于矢量的窄相碰撞检测距离计算方法；Schwesinger 等[80]提出了一种基于采样的运动规划工作空间中的包围体层次快速碰撞检测方法。在国内，周清玲等[81]提出了一种大规模柔性体的连续碰撞检测算法，在两级碰撞算法基础上加入过滤器，得到了更好的效率；赵伟和曲慧雁[82]提出了一种新的分裂平面构建 OBB 平衡包围盒树并基于云计算 Map-Reduce 模型进行快速碰撞检测的算法；于瑞云等[83]提出了结合轴对齐包围盒和空间划分的碰撞检测算法以及其他应用到空间遥操作中的预测仿真快速图形碰撞检测算法[84]和基于分离距离的碰撞检测算法[85]等。

总体而言，基于包围盒的柔性体碰撞检测是通过为物体建立某种类型的层次包围盒结构来进行相交测试，它们在一定程度上限制了物体的几何形状或拓扑结构变化，物体形变时层次结构的刷新相对费时且不适于大尺度物体形变。

最近几年，随着计算机图形和图像技术的发展，应用距离场[86]或 GPU（graphics processing unit，图形处理器）硬件设备[87]来提高算法效率的实时碰撞检测算法又成为碰撞领域的新热点，如 Tang 等[88]提出了一个快速的基于 GPU 的流算法进行变形模型之间的碰撞检测方法；Du 等[89]提出了基于 GPU 加速实时碰撞处理的虚拟拆卸算法。刘良平等[90]对基于 GPU 的三维场景表面流体碰撞检测方法进行了研究，其中基于 GPU 硬件设备的图像碰撞检测算法是利用图形硬件对物体的二维图像采样和相应的深度信息分析来判别两物体是否相交，它不需要为物体建立层次包围盒模型，也不需要递归遍历层次树以进行相交测试，所以速度很快。该方法具有自我检测能力，且物体的拓扑可以改变，可用于柔性体碰撞检测，但能用于碰撞反馈的信息很有限，是一种以效率换取精度的方法。

距离场[91,92]方法是为物体模型建立距离场，通过判断空间运动物体在距离场中的位置确定物体之间是否碰撞。它的优点是可以直接返回表面法向量和穿刺深度等碰撞反馈信息，当检测的物体为一个静态刚体模型和一个变形物体模型时，可以提前计算距离场，因此检测速度比较快。距离场方法主要用于刚体与柔体之间的碰撞检测，适用于实时碰撞检测和自我碰撞检测。

4.4 节将在分析研究已有算法的基础上，利用 SH 的多尺度特性实现柔性体距离场的快速建立，然后依据距离场碰撞检测方法实现交互工具与虚拟柔性体的碰撞检测，并沿着距离的梯度方向进行柔性碰撞响应的快速估计。

4.1.2.4　相关的力触觉设备发展

在力触觉渲染研究中，真实地将虚拟力触觉再现给操作者是检验虚拟力触觉交互真实性、互动性、沉浸性的重要指标，这需要具有高保真的力触觉交互设备。目前常用的力触觉交互设备主要有点交互设备、数据手套和外骨骼交互设备三种。

点交互设备是指通过具有 6 个自由度的操作终端与指尖进行点交互。典型的点交互设备有 Sensable 公司生产的 PHANTOM 系列产品，如 Desktop、Omni、Premium 等，这些设备可以应用于虚拟会议、虚拟模型、维持路径规划、多媒体和分子模型化等诸多领域。

数据手套，又称数字手套，是以虚拟手的形式与 3D 虚拟场景进行模拟交互，可实现物体的抓取、移动、装配、操纵、控制等操作。数据手套由可伸缩的弹性纤维制成，里面设有弯曲传感器，弯曲传感器由柔性电路板、力敏元件、弹性封装材料组成，通过弯曲传感器可将人手姿态准确实时地传递给虚拟环境，也可将虚拟物体的接触信息反馈给操作者。根据传感器的数量，数据手套分为 18 个传感器触觉数据手套、28 个传感器触觉数据手套、5 触点数据手套(测量手指的弯曲，每个手指一个测量点)和 14 触点数据手套(测量手指的弯曲，每个手指两个测量点)。数据手套本身不提供与空间位置相关的信息，必须与位置跟踪设备连用，并且有左手和右手、有线和无线之分，可用于各种 3D 虚拟视景仿真软件环境中，特别适用于需要多自由度手模型对虚拟物体进行复杂操作的虚拟现实系统。

外骨架交互设备是指能够为整个胳膊或其他身体部位提供反馈信息的交互设备，其体积相对较大，需要随着操作者身材的不同进行适当的尺寸调节。例如由 VT 公司生产的 CyberForce，就是一个可以为操作者臂部提供力反馈信息的外骨骼交互设备，在它的上面附着有力反馈数据手套 CyberGrasp，可以同时为手指和手腕实现力反馈。

以上提到的这三种力触觉交互设备都属于主动力触觉再现接口装置。对主动力触觉再现接口装置，作用力的产生和控制主要是基于电动、气动、液压等有源执行器的输出控制，这类装置虽然可以为操作者提供较大范围的力触觉反馈，但是装置摩擦力相对较大，而且存在一定的非线性干扰。为此，相当一部分研究者提出被动力触觉再现接口装置的研究。对于被动力触觉再现接口装置，其驱动系统是能量耗散的，且设备稳定性较高，但是需要主动系统来协助完成，因此，基于主/被动混合执行器的力觉再现技术将是今后发展的趋势。

本章利用 Sensable 公司的 Phantom Desktop 力反馈设备实现虚拟现实中柔性体的力触觉交互。该设备属于点交互力触觉设备，可根据研究要求调整工作区域范围、强度及马力，支持所有常用的软件，同时提供精密定位输入和高保真度的力反馈输出，带编码芯片的铁笔能提供 3 个自由度的位置感应和 3 个自由度的力反馈，适用于虚拟现实、力触觉渲染等研究领域。

4.1.3   本章研究目标、内容

本章研究目标是在柔性体力触觉渲染研究现状基础上，提出一种新的高保真的柔性体力触觉渲染方法，使得在柔性体力交互过程中用于视觉刷新的几何描述与用于触觉刷新的几何描述几乎同步，解决目前柔性体力交互过程中柔性体形变准确描述与力反馈实时计算难以平衡的复杂关系，从而满足虚拟手术训练、诊断等柔性体力交互研究应用要求。

本章主要研究内容是提出一种新的基于 SH 的柔性体力触觉渲染方法，该方法首先利用 SH 的正交归一、旋转不变、多尺度等特性实现柔性物体的快速准确表达，然后结合自适应距离场方法实现交互设备与虚拟柔性体的快速碰撞检测，同时利用 RBF-NN 拓扑结构简单、非线性逼近能力强、收敛速度快以及全局收敛等优点，完成对给定力作用下的柔性体形变的估计预测，利用简化后的波动方程计算其形变量和力反馈生成，从而满足虚拟手术等操作中柔性器官实时形变仿真要求，具体包括三个部分。

(1)研究 SH 表达三维物体的基本方法。建立基于 SH 的柔性体力触觉模型，采用模型间球面调和系数均方根距离(root mean square distance，RMSD)最小化方法实现不同形变

模型在共同参照系中的定位；在共同参照系中，利用 PCA 完成柔性体在不同作用力下的形变比较，根据简化后的波动方程计算物体形变后的力反馈。

(2)研究柔性体力触觉渲染的控制算法。分析柔性体力触觉渲染的三个基本过程(碰撞检测、物体形变、力反馈计算)并提出相应算法，首先结合 SH 与距离场方法实现交互设备与虚拟柔性体的快速碰撞检测，然后利用径向基函数神经网络预测在给定作用力下的物体形变和力反馈计算，使得基于 SH 表达的柔性体形变力反馈计算刷新频率物体表面表达刷新频率同步，从而满足了虚拟手术仿真训练等虚拟柔性体力触觉交互对视觉刷新频率的要求。

(3)搭建柔性体力触觉交互实验平台。利用 Vizard 软件创建虚拟力触觉渲染环境，并基于 Sensable® Phantom®Desktop™力反馈设备实现操作者与虚拟柔性体的力交互，验证本书提出的力触觉渲染算法。

4.2　SH　简　介

SH 作为傅里叶函数的三维拓展，具备三个重要的数学性质：正交归一性、旋转不变性、多尺度性。在 Brechbuhler 等[93]首次提出任意形状的三维物体都可用球面调和函数作为基函数重构后，后继研究者[94,95]不断进行研究开发，对基于 SH 的三维模型表达给出了具体证明[96,97]。在 SH 的拓展应用中指出：利用球面调和函数的群组分析特点可将它应用在各种适用的研究领域，如图像配准、医学图像处理、光照模型等。而本章将利用 SH 作为基函数可以将三维空间中任意连通曲面进行近似表达以及群组分析等特点，把它应用到虚拟柔性体力触觉渲染中。

4.2.1　SH 定义

已知如图 4-4 所示的球坐标系统，球上任意一点坐标与该点在笛卡尔坐标系统下的关系为

$$(r\sin\theta\cos\varphi, r\sin\theta\sin\varphi, r\cos\theta) \rightarrow (x,y,z) \tag{4-4}$$

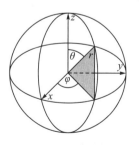

图 4-4　球坐标系统

式中，θ 为极坐标(余纬度)，φ 为方位角坐标(经度)，$0<\theta<\pi$，$0<\varphi<2\pi$。

SH 又称球函数，是满足拉普拉斯方程的球坐标调和函数。当定义在单位球上的任意一个连续可微函数 $f(r,\theta,\varphi)$ 可以通过 l 级球函数表示为 $f(r,\theta,\varphi)=R(r)Y_l^m(\theta,\varphi)$ 时，$Y_l^m(\theta,\varphi)$ 就称为 l 级 m 阶的球谐函数，即

$$Y_l^m(\theta,\varphi)=\begin{cases} \sqrt{2}K_l^m\cos(m\varphi)P_l^m(\cos\theta) & m>0 \\ \sqrt{2}K_l^m\sin(-m\varphi)P_l^m(\cos\theta) & m<0 \\ K_l^0P_l^0\cos\theta & m=0 \end{cases} \tag{4-5}$$

式中，K 为归一化因子，定义为

$$K_l^m=\sqrt{(2l+1)(l-|m|)!/4\pi(l+|m|)} \tag{4-6}$$

$P_l^m(\cos\theta)$ 为相关的 Legendre 多项式，其递归计算式为

$$\begin{aligned} &P_0^0(\cos\theta)=1 \\ &P_m^m(\cos\theta)=(2m-1)\sin\theta P_{m-1}^{m-1}\cos\theta \\ &P_{m+1}^m(\cos\theta)=(2m-1)\cos\theta P_m^m\cos\theta \\ &P_l^m(\cos\theta)=[(2l-1)\cos\theta P_{l-1}^m\cos\theta-(l+m-1)P_{l-2}^m\cos\theta]/(l-m) \end{aligned} \tag{4-7}$$

尺度参数 l 与 m 的范围是 $l\in\mathbf{R}^+$，$-l<m<l$。当调和级数 l 一定时，l 级 m 阶的 $Y_l^m(\theta,\varphi)$ 可用一个变量来定义，即

$$Y_l^m(\theta,\varphi)=Y_i(\theta,\varphi),\quad i=l(l+1)+m \tag{4-8}$$

图 4-5 显示了 $Y_l^m(\theta,\varphi)$ 前 5 级各阶球谐函数的表达，其中绿色部分代表正值拓展，红色部分代表负值拓展，右上角的小球显示了各阶球谐函数在单位球上的分布。

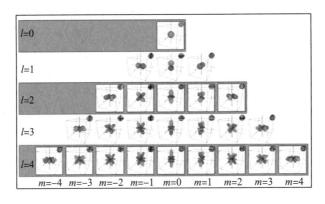

图 4-5　前 5 级各阶球谐函数

4.2.2　SH 变换

SH 具有正交归一、旋转不变、多尺度三个重要性质，可作为基函数表达三维空间中的任意曲面。已知连续可微函数 $f(r,\theta,\varphi)$，求各尺度下球谐函数的调和系数[98]为

$$a_l^m =< f, Y_l^m > = \int_0^{2\pi} \int_0^\pi Y_l^m (\cos\theta)^* f(\theta,\varphi)\sin\theta \mathrm{d}\theta \mathrm{d}\varphi \tag{4-9}$$

调和系数 a_l^m 的模长表示函数在频率 (l,m) 处的能量大小，并且满足：

$$\|f\|^2 = \sum_{l,m} |a_{l,m}|^2 \tag{4-10}$$

则 $f(r,\theta,\varphi)$ 可由 SH 表达为

$$f(\theta,\phi) = \sum_{l=0}^\infty \sum_{m=-l}^l a_l^m Y_l^m (\theta,\phi) \tag{4-11}$$

在实际应用中，如果存在着某个正数 $N>0$，使得对所有的 $l>N$，都有 $a_l^m \approx 0$，则可认为函数 $f(\theta,\varphi)$ 的带宽为 N。由 Nyquist 采样定律可知，对带宽为 N 的二维信号，只需 $2N \times 2N$ 个采样数据就可以完全恢复原信号，因此此式 (4-9) 中的积分运算可简化为 $2N \times 2N$ 的采样数据加权和[99]，即对带宽为 N 的球面函数 $f(r,\theta,\varphi)$，可近似展开为式 (4-12) 的有限项[100]：

$$f(\theta,\phi) \approx \sum_{l=0}^N \sum_{m=-l}^l a_l^m Y_l^m (\theta,\phi) \tag{4-12}$$

且 N 由逼近函数的精度和函数自身的复杂度确定，随着 N 的增大，物体的细节表达增强。其中：

$$a_l^m = \frac{\sqrt{2\pi}}{2N} \sum_{j=0}^{2N-1} \sum_{K=0}^{2N-1} w_j f(\theta_j, \varphi_k) \mathrm{e}^{-im\varphi k} P_l^m \cos\theta_j \tag{4-13}$$

式 (4-13) 又被称为离散球面调和变换，其中 $\theta_j = \pi(2j+1)/4N$，$\varphi_k = \pi k/N$，w_j 是权值。

4.2.3　SH 在柔性体力触觉渲染中的应用可行性分析

自 1995 年 Brechbuhler 等首次提出任意连通的三维物体都可用 SH 作为基函数重构后[101]，后续研究者不断进行研究开发，对基于 SH 的三维物体表达给出具体证明而且将其拓展应用在各个研究方向，包括医学三维图像分析[102]、三维模型检索[103]、三维颅面建模仿真[104]、光照实时渲染[105]等。

在医学三维图像分析方面，Chen 等[106]首先将基于 SH 的三维物体表达应用到左心室形状与跳动建模分析中，接着 Gerig 和 Styner[107]、Styner 和 Gerig[108]、Styner 等[109]将 SH 应用到大脑结构形状医学图像分析中，Huang[110]将球面调和函数应用到心脏磁共振成像的物体建模和信号分析中。它们的共同特点是将要分析的图像用一组不同频率不同半径的 SH 组合去表达，通过对比分析其球面调和系数进行图像分析。

在基于 SH 的三维模型检索[111]中，为实现基于内容的三维模型快速搜索，利用 SH 表达三维模型的形状特征，将模型分解成不同频率下 SH 之和，把不同半径下不同频率的 SH 的模型组合起来，构成模型形状函数的特征向量矩阵，通过比较两模型特征向量矩阵之间的欧几里得距离，从图形数据库中检索出需要的三维模型。

在基于 SH 的三维颅面建模仿真中[112]，为了高效地生成复杂 3D 曲面(多于 40000 个顶点)的精确模型，采用迭代残量拟合方法估算高一次的球面调和系数，它为颅骨、大脑皮层等复杂曲面建立了精确参数模型，模型可以用于 3D 曲面的滤波、压缩、变形、重啮合、形状匹配等数字几何处理方面。

在基于 SH 的环境映射光照技术中[113]，为实现低频光照环境下漫反射物体捕获软阴影的实时渲染，利用 SH 近似估计理想的漫反射物体表面的光亮度，用预计算方法将预先计算好的光照系数存放在表中，在绘制时查找。

而本章将把 SH 应用拓展到柔性体的力触觉渲染当中。由第 1 章概述内容可知，力触觉渲染过程中两个核心工作分别是准确表达柔性体的几何模型和手术器械与柔性体交互作用时需反映出其物理特性并进行实时几何形状绘制。

由前面应用可以看出，基于 SH 表达柔性体几何模型不成问题，因为 SH 已经被证明可以很好地重构三维物体。关键是如何实时地计算柔性体的受力与形变，并快速绘制其形变后的几何模型，以满足实时力触觉交互要求。本章从两方面来说明其可行性。

(1) 由 4.2 节的 SH 定义可知，SH 的正交归一性、旋转不变性、多尺度性使得它可以很好地重构三维物体，并且将物体的形状特征向量映射到球面调和系数域，因此用球面调和系数表达物体的特征信息与用空间中的顶点位置表达物体的特征信息是相同的，而用球面调和系数表达物体的特征信息比较不同物体间的形变差异远比用空间特征信息简单。

(2) 如果将 SH 的多尺度特性引入柔性体的力触觉渲染中，可以在不显著影响力真实感和变形准确性的前提下，不需要对整个物体使用相同的刷新频率进行力和变形的计算，从而提高了效率。

因此，将 SH 应用到柔性体力触觉渲染中是可行的。

4.3　基于 SH 的柔性体几何建模

基于 SH 的柔性体几何建模过程可分为球面参数化、SH 展开和曲面重构三部分。其中，球面参数化是 SH 展开和曲面重构的基础，在连续均匀的单位球上可利用 SH 对物体进行重新表达，以下将做详细介绍。

4.3.1　球面参数化

球面参数化是三角网格参数化的一种常用方法。球面参数化的目的在于将一个具有 N 个顶点、封闭的、亏格为零的三角网格几何模型映射到统一的单位球面上，使所有的几何信息都共享同一个参数域，并且在此基础上可以进一步做多分辨率分析，从而为交互式三维绘画、三维网格编辑等数字几何处理奠定基础。

常用的三角网格球面参数化方法有基于松弛的球面参数化方法[114,115]、保角参数化方法[116,117]、累进球面参数化方法[118-120]等，这些方法的共同特点是寻求参数值的最优，建立网格曲面 S_M 与单位球面 S 之间连续的一一映射 h，虽然已经取得了很多可喜的研究成果，但算法效率和稳定性还有待研究。

在已有工作的基础上，结合 SH，本章采用一种新的零亏格的任意拓扑流形三角网格球面参数化算法[121]，首先通过参数初始化将三角形网格映射到单位球面上，然后利用局部和全局平滑方法迭代调整映射面积变形率，使其向最小化方向演化，最后通过坐标转换计算三角形网格的球面参数。

具体概念和算法步骤如下。

4.3.1.1 参数化定义

假设 M 为零亏格的任意拓扑流形三角网格曲面，S 为单位球面，如果存在连续可逆映射 Ψ：使 $M \rightarrow S$，则三角形网格数据中的任一顶点 x_i，对应于球面上顶点 $\Psi(v) \in S$；三角形网格数据中的任一条边 $(x_i - z_j)^2$ 对应于单位球上的一条弧 $\Psi(e)$；三角形网格数据中的任一角度 t 对应于单位球上的弧角 $\Psi(t)$。

$A(t_i)$ 被定义为三角形网格面积，则根据映射 Ψ 定义的面积变形率（area distortion cost，ADC）有：

（1）对三角形网格数据中的每个三角形 $t_i \in M$，有

$$C_a(t_1, \psi) = \frac{A[\psi(t_i)]}{A(t_i)} \tag{4-14}$$

代表三角形网格中每个三角形的面积变形率；

（2）对三角形网格数据中的每个顶点 v，有

$$C_a(v, \psi) = \frac{\sum_{t_i \in M_v} A[\psi(t_i)]}{\sum_{t_i \in M_v} A(t_i)} \tag{4-15}$$

代表围绕一个顶点的局部面积变形率，其中 M_v 是基于顶点 v 的三角形子网格；

（3）对整体网格数据 M，有

$$C_a(v, \psi) = \frac{\sum_{t_i \in M} \max\left[C_a(t_i, \psi), A[\psi(t_i)] / C_a(t_i, \psi) \right]}{A[\psi(M)]} \tag{4-16}$$

代表整体网格模型的面积变形率，由于它取决于单个三角形网格面积变形率 $\max\{C_a(t_i, \Psi), A(\Psi(t_i))/C_a(t_i, \Psi)\}$，因此 $C_a(t_i, \Psi)$ 总是大于 1。

在保证映射后三角形面积失真最小的情况下，要同时控制映射后长度变形最小，平均长度变形（the average length distortion cost，LDC）和最差长度变形（the worst length distortion cost，WLDC）的定义分别为

$$C_s(M, \Psi) = \sqrt{\frac{\sum_{t_i} \left[\Gamma^2(t_i) + A(\Psi(t_i)) / \gamma^2(t_i) \right]}{2A\Psi(M)}} \tag{4-17}$$

$$C_s^w(M, \Psi) = \max\left\{ \max\left[\Gamma(t_i), \frac{1}{\gamma(t_i)} \right] t_i \in M \right\} \tag{4-18}$$

式中，$\Gamma(t_i)$ 和 $\gamma(t_i)$ 分别是每个三角形的最大和最小形变。

算法目标是求解这样的映射 Ψ，使映射后的面积变形率最小。在本算法中，我们假定任意给定曲面都被归一化到相同面积的单位球上，即面积为 4π。

4.3.1.2 参数化步骤

控制面积变形率最小的算法主要由三部分组成，首先初始参数化将三角形网格映射到

单位球面上，然后通过求解线性子网格系统使局部顶点面积变形率最小(局部网格平滑)，最后计算所有顶点面积变形率使其在整个球面上趋于一致(全局网格平滑)。算法通过 n 次局部平滑迭代和 1 次全局平滑迭代使得整体网格面积变形率达到最小，经实验验证，当 $n=10$ 时，就可满足三角形网格曲面球面映射要求。具体步骤如下。

(1)初始参数化。从三角网格曲面 M 中选择距离最远的两个三角顶点，将它们分别映射到球坐标下 $\theta=0$ 和 $\theta=\pi$ 的位置；通过求解两组线性方程获得剩余顶点的球面坐标(θ, ϕ)，形成初始球面参数 $\Psi_1(M)$，其中每个顶点的坐标都是其相邻顶点的加权平均，权系数与该顶点和其他顶点的距离成反比。

(2)局部网格平滑。

①取三角网格曲面 M 中的一个顶点 v，搜索基于顶点 v 的三角形子网格(与顶点 v 相邻的顶点) $M_v=\{v,v_1,\cdots,v_n\}$，并计算基于顶点 v 的局部球面参数化 $P_v=v\{\hat{v},\hat{v}_1,\cdots,\hat{v}_n\}$。

②将球面参数化向量 P_v 映射到切平面 T，形成切平面球面参数化向量 P_v'，其中，如果 $\max\{|\hat{v}_x|,|\hat{v}_y|,|\hat{v}_z|\}=|\hat{v}_x|$，则将 P_v' 映射到 yz 平面，形成二维网格曲面 P_v^p；如果 $\max\{|\hat{v}_x|,|\hat{v}_y|,|\hat{v}_z|\}=|\hat{v}_y|$，则将 P_v' 映射到 zx 平面，形成二维网格曲面 P_v^p；如果 $\max\{|\hat{v}_x|,|\hat{v}_y|,|\hat{v}_z|\}=|\hat{v}_z|$，则将 P_v' 映射到 xy 平面，形成二维网格曲面 P_v^p。

③设二维网格曲面 P_v^p 中有 $t_i(i=1,2,\cdots,n)$ 个三角形，它们对应于三角网格曲面 M 中的三角形 $t_i'(i=1,2,\cdots,n)$，每个三角形在子网格区域中的相对面积为 $A(t_i')/\sum_{k=1}^{n}A(t_k^i)$。为保证映射后三角形的面积变形率最小，二维网格曲面 P_v^p 中每个三角形的理想面积应为 $A_i=A(t_i')\times A_{\text{total}}\Big/\sum_{k=1}^{n}A(t_k')$，因此通过求解以下线性方程组可获得 P_v^p 上调整后的中心点 $c_p=(x,y)$。

$$\begin{cases} A_1 = \dfrac{1}{2}[(x_2-x_1)\times(y-y_1)-(x-x_1)\times(y_2-y_1)] \\ A_2 = \dfrac{1}{2}[(x_3-x_2)\times(y-y_2)-(x-x_2)\times(y_3-y_2)] \\ \cdots \\ A_{n-1} = \dfrac{1}{2}[(x_n-x_{n-1})\times(y-y_{n-1})-(x-x_{n-1})\times(y_n-y_{n-1})] \\ A_n = \dfrac{1}{2}[(x_1-x_n)\times(y-y_n)-(x-x_n)\times(y_1-y_n)] \end{cases} \quad (4\text{-}19)$$

④将中心点 c_p 反映射到切平面 T，获得中心点 c。

⑤在保证映射后三角形面积失真最小的情况下，要同时控制映射后长度变形最小。先设最差长度变形率 $\text{cost}=\infty$。

⑥从顶点 $\hat{v}$ 到中心点 c 均匀分割，选出四点，每点坐标为 $u_t=\{w\times\hat{v}+(1-w)\times c|w\in\{0,1/3,2/3,1\}\}$，$(t=1,2,3,4)$；将这些点映射到单位球上得到新的基于顶点 v 的的局部球面参数化向量 $P_v'=\{u,\hat{v}_1,\cdots,\hat{v}_n\}$。

⑦根据式 (4-18) 计算 WLDC，如果 $C_s^w(M_v, \psi) < \text{cost}$，则令 $\hat{v} = u, \text{cost} = C_s^w(M_v, \psi)$，返回步骤⑥，如果 $C_s^w(M_v, \psi) > \text{cost}$，进入步骤⑧。

⑧选取下一个顶点，重复步骤①～⑦，直到取完三角网格曲面 M 中的每一个顶点。

(3) 全局网格平滑。

①任取映射到单位球上的一顶点 $v(\theta, \varphi)$，根据式 (4-20) 计算它在球面坐标下的面积比例缩放函数 F_Ψ，即

$$F_\Psi(\theta_v, \Psi_v) = C_a(v, \Psi) = \frac{\sum_{t_i \in M_v} A[\Psi(t_i)]}{\sum_{t_i \in M_v} A(t_i)} \tag{4-20}$$

②重复步骤①，直到所有顶点都取完，移动顶点面积变形最大的点到 $\theta = 0$ 处。

③应用 SH 拓展 $F_\psi(\theta, \varphi)$，将其表达成连续形式。

④为了防止由纬度方向运动产生的映射长度变形，对球面坐标下的面积变形率 F_Ψ 设置一个门限，即

$$F_\Psi(\theta, \varphi) = \min\left\{\max\left[F_\Psi(\theta, \varphi), t^{-0.5}\right], t^{-0.5}\right\} \times s \tag{4-21}$$

式中，s 为缩放尺度，实验选取 $t = 2$。

⑤对映射到球面坐标下的每一顶点 $v(\theta, \varphi)$，根据式 (4-22) 和式 (4-23) 计算调整后的球面参数坐标 $v(\theta', \phi')$，即

$$\theta' = f(\theta_v) = \arccos\left[1 - \frac{1}{2\pi}\int_0^{\theta_v}\int_0^{2\pi}\frac{1}{F_\psi(\theta, \varphi)}\right]\sin\theta \mathrm{d}\varphi \mathrm{d}\theta \tag{4-22}$$

$$\varphi_v' = g(\theta_v', \varphi_v) = \int_0^{\varphi_v}\frac{1}{F_\psi(\theta_v', \varphi)} \tag{4-23}$$

4.3.1.3　参数化应用

本章的工作对象是生物体柔性器官，由可视化软件 Amira 构造出的三维几何模型，它们的数据格式都是三角网格形式，需要进行三角网格球面参数化处理。

图 4-6 是采用 4.3.1.1 节算法获得的一个 Egem-CT 肝脏模型球面参数化结果。从参数化结果可以看出：

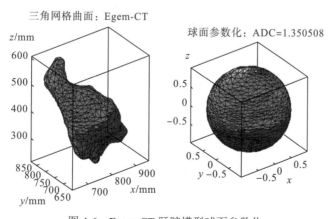

图 4-6　Egem-CT 肝脏模型球面参数化

（1）算法获得连续可逆映射 ψ，使 R^3 中任意拓扑流形三角网格曲面映射到连续、均匀的单位球面上；

（2）三角形网格曲面中相同颜色的位置均匀连续地映射在单位球上；

（3）几何模型的 ADC＝1.350508，是失真率最优化结果。

参数化的球面是后期基于 SH 表达三维物体的基础。图 4-6 的球面参数化结果在后期的 SH 拓展及三维物体几何模型重构中都取得了很好的应用效果，证明基于 ADC 最小是一种有效的三角形网格曲面球面参数化方法。

4.3.2   SH 展开和曲面重构

球面参数化后，三维物体曲面映射到均匀、连续的单位球上，对球坐标中的任一网格顶点 $v(\theta,\varphi)$，可表示为

$$v(\theta,\varphi) = \left[x(\theta,\varphi), y(\theta,\varphi), z(\theta,\varphi)\right]^{\mathrm{T}} \tag{4-24}$$

由 4.2.1 节中关于 SH 的定义知道：在单位球面上的任何一个连续可微函数 $v(\theta,\varphi)$ 都可以通过 SH 展开，因此式（4-24）可用三个坐标轴下的 SH 分别展开，即

$$x(\theta,\varphi) = \sum_{l=0}^{\infty} \sum_{m=-l}^{l} a_{lx}^m Y_l^m(\theta,\varphi) \tag{4-25}$$

$$y(\theta,\varphi) = \sum_{l=0}^{\infty} \sum_{m=-l}^{l} a_{ly}^m Y_l^m(\theta,\varphi) \tag{4-26}$$

$$z(\theta,\varphi) = \sum_{l=0}^{\infty} \sum_{m=-l}^{l} a_{lz}^m Y_l^m(\theta,\varphi) \tag{4-27}$$

式中，Y_l^m 为第 l 次 m 阶的球面调和基函数，$\boldsymbol{a}_l^m = (a_{lx}^m, a_{ly}^m, a_{lz}^m)^{\mathrm{T}}$ 为三个坐标轴上的球面调和系数。

$\boldsymbol{a}_l^m$ 的计算可通过最小二乘法估计获得。以 $x(\theta,\varphi)$ 的球面调和系数 a_{lx}^m 计算为例，假定一组球面参数化坐标顶点 (θ,φ) 的 x 轴坐标值是 $x_i = x(\theta_i,\varphi_i)$，$1 \leqslant i \leqslant n$，则根据式（4-25），有如下线性系统：

$$\begin{pmatrix} y_{1,1} & y_{1,2} & y_{1,3} & \cdots & y_{1,k} \\ y_{2,1} & y_{2,2} & y_{2,3} & \cdots & y_{2,k} \\ \vdots & \vdots & \vdots & & \vdots \\ y_{n,1} & y_{n,2} & y_{n,3} & \cdots & y_{n,k} \end{pmatrix} \begin{pmatrix} b_1 \\ b_2 \\ \vdots \\ b_n \end{pmatrix} = \begin{pmatrix} x_1 \\ x_2 \\ \vdots \\ x_n \end{pmatrix} \tag{4-28}$$

式中，假设 $y_{i,j}$ 是其中的任意一项，其计算表达式 $y_{i,j} = Y_l^m(\theta_i,\varphi_i)$，$j = l^2 + l + m + 1$，$1 \leqslant j \leqslant k$，$k = (l_{\max} + 1)^2$。通过 $b_i = \hat{a}_{lx}^m$ 可得球面调和系数 a_{lx}^m 的近似估计，即

$$\hat{x}(\theta,\varphi) = \sum_{l=0}^{l_{\max}} \sum_{m=-l}^{l} \hat{a}_{lx}^m Y_l^m(\theta,\varphi) \approx x(\theta,\varphi) \tag{4-29}$$

调和尺度 $l_{\max}$ 取得越大，重构曲面 $\hat{x}(\theta,\varphi)$ 越接近原始曲面。相同的计算方式应用在 y 轴坐标点 $y(\theta,\varphi)$ 和 z 轴坐标点 $z(\theta,\varphi)$ 可获得 a_{ly}^m 和 a_{lz}^m 的近似估计。用估计出的三维球面调和系数 $\boldsymbol{a}_l^m$ 和相应的球面基函数进行线性组合，可完成对三维物体模型的近似表达。

以上方法应用到图 4-6 中 Egem-CT 模型上，对其进行不同尺度的基于 SH 表达。图 4-7(a)～图 4-7(d)分别是调和尺度 $l=3$、$l=8$、$l=10$、$l=15$ 时的重构图。可以看出：随着调和尺度 l 的增加，重构物体细节增强，越来越接近物体原型，当调和尺度 l 增加到 15 时，物体表达的精确度已接近物体原型。所以只要球面调和尺度达到一定要求，基于 SH 完全可以实现三维物体几何模型的重构，使其应用在虚拟现实各研究应用中。

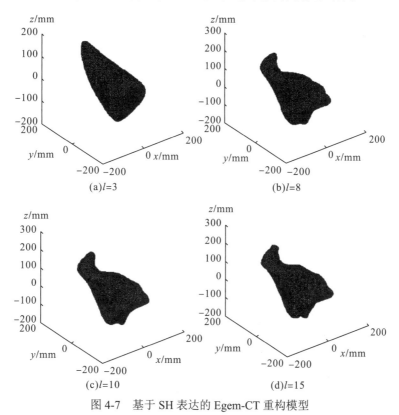

(a)$l=3$　　　　　　　　　　　　　　　(b)$l=8$

(c)$l=10$　　　　　　　　　　　　　　(d)$l=15$

图 4-7　基于 SH 表达的 Egem-CT 重构模型

在 MATLAB 2009a 和 Dell Precision T7500 图形工作站运行环境下，基于 SH 表达不同尺度下的柔性体模型所需的重构系数与时间如表 4-1 所示。

表 4-1　不同尺度下的重构系数个数与时间

尺度(l)	重构系数/个	计算时间/s
$l=3$	16	0.01148
$l=8$	81	0.01315
$l=10$	121	0.01405
$l=15$	256	0.01428

由表 4-1 可以看出：基于 SH 表达柔性体模型的计算时间随重构尺度增加而增加，但不同尺度间的时间的增长并不明显且互不依赖。因此，基于 SH 表达的不同尺度柔性重构计算可采用并行计算实现，使基于 SH 表达的柔性体实时形变模型计算时间在可接受范围

之内，用于虚拟手术诊断、操作等实时性要求高的力触觉交互研究中。

4.4 基于 SH 的柔性体力触觉模型建立

通过以上分析可以看出：SH 作为 Fourier 函数的三维拓展，完全可以实现任意封闭物体模型的三维重构，且作为一种多尺度表达函数，可根据实际应用需求对物体模型进行不同细节程度的描述。因此，对提高本书的力触觉渲染系统的实时性能有着很大的可行性。

在柔性体力触觉交互研究中，柔性体受到外力作用后会发生变形，并产生一定大小的力反馈，如何真实地模拟这些形变并计算出力反馈是其实现的重点。由式(4-25)～式(4-27)可以看出：基于 SH 表达的三维曲面将空间中的形状特征信息映射到球面调和系数域，因此用球面调和系数表达物体的特征信息与用空间中的顶点位置表达物体的特征信息是相同的。

然而，不同的形变模型要想利用球面调和系数来比较它们之间的距离或差异，需要先将它们的 SH 模型转换到共同的参照系统中，在共同的参照系统中，模型的球面调和系数被量化，可以相互比较。

本章采用 PCA 分析柔性体在主轴上的球面调和系数变化，计算物体形变差异；然后在变形体的密度、杨氏模量、泊松比等参数已知的情况下，根据简化后的波动方程计算物体形变后的力反馈，具体过程如下。

4.4.1 共同参照系统建立

共同参照系统的建立过程就是将不同的 SH 模型相应特征点位置、角度尽可能对齐的过程，又称为模型定位(surface alignment)。在模型定位的过程中，需要在每个模型上标定相同的特征点位置[即具有相同(θ,φ)的参数点]，如极点和赤道坐标点$(0,0)$、$(0,\pi/2)$、$(0,\pi)$、$(0,-\pi/2)$。在确定特征点后，通过旋转、平移模型使它们的特征点位置尽量对齐。

模型定位的准确度可通过物体间的球面调和系数 RMSD 来验证。其具体方法是：

①从被比较的 SH 物体模型中选出一个作为定位模板；

②选定$(0,0)$、$(0,\pi/2)$、$(0,\pi)$、$(0,-\pi/2)$等特征点为共同特征点；

③不断旋转、平移被定位的 SH 模型，并计算它与模板的 RMSD，使其与模板的 RMSD 达到最优(最小化)。

假设两个 SH 物体模型分别为 S_1 和 S_2，它们的球面调和系数分别为 a_{1l}^m 和 a_{2l}^m，其中 $0 \leq l \leq l_{max}$，$-1 \leq m \leq 1$，那么它们与模板的球面调和系数 RMSD 可表示为

$$\text{RMSD} = \sqrt{1 \Big/ 4\pi \sum_{l=0}^{l_{max}} \sum_{m=-l}^{l} \| a_{1,l}^m - a_{2,l}^m \|^2} \qquad (4\text{-}30)$$

只要两个模型的球面调和系数 RMSD 没有达到最优，就需要沿着欧拉角方向旋转物体模型。旋转模型后新的球面调和系数为[121]

$$a_l^m(\alpha\beta\gamma) = \sum_{n=-l}^{l} D_{mn}^l(\alpha\beta\gamma)a_l^n \tag{4-31}$$

其中，

$$D_{mn}^l(\alpha\beta\gamma) = \mathrm{e}^{-i\gamma n}d_{mn}^l(\beta)\mathrm{e}^{-i\alpha m} \tag{4-32}$$

$$d_{mn}^l = \sum_{t=\max(0,n-m)}^{\min(l+n,l-m)} (-1)^t \frac{\sqrt{(l+n)!(l-n)!(l+m)!(l-m)!}}{(l+n-t)!(l-m-t)!(t+m-n)!t!}$$
$$\times \left(\frac{\cos\beta}{2}\right)^{(2l+n-m-2t)} \left(\frac{\sin\beta}{2}\right)^{(2l+m-n)} \tag{4-33}$$

式中，α、β、γ 分别是欧拉角中的进动角、章动角和自旋角。

旋转空间按照二十面体细分来逼近采样，n 为旋转空间采样点个数。旋转过程中角度变化先从 β 到 γ，然后随着 α 变化相同的次数，计算各方向的 RMSD，最小的 RMSD 就是最优的模型定位。

采用以上求物体间的球面调和系数的 RMSD 最小的方法为同源形变物体模型建立共同参照系统，图 4-8 为结果图。

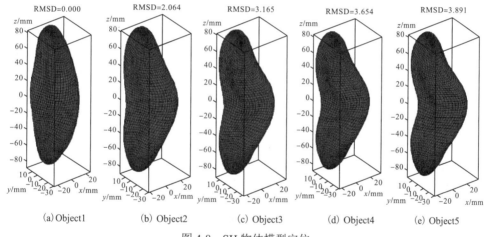

(a) Object1　　(b) Object2　　(c) Object3　　(d) Object4　　(e) Object5

图 4-8　SH 物体模型定位

其建立过程如下：

(1) 首先选用物体原形 Object1 为定位模板，因此它的 RMSD 为 0.000；

(2) 确定 $(0,0)$、$(0,\pi/2)$、$(0,\pi)$、$(0,-\pi/2)$ 为五个形变模型的共同特征点；

(3) 旋转、平移其他四个 SH 物体模型（Object2、Object3、Object4、Object5），使它们与 Object1 的球面调和系数的 RMSD 达到最优。

最后计算得到的球面调和系数的 RMSD 分别为 2.064、3.165、3.654、3.891。

在共同的参照系统下，可实现 SH 模型间不同形变的比较，也可根据不同 SH 模型或同一模型变化前后的球面调和系数进行物体曲面群组分析，从而实现同源物体模型形变力反馈的计算。

4.4.2　SH 模型群组分析

不同的 SH 表达模型映射到共同参照系统后，可利用主成分分析方法(PCA)分析模型间在主轴上的球面调和系数变化，观察模型形变差异。

PCA 作为一种多元统计方法，可以通过降维技术把多个变量化为少数几个主成分(即综合变量)进行分析，是一种基于变量协方差矩阵对信息进行处理、压缩和抽取的有效方法。

在 PCA 分析中，设 $X = (X_1, X_2, \cdots, X_p)'$ 为一个 p 维随机向量，且存在二阶矩阵，其均值向量和协方差矩阵分别为

$$\boldsymbol{\mu} = E(X), \quad \boldsymbol{\Sigma} = D(X) \tag{4-34}$$

若 X 的协方差矩阵 $\boldsymbol{\Sigma}$ 的特征根为 $\lambda_1 \geqslant \lambda_2 \geqslant \cdots \geqslant \lambda_p \geqslant 0$，相应的单位化的特征向量为 $(T_1, T_2, \cdots, T_p)$。那么对 X 作正交线性变换，有

$$\begin{cases} Y_1 = t_{11}X_1 + t_{12}X_2 + \cdots + t_{1p}X_p = T_1'X \\ Y_2 = t_{21}X_1 + t_{22}X_2 + \cdots + t_{2p}X_p = T_2'X \\ \qquad\qquad \cdots \\ Y_p = t_{p1}X_1 + t_{p2}X_2 + \cdots + t_{pp}X_p = T_p'X \end{cases} \tag{4-35}$$

用矩阵表示为

$$Y = T'X \tag{4-36}$$

式中，$Y = (Y_1, Y_2, \cdots, Y_p)'$ 就是确定的各主成份，Y 的各分量相互独立，其方差分别为求和的特征根。因此，PCA 有以下特征。

(1)若 $Y_1 = T_1'X$，$Y_2 = T_2'X$，$\cdots$，$Y_m = T_m'X$ 是 X 的主成份，则 Y 能够充分反映原变量 $X = (X_1, X_2, \cdots, X_p)'$ 的信息，并且 Y 中第一个分量的方差是最大的，第二个分量的方差次之，以此类推。

(2)PCA 的协方差矩阵是由求和的所有特征根构成的对角阵。

(3)PCA 的总方差等于原始变量的总方差，PCA 把 p 个原始变量 $X_1, X_2, \cdots, X_p$ 的总方差 $tr(\boldsymbol{\Sigma})$ 分解成了 p 个相互独立的变量 $Y_1, Y_2, \cdots, Y_p$ 的方差之和 $\sum\limits_{k=1}^{p} \lambda_k$。

(4)PCA 的目的是减少变量个数，因此一般不会使用全部主成分，忽略一些带有较小方差的主成分将不会给总方差带来太大影响，则

$$\psi_m = \sum_{k=1}^{m} \lambda_k \bigg/ \sum_{k=1}^{p} \lambda_k \tag{4-37}$$

式中，ψ_m 被称为 $m(<p)$ 个主成分 $Y_1, Y_2, \cdots, Y_m$ 的累计贡献率。累计贡献率 ψ_m 表明综合 $Y_1, Y_2, \cdots, Y_m$ 的能力。

将 PCA 方法应用到 SH 模型群组分析中时，通过分析群组模型在前几个主轴上的球面调和系数变化，可以观察其模型的形变差异。

本书的研究背景为柔性体力触觉交互，因此研究对象是同源物体，即物体受力过程中的形变都是基于同一物体模型。根据物体的均值模型和相对均值模型的形变特征量也可表达出物体受力后的形变模型，即

$$a = \overline{a} + Pb \tag{4-38}$$

式中，**b** 为相对均值模型的形变特征量。

　　假定物体在没有受到作用力时的 SH 模型为均值模型 $\overline{a}$，则其他形变 SH 模型相对于均值模型的球面调和系数协方差矩阵为

$$\boldsymbol{\Sigma} = \frac{1}{N-1}\sum_{i=1}^{N}(a_i - \overline{a})(a_i - \overline{a})^{\mathrm{T}} \tag{4-39}$$

且

$$\boldsymbol{\Sigma P} = \boldsymbol{DP} \tag{4-40}$$

式中，**D** 为球面调和系数协方差矩阵特征值构成的对角阵；**P** 是由球面调和系数协方差矩阵的特征向量组成的正交阵，它构成了新的矢量空间，作为新变量（主成分）的坐标轴，又称为载荷轴球面调和系数特征向量。

　　将球面调和系数的形变特征向量映射在空间作用域可计算出物体模型在空间上的位置改变。对图 4-8 中的 SH 物体模型（Object1、Object2、Object3、Object4、Object5）形变做主成分分析。选定 Object1 为均值模型，其他四个模型（Object2、Object3、Object4、Object5）相对于均值模型（Object1）的球面调和系数协方差矩阵可通过式（4-39）完成计算。利用式（4-40）对其做 PCA 处理，可得前四个主轴（PC1～PC4）的特征根，其值为 $[\lambda_1,\lambda_2,\lambda_3,\lambda_4]^{\mathrm{T}}=[108.0455,\ 5.9858, 3.73821, 1.4989]^{\mathrm{T}}$。将前四主轴形变特征向量从−3 倍标准差（standard deviations，std）变化到+3 倍标准差，即（−3*std）～（3*std），得到各主轴下球面调和系数变化量。前四个主轴球面调和系数变化量映射在空间作用域（球面调和系数变化量与相应尺度下的球面调和基函数相乘），得到如图 4-9 所示的各主轴下 SH 模型形变对比。

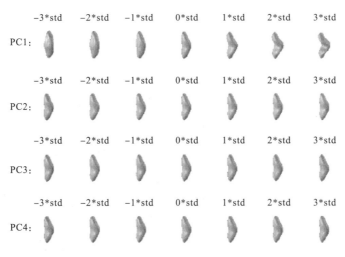

图 4-9　基于 PCA 的物体形变分析

　　图 4-9 中四个主成分的方差贡献率分别为（0.9059, 0.0502, 0.0313, 0.0126），由式（4-37）可计算出前两个主成分的累计贡献率已达到 95.6%。

　　因此，物体模型在前两个主轴上的变化已经可以充分解释原变量的变化，用它们可以解释物体模型在空间域上的变化。

4.4.3　同源物体形变力反馈计算

计算出同源物体形变的差异后，利用简易波动方程可计算出由物体形变所产生的力反馈[122]。

波动方程是双曲形偏微分方程的典型代表，其二维波动方程可表示为：在位置 x、时间 t 处各点偏离平衡位置的距离 u（标量函数）满足以下条件：

$$\frac{\partial^2 u}{\partial t^2} = c^2 \nabla^2 u \tag{4-41}$$

这里 c 是一个固定常数，代表波的传播速率。在具体的应用中，一般将其定义为振幅的变化，修正后的方程就可写成下面的非线性波动方程：

$$\frac{\partial^2 u}{\partial t^2} = c(u)^2 \nabla^2 u \tag{4-42}$$

三维波动方程可描述波在均匀各向同性弹性体中的传播。绝大多数固体都是弹性体，所以波动方程可以对固体材料中的力传播给出满意的描述。在只考虑线性行为时，三维波动方程的形式比前面的二维表达更为复杂，它必须考虑固体中的纵波和横波，可写为以下形式：

$$\rho \ddot{u} = f + (\lambda + 2\mu)\nabla(\nabla \cdot u) - \mu\nabla(\nabla \cdot u) \tag{4-43}$$

式中，λ 和 μ 被称为弹性体的拉梅常数（也叫拉梅模量），是描述各向同性固体弹性性质的参数；ρ 表示密度；f 是源函数（即外界施加的作用力）；u 表示位移，$\ddot{u}$ 表示 $\frac{\partial^2 u}{\partial t^2}$。

在上述方程中，作用力 f 和位移 u 都是矢量，所以该方程也被称为矢量形式的波动方程。

式（4-43）也可改写为以下形式，即在柔性体的密度、弹性模量、泊松比等参数都为确定值的情况下，根据应力作用下的物体形变，代入各向同质介质下做线性运动推出的强制波动方程中，有

$$\rho \frac{\partial^2 u}{\partial t^2} = (\lambda + 2\mu)\nabla(\nabla \cdot u) - \mu\nabla \times (\nabla \cdot u) + f \tag{4-44}$$

式中，λ 和 μ 仍为弹性体的拉梅常数；ρ 是物体密度；f 是外作用力；u 是位移矢量。这种情况下的弹性位移模型可用式（4-45）表示：

$$\rho \frac{\partial^2 u}{\partial t^2} = \frac{E_m}{2(1+v)} + f \tag{4-45}$$

式中，E_m 为弹性模量；v 是泊松比。

一旦计算出位移，施加在力反馈设备上的力反馈可以通过式（4-45）计算出，重新整合可得式（4-46）：

$$f_t' = \rho\left(\frac{\partial^2 u}{\partial t^2}\right)_t' - \frac{E_m}{2(1+v)}\nabla^2 u \tag{4-46}$$

式（4-46）中，ρ 是物体密度；E_m 为弹性模量；v 是泊松比；u 是模型形变位移量；f_t' 是反馈力。

对每点力的刷新通过对形变位移求二次时间导数获得。通过预计算曲面的拉普拉斯算子来满足 1000Hz 的力反馈计算频率的要求。

利用图 4-9 的 PCA 分析结果，将图 4-8 中形变 SH 物体模型（Object2、Object3、Object4、Object5）相对于均值模型（Object1）的形变位移代入式（4-46）中（初始研究，为符合力触觉交互设备的力反馈作用要求，令物体密度 ρ=0.16、弹性模量 E_m=0.6、泊松比 v=1.5），可得到如图 4-10 所示的各主轴下由形变产生的力反馈与总力反馈对比示意图。

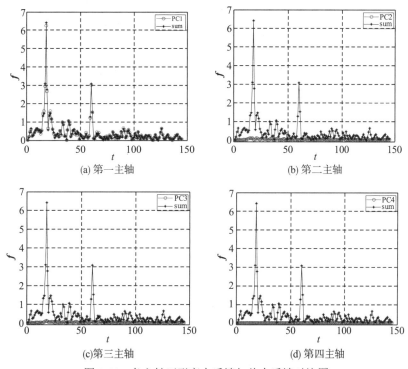

图 4-10　各主轴下形变力反馈与总力反馈对比图

图 4-10 中，sum 代表总的物体形变所产生的力反馈，PC1、PC2、PC3、PC4 代表各主轴下形变所产生的力反馈。

由图 4-10 可以看出：PC1 描述的形变力反馈非常接近总形变所产生的力反馈，PC2、PC3 描述的形变力反馈非常小，而 PC4 描述的形变力反馈接近 0，这是因为在图 4-8 所示的同源物体形变模型中，形变方向主要是沿着水平轴方向，而在垂直和纵轴方向形变很小。因此 PC1 成分描述了物体的主要形变。同样，若已知物体在某一方向受到的作用力，代入式（4-46）中，也可计算出物体的形变差异，从而推导出物体受力后的形变模型。

因此，采用基于 PCA 的 SH 力反馈模型可实现并简化力触觉交互中形变与反馈力的计算，应用在力触觉交互系统中具有很大的可行性。

4.4.4　基于 SH 的柔性体力触觉模型分析

由基于 SH 的柔性体力触觉模型建立方法可以看出，该模型可以准确表达柔性体的形变过程,并且将同源物体的形变差异映射在球面调和函数的系数空间,利用 PCA 可实现同源物体形变及力反馈的简单计算,从而建立基于 SH 的柔性体力触觉模型。

相对于传统的 MSM 和 FEM 力触觉模型,它的形变及力反馈计算不再局限于对单元节点或单元边界的位移控制上,而是转换为对形变系数的控制。当球面调和尺度 $l=15$ 时就可以很好地表达物体原型,而此时准确表达每个顶点所需的球面调和系数个数仅为 256个,相比于成千或上万个的单元节点个数,显然对球面调和系数的控制更简单且易于操作。

但是,基于 SH 的柔性体力触觉模型还不能直接应用在柔性体力触觉交互中,因为在柔性体力触觉交互研究中,为增加操作者在虚拟环境中的沉浸感,必须使得用于柔性体形变的几何描述刷新频率与用于柔性体力触觉的刷新频率尽可能同步。由 4.3.2 节表 4-1 可计算出:基于 SH 的柔性体几何描述刷新频率为 70~100Hz,该刷新频率与力触觉刷新频率(800~1000Hz)还相差很远。

为达到力触觉交互的实时性要求,需要研究柔性体的力触觉渲染控制算法,包括力触觉设备与虚拟柔性体的实时碰撞检测、柔性体受力形变及力反馈计算等,可通过预计算曲面的球面调和算子来满足力反馈的计算频率要求,常用的预计算方法包括贝叶斯算法、神经网络算法等,详细介绍如 4.5 节所述。

4.5 基于 SH 的力触觉渲染控制算法

为满足虚拟现实中柔性体力触觉交互的实时性与准确性要求,本节在分析常用力触觉渲染算法的基础上,提出基于 SH 的力触觉渲染控制算法:①利用 SH 的多尺度特性实现柔性体距离场的快速建立,然后依据距离场碰撞检测方法实现交互工具与虚拟柔性体的快速碰撞检测;②利用 RBF-NN 预测在给定作用力下的物体形变和力反馈计算,使得基于SH 表达的柔性体形变力反馈计算刷新频率与物体表面表达刷新频率同步,从而满足了柔性体力触觉交互对视觉刷新频率的要求。

4.5.1 基于 SH 与距离场的碰撞检测

距离场作为一种最新的柔性体碰撞检测算法,是通过建立物体的距离场来判断空间中某一粒子是否与它相交[123]。建立距离场时,假定物体被一个包围盒包围住,包围盒内每一个 3D 栅格所代表的距离值为该点到三角网格曲面的距离,若距离值为负,则代表该点在三角网格曲面内,若距离值为正,则代表该点在三角网格曲面外。例如,场景中一单位球的距离场可表示为

$$h(X) = 1 - (x^2 + y^2 + z^2)^{1/2} \tag{4-47}$$

式中,h 表示空间中任意一点 X 到单位球的最短距离,若 h 的符号为负,表示该点位于物体内部,该点与物体发生碰撞;若 h 的符号为正,表示该点在物体外部,不会发生碰撞。

基于 SH 与距离场的碰撞检测算法分为预处理、初步检测、精确检测三部分,算法流程如图 4-11 所示。

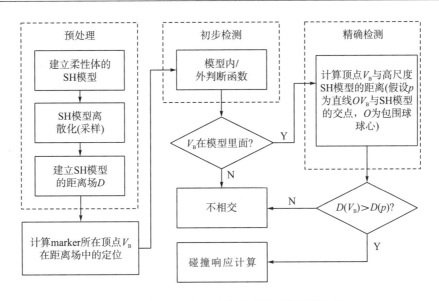

图 4-11　基于 SH 与距离场的碰撞检测算法流程

图 4-11 中预处理部分主要完成柔性体距离场的计算,即建立柔性体的多尺度 SH 表达模型。碰撞检测部分分为初步检测和精确检测, 初步检测利用模型内/外判断函数计算 marker 在距离场中的定位, 若 marker 位于距离场内, 则需要精确检测; 精确检测主要确定 marker 是否与高尺度 SH 表达模型相交, 若相交, 需要计算交点的位置。碰撞响应是根据用户施加在力触觉交互设备上的作用力, 沿着碰撞点法线方向计算柔性体的拓扑结构变化, 并适时更新几何模型。

4.5.1.1　距离场计算

距离场是一个标量场,表示空间中的点到一特定物体的最短距离。假定 s 为三维空间中一物体, 即 $s \in R^3$, 距离场函数的定义为

$$D: R^3 \rightarrow R$$
$$D(r,s) \equiv \min\{|r-s|\}, \quad \forall r \in R^3 \tag{4-48}$$

式中, r 为空间中的任一点, 假设物体的几何模型是封闭的, D 可被定义为一个有符号的函数。当 D 为负或零时, 表示空间当前点位于物体内部或表面, 与物体发生碰撞; 当 D 为正时, 表示该点在物体外部, 不会发生碰撞。

在距离场计算中, 为了提高其效率, 经常会缩小空间点的范围, 用简单的包围盒将三角网格曲面围住, 然后计算包围盒内每一个 3D 栅格到三角网格曲面的最短距离, 如 SQ-map 法[123]和包围球[124]法。

基于 SH 的柔性体距离场计算可以将低尺度 SH 表达模型作为三角网格曲面的包围球, 将三维物体模型的空间坐标映射在球坐标下, 然后计算球内每一个 3D 栅格到三角网格曲面的最短距离, 具体过程如下。

包围球计算:基于 SH 表达的几何模型, 在表达过程中需要先将模型球面参数化, 映射在一个单位球上, 在单位球上实现几何模型的多尺度 SH 表达, 将单位球作为柔性体几

何模型的包围球。

高尺度模型表达：用 $l=15$ 尺度下的柔性体 SH 表达模型代替物体原型，其球坐标下的表达式为

$$SP(\theta,\phi)=\begin{bmatrix} x(\theta,\varphi) \\ y(\theta,\varphi) \\ z(\theta,\varphi) \end{bmatrix}=\begin{bmatrix} \sum\limits_{l=0}^{1}\sum\limits_{m=-l}^{l}a_{lx}^{m}Y_{lx}^{m}(\theta,\varphi) \\ \sum\limits_{l=0}^{1}\sum\limits_{m=-l}^{l}a_{ly}^{m}Y_{ly}^{m}(\theta,\varphi) \\ \sum\limits_{l=0}^{1}\sum\limits_{m=-l}^{l}a_{lz}^{m}Y_{lz}^{m}(\theta,\varphi) \end{bmatrix} \tag{4-49}$$

式中，$0<\theta<\pi$，$0<\varphi<2\pi$。

距离场映射：假设 C 与 R 分别代表包围球的球心与半径，在球坐标下，对柔性体几何模型进行采样(当柔性体几何模型不是很复杂时，可将柔性体几何模型的顶点数定义为采样点数，本书为 1002)，利用式(4-50)计算每一采样点(θ_i，φ_i)到包围球相应点的法线距离并记录在二维矩阵 $D(\theta,\varphi)$ 中，生成距离场映射图。

$$D(\theta,\varphi)=|SP-R| \tag{4-50}$$

具体算法实现步骤如下。

Input:SH 模型 SP(θ,φ)与包围球

Output:距离场 D

for all　(θ_i，φ_i)∈(θ,φ)，do

　　　　d←min{||R−SP||}

　　　　D(θ_i，φ_i)←d

建立了物体的距离场之后，可根据 marker 在场中的位置判断交互工具是否与柔性物体碰撞，要求 marker 在包围球与物体原型的距离场范围内移动。具体碰撞检测实现如下。

4.5.1.2　碰撞检测

碰撞检测分为初步检测和精确检测两部分，初步检测利用模型内/外判断函数，判断 marker 所在的空间位置是否在碰撞检测范围内，其模型内/外判断函数定义为

$$|X-C|>R \tag{4-51}$$

式中，X 代表场景中的任意一点；C 与 R 分别代表包围球在场景中的球心位置与半径。

若式(4-51)成立，表明 marker 远离场景中的柔性体，不在碰撞检测范围内；若式(4-51)不成立，表明该点位于柔性体表面或内部，需要进行精确检测。在精确检测仿真中，每一次时间刷新都要求进行如下操作。

(1)计算 marker 所在的空间位置与球心的距离 $\vec{d}$，获得矢量 $\vec{d}$ 的角度坐标(θ_d,φ_d)。

(2)查找(θ_d,φ_d)是否属于柔性体的顶点坐标范围，若属于，执行步骤(3)；若不属于，执行步骤(4)。

(3)计算式(4-52)，若式(4-52)成立，表明 marker 没有与柔性体相交；若式(4-52)不成立，表明 marker 与柔性体发生碰撞。

$$\|\vec{d}\|>\|SP(\theta_d,\varphi_d)\| \tag{4-52}$$

　　(4)在柔性体的顶点范围内选择与方位角(θ_d, φ_d)最相近的四个顶点,利用双线性插值法计算(θ_d, φ_d)在距离场中的距离值 $D(\theta_d, \varphi_d)$,计算式(4-53),若式(4-53)成立,表明 marker 没有与柔性体相交;若式(4-53)不成立,表明 marker 与柔性体发生碰撞。

$$\| \vec{d} \| > \| D(\theta_d, \phi_d) \| \tag{4-53}$$

根据式(4-46)所示的球面波动方程计算碰撞响应。

4.5.1.3　算法分析

　　将基于 SH 与距离场的碰撞检测算法应用到具体的柔性体力交互系统中,应用背景为虚拟手术仿真、柔性体模型人体柔性器官(如肝脏、乳房、心脏等)。

　　图 4-12 为一个虚拟肝脏的几何模型的高尺度 SPARAM 表达和它的包围球。

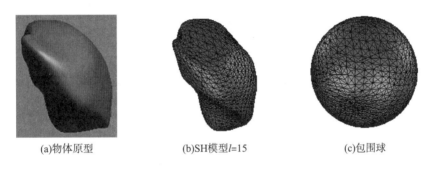

(a)物体原型　　　　　　(b)SH模型$l=15$　　　　　　(c)包围球

图 4-12　肝脏模型表达及包围球

　　在图 4-12 中,图 4-12(a)是肝脏模型的物体原型,图 4-12(b)是肝脏几何模型的高尺度 SH 表达(尺度 $l=15$),可以看出:在该尺度下相对于原始模型,肝脏模型细节得到较好表达,可以代替物体原型进行碰撞检测;图 4-12(c)是物体模型的包围球,因为肝脏几何模型是参数化映射在单位球上,然后在单位球上进行 SH 表达,所以用单位球作为其包围球可以完全密闭物体而又使得空间最小。

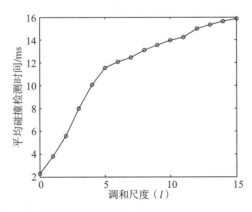

图 4-13　不同尺度 SH 表达模型的平均碰撞检测时间

图 4-13 是不同尺度 SH 表达模型在 Vizard 4.0 与 Dell Precision T7500 图形工作站运行环境下的平均碰撞检测时间对比图。

由图 4-13 可以看出，在低尺度 SH 表达模型下，模型间平均碰撞检测时间最小，随着模型复杂度的增加，平均碰撞检测时间会相应增加，但总的检测时间在可接受范围内。

4.5.2 基于 SH 与 RBF-NN 的实时碰撞响应

人工神经网络(artificial neural networks，ANNs)作为一种有效的数学模型，是通过模仿动物神经网络行为特征来实现记忆信息系统的构建，已被成功应用到视觉场景分析、语音识别、机器人控制、组合优化、预测等领域。它是一个具有自学习和自适应能力的网络模型，由许多并行的非线性计算单元组成，可以通过对预先提供的一批相互对应的输入-输出数据进行分析，提取两者之间潜在的规律，以此推导新输入数据的输出结果，输出信号是输入信号的权值相加，这种学习过程通常被称为"训练"。

ANNs 的性能主要由权值决定，每个神经单元都与其他所有单元相连。根据连接的拓扑结构，ANNs 分为反馈网络和前向网络。反馈网络是指内神经元间有反馈的网络，可以用一个无向的完备图表示；前向网络是指网络中各个神经元接受前一级的输入，并输出到下一级，网络中没有反馈，可以用一个有向无环路图表示。

ANNs 常用的网络模型有 Hopfield 网络、BP-NN(back-propagation neural network，反传网络)、RBF-NN (radial basis function neural network，径向基函数神经网络)等，在这些网络模型中，学习是最重要的内容，它要根据环境的变化对权值进行调整，以改善系统行为。

本书利用 SH 基函数，可以将三维空间中任意曲面准确表达出这一特点，结合 RBF-NN 局部收敛速度快、逼近能力强等特点完成对给定力作用下的柔性体形变的估计预测，利用简化后的波动方程计算其形变量和力反馈生成，满足在虚拟手术等操作中柔性器官实时形变仿真要求。

在具体的实现过程中，将柔性体实时形变模型的建立分为离线与在线两部分。离线部分主要完成柔性体在某一特征区域受到不同大小作用力后的形变及力反馈输出计算，即网络的学习训练过程，通过 RBF-NN 的训练测试，调整系统内部权值系数，使网络输出和目标输出误差最小；在线部分主要完成在训练范围内实时捕捉 marker 柔性体模型的碰撞位置，根据力反馈设备在特征区域内施加的作用力计算柔性体受力后的形变模型及力反馈输出。

4.5.2.1 RBF-NN 模型建立

RBF-NN 模型的建立需要用到 SH 表达三维物体模型的两个重要特性。

(1)基于 SH 表达的物体模型将三维曲面的空间坐标映射在球面调和系数空间，通过比较形变前后的球面调和系数可以完成对物体曲面的比较。

(2)当确定了同源物体的两终极形变模型后，可以通过调整两终级物体形变模型的权值系数来确定物体的中间形变。假定有两个基于 SH 表达的同源物体模型 A 和 B，则通过

调整 A 和 B 之间的权值系数 w，可以得到一系列新的基于球面调和函数表达的形变模型 T，即

$$T=(1-w)A+wB \tag{4-54}$$

式中，权值系数 $w\in[0,1]$。以 4.5.1.3 节中基于 SH 表达的肝脏模型为例，定义肝脏模型在某一方向受到作用力后的两终极形变模型，如图 4-14 所示，其中图 4-14(a) 为没有受到作用力的初始模型，图 4-14(b) 为受到最大作用力后的终极形变模型。

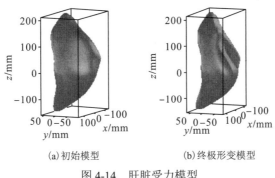

(a)初始模型　　　　　　(b)终极形变模型

图 4-14　肝脏受力模型

利用式(4-54)调节权值系数，可得到一系列的中间形变模型，如图 4-15 所示。

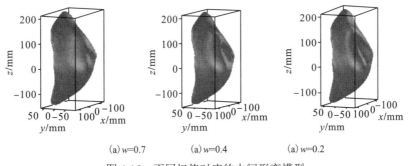

(a)w=0.7　　　(a)w=0.4　　　(a)w=0.2

图 4-15　不同权值对应的中间形变模型

利用上述 SH 表达物体模型的第二个性质可以为 RBF-NN 模型提供相应的训练样本和测试样本。在基于 RBF-NN 的柔性体实时碰撞响应预测中，需要在柔性体的密度、杨氏模量、泊松比等参数已知的情况下，根据一些中间受力形变模型预测某一输入力下对应的物体形变，并输出其力反馈。

假定柔性体在某一碰撞位置 $R(\theta,\varphi)$ 下不同作用力对应不同的物体形变，即物体受力形变映射函数为

$$\begin{cases} Y_1=f_1(X) \\ Y_2=f_2(X) \end{cases} \tag{4-55}$$

则相应的柔性体受力形变模型及力反馈样本 S 为

$$S=(S_1,S_2,\cdots,S_n) \tag{4-56}$$

式中，$S_i = (Y_{ki}, X_i)$，$k=1,2,\cdots,n$ 代表一个输入样本，X_i 为柔性体在某一碰撞位置上承受的作用力，Y_{1i} 为不同作用力下对应的中间形变权值系数（依据中间权值系数可求出基于 SH 表达的受力模型），Y_{2i} 为该形变模型对应的力反馈输出〔其力反馈计算依据式(4-46)〕。

4.5.2.2　仿真分析

将 RBF-NN 训练算法应用到基于 SH 表达的柔性体形变模型中，具体步骤如下。

1. 训练样本生成

在基于 SH 表达的力触觉渲染过程中，柔性体不同受力形变模型间的差异可利用 PCA 进行分析。在生成 RBF-NN 训练样本时，利用式(4-54)将同源物体不同形变模型与相应的权值对应起来，然后利用 PCA 方法和简易波动方程计算不同形变对应的力反馈，也就生成了基于 SH 和 RBF-NN 进行柔性体受力形变预测的 RBF-NN 网络训练样本：对柔性体模型的某一特征区域施加一定大小的作用力，每一作用力对应一物体形变及力反馈输出。

2. RBF-NN 训练

从 185 个训练样本中选取 145 个作为学习样本，剩下的 40 个用于验证 RBF-NN 总体性能。训练 RBF-NN 的过程就是使输出层中的期望输出与实际输出的均方误差最小（mean-square error，MSE）。图 4-16 所示为神经元个数与 MSE 的关系图。

从图 4-16 可以看出：当神经元个数（训练次数）在 140 次以上时，RBF-NN 的 MSE 达到 0.000155，即 10000 多个形变模型预测中只可能会出现 1 个有误差。因此认为已满足要求，可准确预测给定力作用下的柔性体形变系数与力反馈。

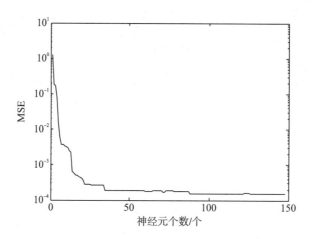

图 4-16　神经元个数与 MSE 的关系图

图 4-17 是对给定作用力下基于 SH 表达的柔性体中间形变权值系数与反馈力的预测。从测试结果图可以看出：基于 RBF-NN 的柔性体形变仿真模型可以估测任一给定力作用下的柔性体形变权值系数与力反馈。

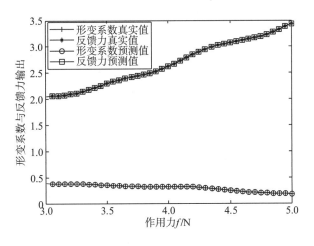

图 4-17　RBF-NN 测试

4.5.3　方法结论

从以上分析可以看出，将 RBF-NN 应用到基于 SH 表达的柔性体碰撞响应预测中，可大大提高虚拟现实中柔性体受力形变及力反馈的实时计算效率，同时它的计算成本也远远低于其他常用的力触觉建模方法。

因此，基于 SH 与 RBF-NN 的柔性体实时形变仿真模型是一种结构简单且具有较高精度的力触觉模型，对如虚拟手术训练、手术诊断等医学教育领域有很好的应用前景，同时它的具体实现也会对虚拟现实中柔性体碰撞检测、力触觉交互等技术产生深远影响。

4.6　柔性体力触觉渲染系统实现

虚拟现实中柔性体力触觉渲染系统的搭建包括虚拟场景构建、3D 模型导入、实时力触觉交互等内容。虚拟场景构建是后期力触觉交互实验验证的基础，在该场景中，操作者通过力反馈设备与虚拟柔性体进行交互，感受由柔性体带来的力触觉，实时的力触觉交互是增强虚拟现实真实性的重要手段。

本节将利用 VR 开发工具 Vizard[125]创建虚拟手术环境，并基于 Sensable® Phantom® Desktop™力反馈设备搭建力触觉交互实验平台，下面将分别从柔性体力触觉渲染系统组成、虚拟场景构建、系统测试几个方面进行说明。

4.6.1　柔性体力触觉渲染系统组成

柔性体力触觉渲染系统从系统功能上可划分为硬件和软件两部分，硬件部分主要实现虚拟世界与真实世界的力触觉交互；软件部分主要实现虚拟环境中柔性体形变及力反馈的准确计算，并提供有效的力触觉渲染控制算法以维护系统的实时性，两部分的有效结合保证了系统的正常运行。

4.6.1.1 硬件系统

柔性体力触觉渲染系统的硬件系统主要由用户输入、力反馈设备和主计算机构成，图 4-18 为其系统硬件组成。

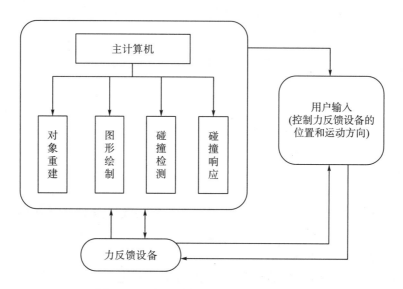

图 4-18   柔性体力触觉渲染系统硬件组成

用户输入是指设备操作者通过力反馈设备控制 marker 在虚拟场景中的位置和运动方向；力反馈设备是操作者与虚拟柔性体之间力交互的中介，即操作者可通过力反馈设备对虚拟柔性体施加作用力，柔性体形变后的反作用力也可通过力反馈设备反馈给操作者；主计算机主要完成虚拟柔性体重建、场景实时绘制、碰撞检测、物体变形和力反馈计算等工作。

本系统采用 SensAble 公司生产的 Phantom®Desktop™产品，如图 4-19 所示。

图 4-19   力反馈设备——Phantom® Desktop™

该设备属于点交互力触觉设备，可以提供精确的位置输入和高保真度的力反馈输出。设备移动范围是以腕关节为轴的手部运动，位移精度达到 0.023mm，最大外力可达 7.9N，带编码芯片的铁笔能提供 3 个自由度的位置感应和 3 个自由度的力反馈，支持所有常用的软件，已被广泛应用到虚拟手术仿真、远距离操纵控制台、培训系统等虚拟现实研究中。

该设备性能技术参数如表 4-2 所示。

表 4-2　Phantom® Desktop™性能技术参数

性能技术参数	Phantom® Desktop™
力反馈工作空间	～6.4 W×4.8 H×4.8 D in ＞160 W×120 H×120 D mm
底座面积	5 5/8 W×7 1/4 D in ～143 W×184 D mm
设备重量	6 lb 5oz
移动范围	以腕关节为轴的手部运动 (hand movement pivoting at wrist)
空间分辨率	＞1100 dpi ～0.023 mm
移动摩擦力	＜0.23 oz (0.06 N)
最大作用力	1.8 lbf. (7.9 N)
连续作用力	0.4 lbf. (1.75 N)
硬度	X axis＞10.8 lb/in (1.86 N/mm) Y axis＞13.6 lb/in (2.35 N/mm) Z axis＞8.6 lb/in (1.48 N/mm)
惯性	～0.101 lbm. (45 g)
力反馈	x、y、z 轴
位置传感方向	x、y、z 轴
接口	并口
适用平台	网络或主计算机

4.6.1.2　软件系统

为了增强力触觉渲染系统的真实感和沉浸感，主计算机需要实时获得研究对象模型的空间位置与几何形状的变化，以进行真实感的图形绘制，并准确模拟虚拟 marker 与柔性体模型之间的碰撞、计算模型在力反馈设备作用下的变形，这就对力触觉渲染系统的软件功能提出了较高要求。

本书利用可视化软件 Vizard 创建虚拟手术环境，结合第 2～4 章中提出的柔性体力触觉模型建立、力触觉渲染控制算法实现力反馈设备与柔性体模型的实时交互。

其中，Vizard 作为一款高性能的图形开发软件，支持当前几乎所有的虚拟现实设备，包括动作追踪器、力反馈设备、3D 立体显示器、头盔显示器及其他众多外部输入设备，其应用领域包括：虚拟现实、科学可视化、电子游戏及飞行仿真等。Vizard 为用户提供了一个包含 OpenGL、DirectX 多媒体的应用接口、两组步行轨迹、显示器及外部硬件接口的面向对象框架，使得用户可以轻松实现虚拟现实交互项目的设计。

Vizard 将 Python 语言作为其核心编程模块。Python 语言是一种面向对象的编程语言，它作为一种简单易学、功能强大的高级程序设计语言，已有十多年的发展历史。其特点有四点。

(1)可移植性强，由于 Python 语言的开源本质，经过改动后可被应用在不同的平台上，包括 Linux、Windows、FreeBSD、Macintosh、Solaris、OS/2、Amiga、AROS、AS/400、BeOS、OS /390、z/OS、Palm OS、QNX、VMS、Psion、Acom RISC OS、VxWorks、PlayStation、Sharp Zaurus、Windows CE、PocketPC 和 Symbian 等。

(2)解释性强，由于 Python 语言写的程序不需要编译成二进制代码，所以可以直接从源代码运行程序，使得其使用更加简单。

(3)可扩展性强，Python 又被称为胶水语言，它能够很轻松地把用其他语言制作的各种模块(尤其是 C/C++)联结在一起。常见的一种应用情形是，使用 Python 快速生成程序的原型(有时甚至是程序的最终界面)，然后对其中有特别要求的部分用更合适的语言改写，如 3D 游戏中的图形渲染模块，速度要求非常高，就可以用 C++重写。

(4)丰富和强大的类库，Python 除了具有庞大的标准库，还有许多高质量的图像库，使得用户可以轻松完成各种工作，如正则表达式、文档生成、单元测试、线程、数据库、GUI(graphical user interface，图形用户界面)、XML、XML-RPC、HTML、WAV 文件、密码系统、Tk 和其他与系统有关的操作。

接下来，本书将基于 Vizard 软件实现虚拟场景的构建以及力交互实验的验证进行阐述。

4.6.2 虚拟场景构建

基于 Vizard 快速创建交互式虚拟场景首先需要创建新脚本，然后根据创作方案创建虚拟场景，创建好之后编译交互脚本，对脚本进行初步评估后可以通过插入用户交互行为、计时器、多媒体等功能提升虚拟场景的演示性能。

对创建用于力触觉交互的渲染场景来讲，其操作步骤相对简单，可以用图 4-20 所示流程图做简单说明。

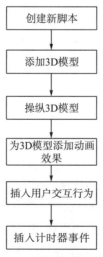

图 4-20　虚拟场景创建流程

1. 创建新脚本

在打开 Vizard 软件后，在 FILE 菜单中选择"New Vizard File"项就可创建一个新脚本。在新脚本中需要通过以下两条指令来自动启动 Viz 模块和 Vizard 场景绘图环境：

```
import viz          #启动 Viz 模块
viz.go()            #启动 Vizard 场景绘图环境
```

2. 添加 3D 模型

在 Vizard 中添加 3D 模型的方法有两种：一种是直接将 3D 模型拖曳至 resources 窗口的 stage，并通过图形用户界面对模型的大小、视角等参数进行调整；另一种是通过输入脚本来添加需要的 3D 模型。

在本系统当中，创建新脚本后添加的 3D 模型代表有作为场景背景的大地模型以及人体柔性器官模型(本书选取肝脏模型)，如图 4-21 所示，其中绿色模型为大地，红色模型为肝脏。图 4-21 是为虚拟交互中的肝脏 3D 模型添加菜单选项功能、滑动条设置物理属性的虚拟场景。

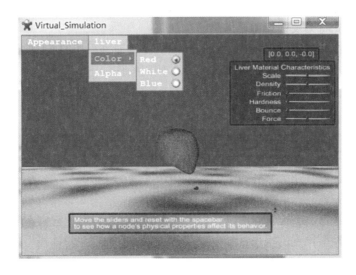

图 4-21　虚拟场景中的模型操纵

具体的脚本操作语句如下。

```
#Add models
ground = viz.addChild('tut_ground.wrl')
model_1 = viz.addChild('L1.WRL',pos=[0,1.8,3])
```

3. 操纵 3D 模型

对于添加在脚本中的肝脏模型，可通过编写具体的代码设置其弹性模量、泊松比、摩擦系数等物理属性。例如，以下代码会使肝脏模型触摸起来比较柔软，但是会有较大摩擦力。

```
liver.haptics.setDamping(0.5)
liver.haptics.setStiffness(0.4)
```

```
liver.haptics.setStaticFriction(0.7)
liver.haptics.setDynamicFriction(0.8)
```

也可通过以下代码实现模型的缩放、旋转、定位、原始视点重置等操作。

```
liver.setScale([0.001,0.001,0.001])
liver.setPosition([-0.1,1.8,2])
```

4. 为 3D 模型添加动画效果

简单的动画效果可以使得模型看起来更逼真，虚拟环境更具沉浸感。Vizard 中的动画效果都是通过执行脚本来实现的，如以下代码可以调用 3D 模型的内置动画引擎实现肝脏模型的轻微旋转。

```
myliver= viz.add('liver.wrl')
mylive.translate(2.5, 0, 0)
mylive.runAction( vizact.spin(0,0,1, 30) )
```

5. 插入用户交互行为

系统中用户与柔性体交互行为的实现主要依靠力反馈设备来完成，因此在插入用户交互行为之前需要先将力反馈设备导入系统。

导入的力反馈设备在虚拟场景中对应的图标就是前文引用的 marker，系统可以对它在场景中的位置以及大小进行限定。具体的脚本代码操作如下。

```
#Add default device
import viz
sensable = viz.add('sensable.dle')
device = sensable.addHapticDevice()
device.workspace.setPosition([0,1.8,2])
device.workspace.setScale([4,4,4])
```

当然，也可以为虚拟场景添加鼠标、键盘等交互行为，但是它们不能给用户以力觉响应，只能实现对模型位置的操作，如以下代码可以实现键盘对 3D 模型的上、下、前、后位移操作。

```
#Setup keyboard control of hand and liver
vizact.whilekeydown(viz.KEY_UP,liver.setPosition,[0,vizact.el
apsed(1),0],viz.REL_PARENT)
    vizact.whilekeydown(viz.KEY_DOWN,liver.setPosition,[0,vizact.
elapsed(-1),0],viz.REL_PARENT)
    vizact.whilekeydown(viz.KEY_RIGHT,liver.setPosition,[vizact.e
lapsed(1),0,0],viz.REL_PARENT)
    vizact.whilekeydown(viz.KEY_LEFT,liver.setPosition,[vizact.el
apsed(-1),0,0],viz.REL_PARENT)
    vizact.whilekeydown('w',liver.setEuler,[vizact.elapsed(90),0,
0],viz.REL_PARENT)
    vizact.whilekeydown('s',liver.setEuler,[vizact.elapsed(-90),0
```

```
,0],viz.REL_PARENT)
    vizact.whilekeydown('d',liver.setEuler,[0,vizact.elapsed(90),
0],viz.REL_PARENT)
    vizact.whilekeydown('a',liver.setEuler,[0,vizact.elapsed(-90)
,0],viz.REL_PARENT)
```

6. 插入计时器事件

计时器事件(timer events)是 Vizard 软件中非常重要的组件,它能够实现 3D 场景与时间事件完美的结合。

计时器可用于设置事件时间表,触发分镜队列及执行各种动画演绎。在本书的力触觉交互系统中,利用计时器事件实现柔性体形变和力反馈输出的实时显示,并根据力触觉刷新频率要求设置柔性体形变与力反馈输出视觉刷新频率。以下代码是肝脏模型及力反馈实时显示的部分代码:

```
# show the liver in time
def onHapticTouch(e):
    if e.node == liver
        info.message('liver is touched')
        liver.visible(viz.ON)
    device.addmode(liver2)
    device.removemode(liver)
    liver.visible(viz.OFF)
liver2.visible(viz.ON)
#show the force in time
def showForce():
    force =device.getForce()
    info.message(str(force))
    vizact.ontimer(1,showForce)
```

4.6.3　系统测试

只要在构建好的虚拟场景中添加需要的柔性体模型,设置其物理属性、插入用户交互行为,就可实现力触觉渲染的实验验证。在具体的交互过程中,要求系统实时检测交互工具与虚拟物体的碰撞情况,并根据施加的作用力实时计算物体的形变及产生的力反馈,即碰撞响应。具体的算法包括基于距离场的碰撞检测和基于 RBF-NN 力触觉的碰撞响应。

4.6.3.1　碰撞检测

在柔性体力触觉交互系统中,碰撞检测的目的就是实时检测 marker 的当前位置是否与虚拟环境中的 3D 模型发生碰撞,若发生碰撞则通过力触觉设备与操作者进行力触觉交互。

设置肝脏模型的质点中心为视角坐标原点,图 4-22 是 marker 与肝脏模型的碰撞检测效果图，其中图 4-22（a）所示为 marker 在肝脏模型距离场内但还没有与肝脏模型发生碰撞效果图，图中 marker 的当前位置坐标是[-0.00698,1.8794,1.9153]，与肝脏模型的垂直距离为 0.234；图 4-22（b）所示为 marker 与肝脏模型发生碰撞但还没有被施加作用力的效果图，图中 marker 的当前位置坐标是[-0.06014,1.8386,1.9381]，与肝脏模型的垂直距离为 0.088。

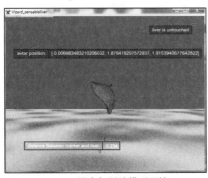 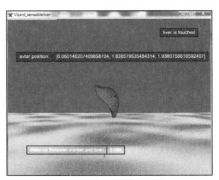

(a)marker没有与肝脏模型碰撞   (b)marker与肝脏模型碰撞

图 4-22　marker 与肝脏模型的碰撞检测

系统检测到 marker 与肝脏模型发生碰撞后，通过力反馈设备，操作者可以施加作用力给虚拟柔性体并且感受到柔性体所产生的力反馈，感受到的力反馈与物体模型的弹性模量、泊松比、硬度系数等物理参数的设置有很大关系。图 4-23 是硬度系数相差 4.5 倍时的不同模型力反馈对比图，可以看出：随着硬度参数的增大，物体模型所产生的力反馈也成倍增加。

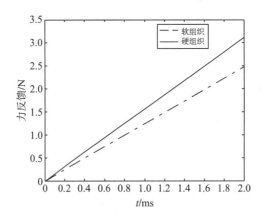

图 4-23　不同硬度系数下的模型力反馈对比图

4.6.3.2　碰撞响应

为了提高虚拟系统模拟现实世界的真实性，需要肝脏模型在受到作用力后有适当的形变，而去掉作用力后肝脏模型会近似恢复原样，这就要求用于柔性体形变的视觉刷新频率与柔性体力触觉的刷新频率描述尽可能同步，本系统采用预测输出方式解决受力后的实时形变刷新问题。

图 4-24 是系统设定的肝脏模型受到碰撞作用后的连续形变输出。

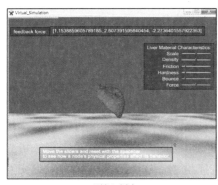 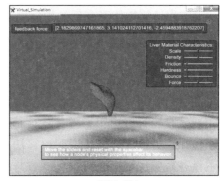

(a) 刷新时刻一　　　　　　　　　　　　　　(b) 刷新时刻二

图 4-24　柔性体受力-形变同时刷新

实验过程中，柔性体的受力形变描述与力反馈计算输出随交互过程实时更新，刷新频率为 100～200Hz，与力触觉刷新的真实描述频率（500～1000Hz）差距主要由主计算机显示响应时间和力反馈设备输出力响应时间引起，而解决此项问题将依赖力触觉渲染系统的硬件设备发展。

因此，排除硬件设备的影响，基于 SH 表达和 RBF-NN 实时形变预测的柔性体力触觉渲染方法是一种有效的建模方法，它的具体实现对虚拟现实中柔性体碰撞检测、力触觉交互研究等都会产生深远的影响，在如虚拟手术训练、手术诊断等医学教育领域有很好的应用前景。

4.7　本章小结

柔性体力触觉渲染技术作为虚拟现实研究领域的一个重要组成部分，对于提高虚拟环境的真实感、沉浸感、交互感都起着重要的作用。然而，由于柔性体受力与形变的复杂关系，如何在柔性体形变、力的准确描述和计算效率之间取得平衡是个尚未解决的难题。

为了提高虚拟柔性体力触觉渲染中物体形变、力的准确描述及计算效率，本章提出了一种基于 SH 的柔性体力触觉渲染方法，建立了基于 SH 的力触觉形变模型，并提出相应的力触觉渲染控制算法，不仅准确描述了柔性体的受力与形变过程，而且使用于柔性体形变的视觉刷新频率与柔性体力触觉的刷新频率描述接近同步，适用于虚拟手术训练、手术诊断等医学教育领域，对降低实习手术风险、节约医务培训费用、改善我国医学手术水平发展不平衡现状等有着重要意义。

本章研究的创新之处在于将 SH 可以准确表达三维物体的特性应用到柔性体力触觉渲染领域，利用它的正交归一、旋转不变、多尺度等特性实现柔性体力触觉模型的建立以及相应力触觉渲染控制算法的改进。具体包括两个方面。

（1）建立了一种新的基于 SH 表达的柔性体力触觉渲染模型，该模型首先利用 SH 的基本性质实现柔性体的三维重构，然后基于 PCA 方法实现柔性体不同形变的比较，并利用简化的波动方程计算物体形变后的力反馈。实验结果表明，基于 PCA 的 SH 力触觉渲染模型可实现并大大简化力触觉交互中力反馈的计算，从而为实时、稳定、连续的力触觉交互提供理论基础。

（2）在柔性体力触觉渲染控制算法方面，本章提出了基于 SH 与距离场的碰撞检测算法，首先利用 SH 的多尺度特性实现柔性体距离场的快速建立，然后依据距离场碰撞检测方法实现交互工具与虚拟柔性体的碰撞检测，并沿着距离的梯度方向进行柔性碰撞响应的快速估计。实验仿真结果表明该算法相对于传统的距离场碰撞检测算法可大大节省内存占用量并有效实现交互工具与柔性体的碰撞检测，从而为柔性体力触觉交互系统的实现奠定理论基础。

第 5 章 AR 概 述

某香水品牌曾拍摄过一条广告,广告场景为天使们都被男士香水味吸引,从天上摔下来,这或许显得些许滑稽,然而 2014 年,在伦敦繁忙的维多利亚火车上就真实掉落了一位美丽的天使,人们只要站在贴有 AR 标记的地面,便可以从大厅的屏幕看到天使降落在脚边,像是真的看到天使了一样,这便是利用 AR 技术制作出来的逼真的视觉效果[126]。同样是 2014 年,在伦敦街头,百事可乐公司利用 AR 技术将候车厅做了特殊改装,让在此候车的路人看到了不可思议的事,如外星人入侵地球、下水道伸出触手来抓人等。利用 AR 技术在广告领域开辟出的巨大商机,让越来越多的人知道并开始应用 AR 技术。

那么,什么是 AR 技术?它与 VR 技术有什么不同?它又是如何出现和发展的呢?接下来我们将给读者们阐述有关 AR 技术的知识并展示一些应用实例。

5.1 什 么 是 AR

AR 是一种实时地计算摄影机影像的位置及角度并加上相应图像、视频、3D 模型的技术,这种技术的目的是在屏幕上把虚拟世界套在现实世界中并进行互动。

AR 是对现实的增强,通过各种手段提升人在视觉、听觉、嗅觉等感官上的感受,广义地来看,"增强现实"早已覆盖生活的方方面面,如在树干上覆盖 LED 灯,营造艺术效果;在鬼屋里放置一些声源,制造恐怖气氛;甚至喷香水都是对现实的增强,当然这些都是用实物来增强现实,显得没那么有科技感。而通常所说的 AR,指的是用虚拟内容来做视觉上的增强,并通过屏幕或投影设备来显示,如在手机的相机预览中展示 3D 动画(如 QQ 传火炬)、微软的 HoloLens、Magic Leap 等[127]。

人们观察科技演进的历史会发现,从一开始的工业革命,到现在的信息技术革命以及正在蓬勃发展且必定会兴起的认知革命,科技的发展其实意味着现实和虚拟的更好融合,而 AR 技术正是这种融合时代的代表性技术。

AR 技术真正被大众认知是在 2010 年后,随着智能手机、相机等的出现以及硬件计算能力的突飞猛进,大量的 AR 应用出现[128],如 2012 年 4 月,谷歌发布了一款"拓展现实"眼镜——Google Project Glass,它具有和智能手机一样的功能,可以通过声音控制拍照、视频通话和辨明方向,以及上网、处理文字信息和电子邮件等;2017 年 12 月,Magic Leap 公司公布了旗下第一款增强现实 AR 眼镜产品——Magic Leap One,官方称为"Creator Edition",它是一个类似微软 HoloLens 的增强现实平台,主要研发方向是将三维图像投射到人的视野中;2018 年 7 月,Niantic Labs 宣布,2018 年内会开放《精灵宝可梦 Go》背后的底层 AR 平台"Real World Platform"，允许更多开发者进行 AR 游戏的开发。这也让人不禁期待，在第四世代神奇宝贝陆续加入《精灵宝可梦 Go》的同时，游戏在未来还能否继续火热？

5.2　AR 系统组成

AR 技术的最终目标是为用户呈现一个虚实融合的世界，因此，显示技术是 AR 系统中的重要组成部分。目前，常用的显示设备有头戴式显示设备、计算机屏幕显示设备、手持式移动显示设备及投影显示设备等，不同的显示设备与相关的软硬件系统协同实现虚实场景融合。

一般来说，一个完整的 AR 系统是由一组紧密联结、实时工作的硬件部件与相关的软件系统协同实现的，常用的有三种组成形式。

1. 基于计算机显示器(monitor-based)AR 系统

monitor-based AR 系统组成如图 5-1 所示，将摄像机摄取的真实世界图像输入到计算机中，与计算机图形系统产生的虚拟景象合成，并输出到屏幕显示器，用户从屏幕上看到最终的增强场景图片。虽然这种方式的 AR 场景图片并不能给用户很强的沉浸感，但是对硬件要求低，因此被实验室中的 AR 系统研究者们大量采用。

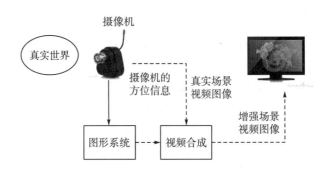

图 5-1　monitor-based AR 系统

2. 穿透式 HMD(head-mounted displays，头盔式显示器)AR 系统

头盔式显示器被广泛应用于 VR 系统中，用以增强用户的视觉沉浸感。AR 技术的研究者们也采用了类似的显示技术，这就是在 AR 中广泛应用的穿透式 HMD AR 系统，根据具体实现原理又划分为两大类，分别是基于视频合成技术的穿透式 HMD(video see-through HMD) AR 系统和基于光学原理的穿透式 HMD(optical see-through HMD) AR 系统。

video see-through HMD AR 系统组成如图 5-2 所示，输入计算机中的信息通道有两个，一个是计算机产生的虚拟信息通道，一个是来自摄像机的真实场景通道，计算机对它们进行视频合成并输出到 HMD 显示器，用户利用 HMD 感知最终的 AR 场景。

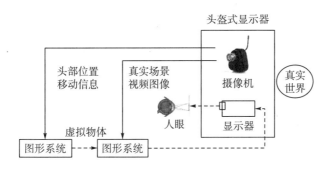

图 5-2　video see-through HMD AR 系统

相比于 video see-through HMD AR 系统，optical see-through HMD AR 系统除去了摄像机真实图像通道中的信息，真实场景的图像经过一定的减光处理后，直接进入人眼，虚拟通道的信息经过投影反射后再进入人眼，两者以光学的方法进行合成，其实现方案如图 5-3 所示。

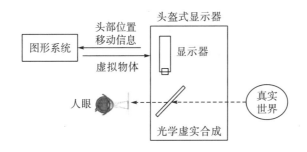

图 5-3　optical see-through HMD AR 系统

总体而言，monitor-based AR 系统和 video see-through HMD AR 系统都通过摄像机来获取真实场景的图像，在计算机中完成虚实图像的结合并输出，整个过程不可避免地存在一定的系统延迟，但这种系统延迟可以通过计算机内部虚实两个通道的协调配合来进行补偿。而在 optical see-through HMD AR 系统中，真实场景的视频图像传送不受计算机控制，是实时的，因此不可能用控制视频显示速率的办法来补偿系统延迟。

另外，在基于 monitor-based AR 系统和 video see-through 显示技术的 AR 系统中，可以利用计算机分析输入的视频图像，从真实场景的图像信息中抽取跟踪信息(基准点或图像特征)，从而辅助动态 AR 中虚实景象的注册过程。而在基于 optical see-through 显示技术的 AR 系统中，只能通过头盔上的位置传感器来辅助虚实景象的注册过程。

5.3　AR 设备资料

根据 5.2 节可知，摄像设备、图形系统、显示设备是 AR 系统的重要组成部分，实时、准确地获取当前摄像机的位置和姿态，判断虚拟物体在真实世界中的位置，进而实现 3D

扫描和交互是其重要特点。

专用的 AR 设备主要包括各种可穿戴设备，如微软的 HoloLens[129]、戴尔的 Meta2[130]、Realmax 家的智能眼镜、爱普生的 Bt200 和 MBT2000、ODG 的 R-7 等；国内的 AR 设备目前比较少，市面上能看到的也就是联想的 R-7。

另外，智能手机也是 AR 设备的一个典型应用，如苹果公司在 2017 年发布会上推出的拥有 TrueDepth 相机人脸识别功能的 iPhone X，能够捕捉用户面部的动作，制作成 Animojis 的动态表情；谷歌的 Pixel 2 在 Android 设备中算是佼佼者，是唯一正式支持 AR 贴纸、谷歌版本的 Snapchat 的安卓设备。

除此之外，各种体感设备如微软的 Kinect、英特尔的 RealSense 也是主流应用。因为在本书的后续章节中将主要介绍基于 Kinect 和 RealSense 的 AR 技术应用，所以在此详细说明一下这两种设备。

1. Kinect

Kinect 是微软在 2009 年 6 月 2 日的电子娱乐展览会上正式公布的专为 Xbox 360 设计的、配有深度摄像头和语音识别麦克风的硬件。如图 5-4 所示，Kinect 是一种 3D 体感摄影机，三个凹进去的圆孔分别代表不同的功能传感器，最左边是红外线发射器，中间的镜头是彩色摄像头，右边则为红外线摄像头，左右两个镜头构成了可用来检测玩家相对位置的 3D 深度感应器。由于能够发射红外线，Kinect 可以对整个房间进行立体定位，同时借助红外线来识别人体的运动，具有即时动态捕捉、影像辨识、麦克风输入、语音辨识、社群互动等功能。

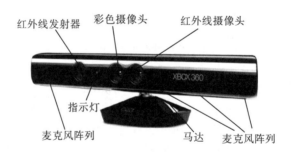

图 5-4   Kinect

尽管 Kinect 最初应用在游戏中，最终也因为没有足够有吸引力的游戏软件、开发者们不买账、核心玩家不感兴趣等原因而停产，可是却对今天的 VR/AR 技术发展做了很多贡献，如只需一台 Kinect，你就能在 VR 游戏中看到自己和其他玩家的身体；三星 GearVR 加上 Kinect 相机实现了全身 VR 体验；微软工程师用 Kinect 实现了"隔空取物"；欧洲时装店 Topshop 安装了使用 AR 与 Kinect 技术结合生产出的全新试衣间，客户无需试穿就能见到真实的试衣效果；Kinect 具有"辨"脸"识"人能力，就连 iPhone X 的前置摄像头也被外国媒体称为一台迷你版的 Kinect，可以用来识别用户的面部信息。

事实上微软已经表示，Kinect 利用红外线摄像头来获取景深距离信息这一核心技术已经被继承到了 HoloLens AR 中，尽管这些体感技术确实更适合 AR 头戴式显示产品，但我们不能否认 Kinect 为后续 AR 设备研发打下了基础。

本书第 7~10 章基于 Kinect 体感交互及深度信息处理功能，将其分别应用于智能家居控制、骨关节功能评价、导盲系统设计及人体动态图像三维重建等方面。

2. RealSense 3D

除了微软公司的 Kinect 可以获取场景深度信息，英特尔公司推出的 RealSense 3D 也是一套具有深度摄像头感知计算的解决方案。图 5-5 所示为 RealSense SR300 实感摄像头（第 11 章研究所用设备）。

图 5-5   RealSense SR300 实感摄像头

RealSense SR300 实感摄像头是英特尔公司推出的第二代前置摄像头，拥有三个镜头，分别是传统摄像头、红外线摄像头和红外线激光镜头，这三种镜头相互合作，能够赋予设备以类似人眼的视觉深度，摄像头通过感知景深和跟踪人体运动将计算机的用户界面提升到一个新的水准。

第 11 章基于 RealSense SR300 实感摄像头人脸深度信息捕捉功能，将其应用于人脸疲劳状态捕捉，设计基于 RealSense SR300 实感摄像头的疲劳驾驶监测系统。

总体而言，AR 设备具有如下好处：

①丰富、互动、引人入胜的用户体验；

②增强积极的品牌认知度；

③帮助客户进行购买决策；

④提供进入智能手机市场的途径；

⑤通过详细的数据分析改善用户行为。

5.4   AR 技术特点

AR 系统的一个重要任务就是实时、准确地获取当前摄像机的位置和姿态，判断虚拟物体在真实世界中的位置，进而实现虚拟物体与真实世界的融合，其中摄像机位置的获取方法被称为跟踪注册技术。从具体实现上来说，跟踪注册技术可以分为基于传感器的跟踪注册技术、基于计算机视觉的跟踪注册技术及综合视觉与传感器的跟踪注册技术三类。

（1）基于传感器的跟踪注册技术主要通过硬件传感器，如超声波传感器、光学传感器、惯性传感器、磁场传感器、机械传感器等对摄像机进行跟踪定位，获取速度快，算法简单，但容易受外界环境的影响。

(2)基于计算机视觉的跟踪注册技术主要通过提取图像中的特征点计算场景中同一个三维点在二维图像上的对应关系，获得三维点在世界坐标系中的位置以及摄像机的位置。在实现方式上，基于计算机视觉的跟踪注册方法可分为基于人工标志的方法和基于自然特征的方法。

(3)综合视觉与传感器的跟踪注册技术是综合考虑二者的优缺点，将二者结合起来，以获得更优效果的跟踪注册技术。例如香港科技大学沈劭劼课题组提出的视觉惯性导航系统(visual-inertial navigation system,VINS)将视觉与陀螺仪和加速度计信息深度融合，在无人机和手持移动设备上均获得了较好的跟踪注册效果[131]；苹果公司推出的 ARKit 和 Google 公司推出的 ARCore 增强现实软件平台分别支持 iOS 和 Android 操作系统，为移动端智能设备上的增强现实应用提供了无限可能。

另外，随着人工智能的发展，AR 技术也越来越广泛地涉及识别、认知和人机交互等内容。一般来说，传统的交互方式主要有键盘、鼠标、触控设备、麦克风等，近年来还出现了一些更自然的基于语音、触控、眼动、手势和体感的交互方式。

(1)在基于语音识别的交互技术中，最具代表性的是苹果公司推出的 Siri 和微软公司推出的 Cortana，它们均支持自然语言输入，通过语音识别获取指令，根据用户需求返回最匹配的结果，实现自然的人机交互，可提升用户的工作效率。

(2)基于触控的交互技术是一种以人手为主的输入方式，它较传统的键盘鼠标输入更为人性化。智能移动设备的普及使得基于触控的交互技术发展迅速，同时更容易被用户认可。近年来，基于触控的交互技术从单点触摸控制发展到多点触控，实现了从单一手指点击到多点或多用户的交互的转变，用户可以使用双手进行单点触控，也可以通过识别不同的手势实现单击、双击等操作。

(3)基于动作识别的交互技术通过对动作捕获系统获得的关键部位的位置进行计算、处理，分析出用户的动作行为并将其转化为输入指令，实现用户与计算机之间的交互。微软公司的 Kinect 采用深度摄像头获取用户的骨骼信息，通过手部追踪技术操作交互界面上的虚拟物体。英特尔用 6 个 RealSense 摄像头实现全身动作捕捉，精准定位。这类交互方式不但降低了人机交互的成本，而且更符合人类的自然习惯，较传统的交互方式更为自然、直观，是目前人机交互领域关注的热点。

(4)基于眼动追踪的交互技术通过捕获人眼在注视不同方向时眼部周围的细微变化，分析确定人眼的注视点，并将其转化为电信号发送给计算机，实现人与计算机之间的互动，如 Magic Leap 公司的 Magic Leap One 在眼镜内部专门配备了追踪用户眼球动作的传感器，以实现通过跟踪眼睛控制计算机的目的。

由以上分析可知，AR 技术的关键在于设备对周围环境的感知理解，虚拟现实融合、实时交互、三维注册是其三大特征。有人把 AR 看作新的计算平台，完全不为过，试想一下，早期的寻呼机、功能机只是提供一维的通知、电话或短信服务，到了智能机时代，大屏的出现，二维的图像、音(视)频成为主流，将来，也许 3D 技术、AR 技术会是计算设备的核心能力之一。

5.5　AR 开发平台

AR 技术正在改变我们观察世界的方式(或至少是用户看世界的方式)。AR 技术在世界各地都是一个新潮流,随着《精灵宝可梦 Go》的成功,AR 技术逐渐成为主流,而不再是科技影片采用的技术。各个行业都在采用 AR 来提高效率、简化运营、提高生产力和提升客户满意度。下面介绍几个优秀的 AR 工具,可以帮助开发人员实现复杂的功能。但要注意,每个 AR 框架都有自己的特定功能[132]。

1. Vuforia

Vuforia 是高通推出的针对移动设备扩增实景应用的软件开发工具包,是领先的 AR 平台,拥有 325000 多名注册开发人员,市面上已经有基于 Vuforia 开发的 400 多款应用程序。使用 Vuforia 平台,应用程序可以选择各种各样的东西,如对象、图像、用户定义的图像、圆柱体、文本、盒子,以及 VuMark(用于定制和品牌意识设计),其 SmartTerrain 功能可以让虚拟模型和现实世界产生互动,为实时重建地形的智能手机和平板电脑创建环境的 3D 几何图。

Vuforia 应用程序可以使用 Android Studio、Xcode、Visual Studio 和 Unity 构建。Vuforia SDK 支持微软的 Hololens,支持 Windows 10 设备,也支持来自 Google 的 Tango 传感器设备,以及 Vuzix M300 企业智能眼镜等。

Vuforia 支持的平台:Android、iOS、UWP 和 Unity Editor。

Vuforia 官网:https://developer.vuforia.com/。

2. Wikitude

Wikitude 是一个专门从事智能手机增强现实的应用,分别出品了两款应用:Wikitude Drive 与 Wikitude World Browser。

Wikitude Drive 是世界上第一个增强现实导航软件。它的应用本质上是一个 GPS 导航应用软件,但让它卓尔不群的特质是,用户看到的不是地图,而是前方街道的实时视图,以及叠加在视频上方的导航数据。

Wikitude World Browser 是一款基于地理位置的增强实景的应用,即可以通过指南针、摄像头和 GPS,将虚拟信息数据标注到现实世界中,当你到达一处景点、大楼或者城市的某个角落的时候,打开这个软件对着你想了解的地方拍一下,屏幕上马上会显示这个地方的相关信息,如大楼内部的餐馆数量、订座电话、酒店信息、景点名胜等信息,还包括相关 YouTube 视频,甚至还有其他网友发布的有关信息等。

Wikitude 提供一体式增强现实 SDK,支持可扩展的 Unity、Cordova、Titanium 和 Xamarin 框架,用于开发适用于 Android、iOS、智能手机、平板电脑、智能眼镜的 AR 应用程序。

Wikitude 官网:https://www.wikitude.com/。

3. ARToolKit

ARToolKit 是一个免费的开源 SDK,包含了跟踪库及其完整源代码,开发者可以根据平台的不同调整接口，也可以使用自己的跟踪算法来代替它们。

对于开发一个 AR 程序来说，最困难的部分在于实时地将虚拟图像覆盖到用户视口，并且和真实世界中的对象精确对齐。ARToolKit 使用计算机图像技术计算摄像机和标记卡之间的相对位置，从而使程序员能够将他们的虚拟对象覆盖到标记卡上面。ARToolKit 提供的快速和准确的标记跟踪能够让用户快速地开发出许多更新、更有趣的 AR 程序。

ARToolKit 支持的平台：Android、iOS、Linux、Windows、Mac OS 和智能眼镜。

ARToolKit 官网：https://artoolkit.org/。

ARToolKit 托管到 Github：https://github.com/artoolkit。

4. Kudan

Kudan Ltd.是一家总部在英国的日本专业 AR 公司,他们推出的 AR 软件开发包 Kudan 是唯一可用于 iOS 和 Android 的高级跟踪 Markerless AR 引擎，提供了最佳的图像识别、低内存占用、闪电般的开发速度和无限数量的标记。Kudan 自认为是 AR/VR、机器人和人工智能应用程序中最好的 SLAM(simultaneous localization and mapping，即时定位与地图构建)跟踪技术。

Kudan AR SDK 的特征有：实时输出结果，AR App 可以在没有网络连接的情况下使用；支持单声道、立体声、相机、深度传感器等；无抖动的图像，出色的黑暗环境性能；适用于 iOS 和 Android 本机以及 Unity 跨平台游戏引擎。

Kudan 支持的平台：Android、iOS。

Kudan 官网：https://www.kudan.eu/。

5. XZIMG

XZIMG 主要提供增强面部的解决方案，可用于识别和跟踪基于 Unity 的面孔，也提供增强视觉的解决方案，用 Unity 识别和跟踪平面图像。

XZIMG 提供了可自定义的 HTML5、桌面、移动和云解决方案，目的是从图像和视频中提取智能。采用 XZIMG 的一个典型应用是虚拟眼镜，用户可以尝试戴上虚拟眼镜，并实时查看戴上后的效果。

XZIMG 支持的平台：PC、Android、iOS、Windows、WebGL。

XZIMG 官网：https://www.xzimg.com/。

5.6　AR 技术应用

随着技术的发展，AR 的应用途径也变得多样化，大部分是专门为智能手机、智能眼镜等设计的应用程序，小工具可以用作相机、手机、GPS 导航地图显示等。最近，AR 也被广泛应用于工业维修、市场营销、影视娱乐、医疗手术、教育培训等多个领域，并逐渐成为下一代人机交互技术发展的主要方向。

在工业制造与维修领域，AR 技术能够将已知的数据信息正确地发送给流水线上的工人，在用户指向某一部位时系统显示该部位的名称、功能等，从而避免错误的发生，提高生产与维修效率。

　　在市场营销和销售领域，AR 技术完全颠覆了传统的客户体验方式。在购买之前，用户可以看到虚拟产品在真实环境下的状态，促使他们做出更符合实际预期的购买决策，如 EasyAR 与汽车之家联合推出了 AR 看车软件，用户可以通过手机 App 将虚拟的车辆放置在真实场景中，在购车之前预览其在道路上奔驰的效果；瑞典宜家集团推出的 IKEA Place 家具类应用，可以在装修设计过程中将用户喜欢的家具叠加在现实场景中，避免出现家具尺寸不合适、风格不统一等问题。

　　在影视、娱乐、游戏领域，AR 技术不仅可以在真实拍摄的场景上加入现实中不存在的虚拟景象或人物，如汽车爆炸、恐龙等，也可以将现实场景变为战场，使用户能够在虚实融合的世界里与别的玩家进行对抗。近年来较具代表性的就是任天堂公司开发的 AR 游戏《精灵宝可梦 Go》，打开摄像头，用户就可以捕捉到现实世界中出现的小精灵并进行战斗。

　　在医疗领域，很多外科手术案例中引入了 AR 技术，如在外科手术中，医生可以直接通过 AR 技术"查看"病人身体内部器官、骨骼等信息；利用 AR 技术实现术后康复训练。另外，手术导航是 AR 技术的重要应用之一。AR 技术对 CT 或医学磁共振成像进行三维建模，并通过将构建的模型与病人身体精确地配准，为医生提供现实与虚拟叠加的影像，进而实现对医疗手术的导航作用。

　　在教育领域，AR 技术可以为师生提供身临其境的学习环境，将丰富的资源信息和其他数据整合到能够观察到的现实场景中，激发学生的学习兴趣。

　　在军事领域，AR 技术可以在数字化战场上发挥巨大作用，根据输入的部队位置信息增强战场环境信息。现实系统不仅能向部队显示真实的战场场景，同时能够叠加额外的环境信息以及敌我双方的隐藏力量，实现多种战场信息的可视化。

　　在古迹复原与数字化遗产保护领域，AR 技术通过在文物上叠加虚拟的文字、视频信息，为游客提供更多的文物导览解说，而且还可以利用采集到的数据复原再现文物古迹，将极具真实感的虚拟影像展现在游客眼前，为游客提供身临其境的视觉体验，如希腊的 Archeoguide 数字考古项目，是一款基于 AR 的文物遗迹向导，通过 GPS 粗定位，能够为游客展现古迹复原后的希腊奥林匹亚神庙。

　　除此之外，AR 技术还可以被应用于情感分析、面部识别、目标识别、信息增益与显示、3D 建模与设计、测量、GPS 导航等方面，早在 2017 年已有专家专门总结了 AR 的 103 个应用场景，并预测到 2020 年，AR 的市场价值将达到 1200 亿美元。

　　本书将以实例说明 AR 应用于智能家居控制、疲劳驾驶监测、骨关节数字化评价系统等领域的情况。

5.7　AR 与 VR 的区别

　　AR 与 VR 有什么区别和联系呢？一般我们认为，AR 技术的出现源于 VR 技术的发展，但二者存在明显的差别。传统 VR 技术可以为用户创造另一个世界，使其沉浸在虚拟世界；而 AR 技术则是把计算机应用到用户的真实世界中，通过听、看、摸、闻虚拟信息来增强对现实世界的感知，实现了从"人去适应机器"到"以人为本"的转变[132]。

VR 看到的场景和人物全是虚拟的，是把人的意识带入一个虚拟的世界中。AR 看到的场景和人物一部分是真，一部分是假，是把虚拟的信息带入现实世界中。

在交互设备上，由于 VR 是纯虚拟场景，所以 VR 装备更多的是用于用户与虚拟场景的互动交互，使用更多的是位置跟踪器、数据手套、动作捕捉系统、数据头盔等；而 AR 是现实场景和虚拟场景的结合，所以基本都需要摄像头，在摄像头拍摄的画面基础上，结合虚拟画面进行展示和互动。

在技术实现上，VR 所呈现的是一种完全虚拟的图像，同时再使用头部、动作监测技术来追踪用户的动作并反映到内容中，提供一种沉浸式的体验。显然，它更适合应用在电子游戏、沉浸式影视内容等领域，相比二维显示器或是电视更酷。至于 AR，则是基于现实环境的叠加数字图像，同样具有一些动作追踪和反馈技术，但与 VR 明显不同的是，用户会看到现实的景物，而不是双眼被罩在一个封闭式头戴中。

毫无疑问，VR 和 AR 都具有极大的发展空间，两者结合将彻底改变人类的娱乐、生活体验。VR 看上去更像是一种专注娱乐、视觉体验的新技术，头戴设备可以替代传统二维屏幕，并加入互动性，让你真正进入电子游戏世界。AR 则可能是未来计算机的终极形态，用户可以在看到现实环境的同时与好友视频通话、处理文档、演示内容，也许也有一些游戏体验的部分，但全息投影式的图像机制不会让它成为替代 VR 的技术。

VR 让人体验不一样的世界，而 AR 则是让现实世界更美好，有人把 AR 看作新的计算平台，完全不为过，试想一下，早期的寻呼机、功能机只是提供一维的通知、电话或短信服务，到了智能机时代，大屏的出现，二维的图像、音视频成为主流，那未来呢，也许 3D 技术、AR 技术会是计算设备的核心能力之一。

5.8 本 章 小 结

在 VR 技术研究的基础上，本章首先对 AR 技术及其应用做了一个概述分析，为后续 AR 技术应用开发做铺垫。

AR 不同于 VR，AR 是一种将虚拟信息和实际联系在一起的技术，将虚拟信息或场景叠加到实际场景中，产生一个虚实联系的场景，让人享受到超越实际的感官体验。

在 AR 技术研究中，媒体信息传播及游戏开发是其最早的应用领域，手机、各种体感交互设备(如 Kinect、RealSense)是初级研究者最青睐的对象。

本书第 6~11 章分别以手机、Kinect、RealSense 为基础，从游戏开发、物联网家居控制、骨关节功能评价、导盲系统设计、人体动态图像三维重建、疲劳驾驶监测等方面对 AR 技术应用进行实例说明。

第6章　AR游戏开发

　　喜欢玩 AR 游戏的读者应该知道《精灵宝可梦 Go》,《精灵宝可梦 Go》是一款以《精灵宝可梦》系列为背景开发的手机游戏,其最大的特点是和 AR 技术结合,把小精灵放在了现实世界中,玩家可以在手机屏幕上看到叠加在现实世界画面之上的小精灵,在游戏中寻找、捕获、进化和训练自己的小精灵,并和其他玩家进行对战。该游戏的发布大大拓宽了游戏开发者的视野并将 AR 技术推广到更多应用中。

　　本章在概述性地介绍 AR 游戏开发研究现状及工具后,以空中战机游戏开发为例,说明基于 Unity3D 平台的 AR 游戏开发方法,所开发的游戏有不同难度关卡供玩家选择,游戏玩家通过用户界面的提示操作虚拟键盘,移动主角位置来击毁敌机并躲避敌机子弹以此获得分数,游戏结束后玩家可以分享自己的战绩到主流社交平台,游戏整体通过 3D 动态场景呈现运行画面,操作简单,容易上手,为玩家带来虚拟空中战斗的仿真游戏体验,以下进行详细介绍。

6.1　AR 游戏开发简介

　　随着物质生活水平的提高,人们对娱乐的追求变得越来越高,如游戏,简单、单一的二维场景游戏已不能满足大众需求。相比需要复杂设备支持的 VR 游戏,不需要设备或仅需便捷设备支持便可收获较好体验感的 AR 游戏无疑成为大众追逐的潮流,就像我们前文提到的《精灵宝可梦 Go》。

　　近年来,在国内外的跨平台游戏领域中,Unity3D 游戏引擎是游戏开发行业关注的焦点,一个原因是其作为一款游戏引擎,确实有着不俗的游戏设计能力和优美逼真的画面效果:而另一个原因就在于其强大的跨平台应用功能,它能与各大平台,如 IOS、PC 等实现无缝连接。目前,基于 Unity 开发的游戏种类已经达到数百种,如美国 Blizzard Entertainment 公司于 2015 年 4 月推出的《炉石传说:魔兽英雄传》,首先在 PC 与苹果电脑平台发售,并登陆 Windows、iPad 以及安卓应用程序平台,一经推出,深受世界玩家的喜爱;欧美 Imangi Studio 公司推出的角色扮演游戏《神庙逃亡 2》更是荣登 2016 年中国泛娱乐指数盛典,获得中国 IP 价值榜——游戏榜 Top10;国内也诞生了不少基于 Unity 的优秀游戏作品,如《最终幻想——觉醒》《消失的地平线 2》等,深受国内游戏玩家的喜爱。

　　根据有关数据显示,2016 年,国内外的跨平台游戏在短短数月内已经相继出现了数十款基于 Unity3D 的网游,基本涵盖了目前最流行的操作平台。可以看出,Unity3D 游戏引擎不仅仅是一个 3D 游戏渲染引擎或 3D 游戏场景编辑器，更是一整套跨平台的综合游戏开发解决方案。

但是，目前国内对于这个新兴的游戏引擎还处于学习探索的发展阶段[133]，相关的技术并不是十分成熟，并且在教学资源方面缺乏系统完善的中文教程以及学习资料，因此在学习过程中确实存在一定的难度。

本章主要基于 Unity3D 游戏引擎开发了一款名为《极地战机》的 3D 飞行射击游戏，游戏玩家通过图形用户界面（GUI）的提示操作虚拟键盘，控制战机在三维虚拟场景内移动，通过移动和发射子弹来躲避敌机或击毁敌机；在游戏中设置有不同难度的关卡可供游戏玩家自行选择，击毁的敌机等级越高，数量越多，获得的分数越高，进而表明玩家技能越高；在战机受到碰撞或被敌机炮弹射中时，系统会结束游戏或损失相应生命值，当生命值降为 0 时，游戏结束；游戏过程中会产生具有升级子弹或全屏爆炸等特殊效果的奖励物品，并伴随有音效、移动特效等功能，获得的分数会在 GUI 模块实时显示；系统具有社区分享功能，玩家在畅玩游戏的同时，可以通过新浪微博、腾讯 QQ 或微信等主流社交平台进行战绩分享。

6.2 基于 Unity3D 引擎的空中战机游戏开发简介

本章游戏设计所使用的游戏引擎为 Unity3D-5.5.0f3-Personal 版本，游戏开发的重点在游戏元素的制作和游戏逻辑的实现上，并没有过多地关注底层框架，因此，以下将从 Unity3D 游戏引擎、Unity 图形用户界面、C#编程语言和 Android 操作系统四部分对《极地战机》开发所用到的主要工具和技术进行介绍。

1. Unity3D 游戏引擎

Unity 3D 作为一款多功能的开源的商业性游戏引擎[134]，通过其自身携带的多个功能模块可以满足用户的众多需求，如三维重建、面部识别、体感游戏等，是一个功能多样化到令人惊喜的开发平台。

Unity 类似于 Director、Blender game engine、Virtools 或 Torque Game Builder 等交互图形开发软件，其编辑器运行在 Windows 和 Mac OS X 下，可发布游戏至 Windows、Mac、Wii、iPhone、WebGL（需要 HTML5）、Windows phone 8 和 Android 平台。同时，Unity 3D 自带的插件可以通过创建的游戏工程将其发布成简单的网页游戏，能够支持 Windows 和 mac 网页使用。除此之外，Mac widgets 也能支持 Unity 3D 的网页播放器。

Unity 3D 游戏引擎包含了很多的子系统和框架元素[135]，如声音系统、全局光照系统、脚本语言编辑器、地形系统、材质编辑、资源编辑器等。同时，Unity 3D 支持第三方插件，加快开发效率。

Unity 3D 可以大致分为以下四层：应用层（application）、游戏对象（game object）、游戏组件或脚本（conpnent）及场景（scene）。

应用层是 Unity 3D 中具有独立功能并且已经封装好的应用程序，如山体、天空盒、各种光照、碰撞体、刚体等，这些功能可以直接被开发者所调用，开发者也可以根据自己的需要来对这些组件进行修改，节省了大量的时间和精力。应用层是一个优秀的游戏开发引擎必不可少的程序，也是开发框架中最底层的东西。

游戏对象在 Unity 3D 中是一个泛指，游戏中的任何东西都可以被称为游戏对象。它可以是实际存在于游戏中的某个物体，也可能是某些为了触发另一些事件而存在的空的游戏对象。开发者可以将游戏对象赋予各种属性，让其变成所需要的样子，如人物、建筑体、花草树木等，整个游戏就是由这些一个个不同的游戏对象所构成的。因此，合理地设置游戏对象是开发一款游戏的重中之重。

游戏组件或脚本是 Unity 3D 框架中的第三层，组件是这款引擎中自带的一些常用功能，而脚本则是开发者自己利用脚本编辑器所开发出来的满足自己需求的组件，一般是用来控制物体行为的代码集合，灵活度很高。一般来说，通过自己所编辑的脚本基本上能完成开发者的需求。

场景，就是开发人员所创建的游戏世界，一款游戏实际上是由各个场景构成的，如游戏界面的切换实质上就是从一个场景转换到另一个场景。场景是由游戏对象和附加在游戏对象上的组件或者脚本所构成，玩家玩游戏实际上就是在不同的场景中玩，因此，场景的合理搭建非常重要，场景并不是越多越好，合理地安排场景以及场景里的内容才是最重要的，因为过多的场景和内容不仅会让玩家觉得过于烦琐，还会影响游戏的运行效率。

2. Unity 图形用户界面(Unity graphical user interface，UGUI)

UGUI 是 Unity 自带的一套图形用户界面系统，也是一种人与计算机通信的界面显示格式，允许游戏用户使用键盘、鼠标等输入设备操纵屏幕上的图标或菜单选项，以选择命令、调用文件、启动程序或执行其他一些游戏逻辑。UGUI 含有基本的一些 UI 控件，游戏开发中常用的控件有：画布(canvas)、文本(text)、图片(image)、按钮(button)、开关(toggle)、滑杆(slider)及各种控件相应的控制机制等。这些在游戏程序中都是标准化的，即相同的操作总是以同样的方式来完成，在图形用户界面，用户看到和操作的都是图形对象，底层仍应用的是计算机图形学的技术，最终用户可以通过对图形图像的自定义实现绚丽多彩的操作界面效果。

3. C#编程语言

C#编程语言是微软公司在 2000 年 6 月发布的一种新的编程语言，主要由安德斯·海尔斯伯格(Anders Hejlsberg)主持开发，它是第一个面向组件的编程语言，其源码会编译成 msil 再运行。它借鉴了 Delphi 的一个特点，与 COM(组件对象模型)是直接集成的，并且新增了许多功能及语法糖，而且它是 Microsoft.NET windows 网络框架的主角。

C#编程语言是兼顾系统开发和应用开发的最佳实用语言，并且很有可能成为编程语言历史上的第一个"全能"型语言。此种语言的实现，应提供对于以下软件工程要素的支持：强类型检查、数组维度检查、未初始化的变量引用检测、自动垃圾收集(garbage collection，指一种自动内存释放技术)。此种语言为在分布式环境中的开发提供了适用的组件开发应用。

4. Android 操作系统

Android 是一种基于 Linux 的自由及开放源代码的操作系统，主要应用于移动设备上，如智能手机和平板电脑。Android 系统的底层建立在 Linux 系统之上，该平台由 Linux 内核层、系统运行库层、应用框架层及应用层四层组成，采用一种被称为软件叠层(software stack)的方式进行构建。该软件叠层结构使得层与层之间相互分离，明确各层的分工，这种分工保证了层与层之间的低耦合，当下层的层内或层下发生变化时，上层应用程序无须做任何改变。

6.3　游戏功能分析

《极地战机》是一款基于 Android 操作系统的在平板电脑、手机客户端运行的飞行射击类游戏，为了在游戏开发完成之后玩家能自如操作，系统需要注意游戏画面展示、游戏的可操作性、用户体验等元素。本节将从游戏系统需求分析、游戏元素需求分析、游戏功能需求分析三个方面对游戏功能进行分析。

6.3.1　游戏系统需求分析

游戏系统需求分析是游戏设计中最重要的也是最基础的环节，贯穿游戏的整个流程，《极地战机》游戏系统整体应满足以下两点。

(1)游戏角色、游戏音效和游戏美术方面必须符合玩家对飞行射击类游戏题材的基本思维习惯。

(2)用户操作界面需要给用户清晰直观的感觉，方便玩家进行游戏操作。

《极地战机》的系统设计如图 6-1 所示，系统设计包含用户体验系统设计、控制系统设计、关卡系统设计，其中，控制系统和关卡系统相互联系，构成游戏系统的核心。控制系统中包含对角色、游戏进度、游戏逻辑的控制。关卡系统需要实现不同场景的控制系统的组建和联系，并通过计分和碰撞两个功能实现系统的核心逻辑功能。之后，由用户体验系统提供人机交互方式，并呈现给玩家游戏系统的整合效果。

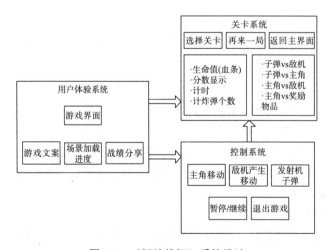

图 6-1　《极地战机》系统设计

由图 6-1 可以看出,《极地战机》系统各个模块之间联系紧密,6.4 节将对系统各部分功能的具体实现方法给予详细说明。

6.3.2　游戏元素需求分析

游戏元素是游戏的主要组成部分,本章所设计的游戏元素共分为模型、字体、音频、特效、图片五大类。对游戏元素需求的具体分析如下。

1. 模型类元素需求

模型类元素需求包括:主战机模型、敌机模型、奖励物品模型、子弹模型、火山地形、雪山地形等。本项目中模型类元素的详细需求如表 6-1 所示。

表 6-1　模型类元素需求列表

元素名称	元素描述	元素类型
MainPlane	游戏玩家控制的主战机	模型
Enemy1	小型敌机物体	模型
Enemy2	中型敌机物体	模型
Enemy3	大型敌机物体	模型
BossEnemy	首领敌机物体	模型
AwardBomb	具有全拼爆炸效果的炸弹奖励物体	模型
AwardBullet	具有升级子弹效果的奖励物体	模型
Bullet	普通状态下主战机子弹物体	模型
BulletSSR	升级后主战机子弹物体	模型
EnemyBullet	敌机子弹物体	模型
Volcano	炼狱火山地形物体	地形
SnowMoutain	极地雪山地形物体	地形

2. 字体类元素需求

在游戏项目中,游戏字体是游戏文案的外在形式特征和风格式样,均由人工设计。使用艺术字体并且将文字修改成与游戏场景相统一的色彩搭配,能够增强游戏文案的个性风格和表现效果,凸显游戏的趣味性。由于文案设计的要求,本章所设计的游戏语言包含英文和中文,详细的字体类元素需求如表 6-2 所示。

表 6-2　字体类元素需求列表

元素名称	元素描述	元素类型
Blazed.ttf	炼狱火山场景文案	英文
IceCaps.ttf	极地雪山场景文案	英文
汉仪霹雳简体.ttf	标题类文案	中文
造字工房映力黑常规体.ttf	战绩显示文案	中文

注:不含系统自带字体。

3. 音频类元素需求

游戏音效是由现实声音或仿真声音制造的用于游戏项目的音频效果，用来增强对游戏的声音处理，在游戏场景中添加适合的游戏音效能够增强游戏画面的真实感、气氛和戏剧性。本项目中的音频类元素需求包括乐音和效果音，其中乐音多为人为创造的音乐类艺术作品，旋律优美，节奏清晰明朗；效果音多为根据制作需要，通过收录真实声音、仿真合成、调节等步骤而制成的声音效果。本章所设计的游戏音频类元素的详细需求如表 6-3 所示。

表 6-3　音频类元素需求列表

元素名称	元素描述	元素类型
WelcomeBGM.mp3	开场场景背景音乐	乐音
FireBGM.mp3	炼狱火山场景背景音乐	乐音
SnowBGM.mp3	极地雪山场景背景音乐	乐音
Bullet.wav	普通子弹发射声音	效果音
BulletFlyBy.wav	高级子弹发射声音	效果音
Wind.mp3	极地雪山场景暴风雪声音	效果音
Thunder.wav	炼狱火山场景电闪雷鸣声音	效果音
YouBeSlained.mp3	主角死亡提示音	效果音
EnemyBeSlained.mp3	首领战机死亡提示音	效果音
Award.mp3	奖励物品碰撞声音	效果音
Warning.wav	首领敌机出现提示音	效果音
Victory.mp3	胜利界面出现提示音	乐音

4. 特效类元素需求

游戏特效就是游戏中的特殊视觉效果，给玩家带来的最直接的感受就是游戏中的光影效果等。在本章所设计的游戏中，特效元素有爆炸、闪电、大地燃烧、火焰、雾、暴风雪等。当玩家通过操纵主战机击毁敌机时，特效会产生绚丽的爆炸效果，烘托游戏氛围，增加游戏的战斗体验。本项目中的特效表现方式分为自动播放和被动触发两类，详细的需求描述如表 6-4 所示。

表 6-4　特效类元素需求列表

元素名称	元素描述	元素类型
Dark Fog	炼狱火山场景天空黑雾特效	自动播放
Lightning Field	炼狱火山场景天空闪电特效	自动播放
Burning Ground	炼狱火山场景燃烧地形特效	自动播放
Fire Mist	炼狱火山场景地形火苗特效	自动播放
Snowstorm	极地雪山场景天空暴风雪特效	自动播放
Heavy Snowfall	极地雪山场景天空雪雾特效	自动播放
Explosion	敌机爆炸特效	被动触发
Fire_03	主战机爆炸特效	被动触发

5. 图片类元素需求

图片类元素的使用是为了让单调的游戏画面变得更加复杂和美观,更符合仿真效果的需求。相比默认的 UGUI 控件,自定义的精美画面、独具风格的游戏主题控件和背景元素更能够吸引游戏玩家的眼球,为游戏的视觉效果加分。本项目的图片类元素需求分为控件和背景两大类,详细的需求如表 6-5 所示。

表 6-5　图片类元素需求列表

元素名称	元素描述	元素类型
a3.png	加载场景进度填充	控件贴图
a4.png	加载场景进度边框	控件贴图
board.png	开场信息展示板	背景贴图
bomb.png	炸弹个数统计背景	背景贴图
bomb1.png	炸弹控制按键	控件贴图
back.png	后退方向按键	控件贴图
button_blue.png	场景跳转按键	控件贴图
button_blue2.png	退出游戏按键	控件贴图
button_like.png	重新开始/返回按键	控件贴图
closeBtn.png	关闭帮助界面按键	控件贴图
D_Cloud4.png	火山场景天空贴图	背景贴图
fo45.png	分享按键	控件贴图
FailBG.png	炼狱火山场景游戏结束背景	背景贴图
front.png	前进方向按键	控件贴图
GUIHeath.png	血条背景	控件贴图
GUIHeathGreen.png	血条前景	控件贴图
HelpBtn.png	游戏帮助按键	控件贴图
HelpTextBG.png	帮助文档背景	背景贴图
left.png	向左方向按键	控件贴图
right.png	向右方向按键	控件贴图
shareBtn1.png	分享按键背景	背景贴图
snowBGl.png	极地雪山场景游戏结束背景	背景贴图
star.png	游戏难度等级提示背景	背景贴图
StopBtn1.png	暂停按键	控件贴图
StopBtn2.png	继续按键	控件贴图
title.png	游戏大标题背景	背景贴图
welcomeBG.jpg	欢迎场景背景	背景贴图

6.3.3　游戏功能需求分析

经过对飞行射击类游戏题材进行分析,《极地战机》游戏的总体功能需求为:游戏玩家通过操纵虚拟键盘控制主角击毁或躲避敌方战机的架数越多、坚持的时间越长,获得的分数越高；分数越高，说明游戏玩家技能越高；游戏过程中可以躲避敌机和敌机发出的子弹；每个固定的时间内会产生首领敌机和具有不同效果的奖励物品；游戏结束后可以将自己所得分数分享到社交平台。详细的游戏逻辑功能需求流程如图 6-2 所示。

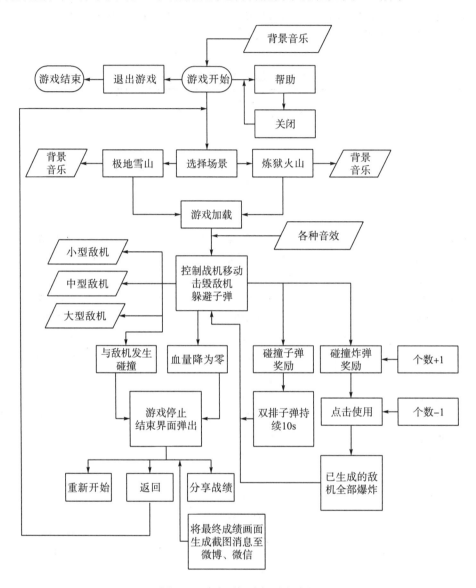

图 6-2 游戏逻辑功能需求流程

图 6-2 包含了游戏系统需求中控制系统、关卡系统、用户体验系统之间的具体逻辑关系和每个系统自身对应的逻辑功能之间相互联系、整合之后的总体流程，其中，圆角矩形表示游戏的出入口，菱形表示游戏元素，矩形框表示游戏功能。

《极地战机》游戏需要实现图 6-2 中的各项功能需求及逻辑，才能实现最终设计目标。接下来将分模块对各部分功能的具体实现进行详细描述。

6.4　游戏具体实现

本章所设计的《极地战机》游戏在具体实现时要考虑场景搭建和显示、战机在场景内的移动控制、发射子弹、爆炸效果表现、敌机随机产生、关卡、游戏暂停和继续、奖励物品、生命值及血条、游戏音效播放、战绩统计、分享交流等 12 个功能，详细功能如图 6-3 所示。

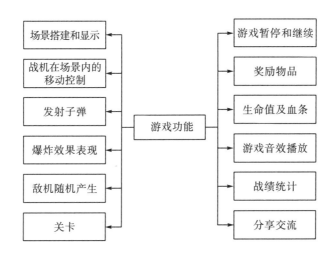

图 6-3　游戏详细功能结构

图 6-3 所示的游戏详细功能实现介绍如下。

(1)游戏场景搭建和显示使用 Unity3D 引擎的场景面板完成，游戏场景内添加相应的特效，让游戏场景更加绚丽逼真。游戏角色分为主角战机，低、中、高三级普通战机和首领敌机，战机模型参照参考资料内的飞机模型进行非精细制作来简化次要的开发过程。

(2)游戏中的碰撞过程包含子弹与飞机的碰撞和飞机之间的碰撞，碰撞检测功能使用 Unity3D 内部自带的触发类碰撞检测函数来实现，当检测函数检测到游戏物体发生碰撞时，会采取相应的操作。

(3)游戏界面通过使用 Unity3D 自带的 UGUI 控件配合各种各样的自定义贴图实现，并通过 C++控制脚本来实现 UGUI 控件与游戏界面之间的交互。

(4)分值计算通过 C++控制脚本对游戏物体的属性进行判断，并根据消灭不同属性的敌机完成不同分值的累加，最后将游戏过程中获得的总分在游戏结束界面进行显示。

(5)分享战绩的功能通过给分享按钮添加 C++控制脚本，使用 Android 原生分享的方式生成需要分享的消息，并跳转到微博、微信等主流社交平台进行发布。

接下来，我们将从游戏控制系统、游戏关卡系统、游戏用户体验系统三个方面分功能模块对《极地战机》游戏的全部功能实现进行详细描述。

6.4.1　游戏控制系统实现

  游戏控制系统实现的是对游戏角色、游戏进度、游戏大逻辑的控制,主要由游戏玩家进行操纵,还有一些由于玩家操控会使游戏更加烦琐并降低用户体验的逻辑,均由系统自动控制。通过控制系统的实现,可以使玩家通过操纵相应的控制按键来方便快捷地操纵游戏逻辑合理执行。因此,控制系统功能结构如图 6-4 所示。

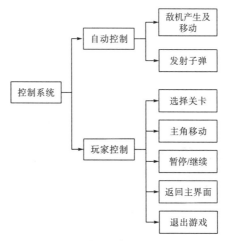

图 6-4　控制系统功能结构

  图 6-4 所示的控制系统分为自动控制和玩家控制。自动控制包含敌机产生及移动与发射子弹两部分,均由系统自动控制。玩家控制分为选择关卡、主角移动、暂停/继续、返回主界面和退出游戏五部分,需要由玩家通过操纵相应的控制按键来控制。各部分功能具体实现过程如下。

  (1)敌机产生及移动。在场景固定位置处创建空物体 CreateHouse 作为制造敌机的工厂,根据表 6-1 的详细参数,在 Start()方法中重复调用 Instantiate()方法,并利用 Random 类将范围参数定义为随机数,实现了敌机在一定位置范围内的随机产生。产生后利用敌机物体自身的 Transform 组件控制敌机移动,不同级别的敌机产生的时间和移动速度均不同,低级敌机产生速度和运动速度最快,但生命值最低,中级、高级敌机次之,首领敌机产生速度和运动速度最慢,但生命值最大。不同敌机产生模块详细参数如表 6-6 所示。

表 6-6　不同敌机产生参数列表

敌机类型	产生范围	产生速率
Enemy1 (小型敌机)	(−8m,8m)	2f
Enemy2 (中型敌机)	(−5m,5m)	10f
Enemy3 (大型敌机)	(−8m,8m)	20f
BossEnemy (首领敌机)	(−1m,1m)	70f

注:f 为频率。

(2)发射子弹。战机头部的中心位置默认发射基本子弹,当吃到子弹升级的奖励物品后,战机左右两翼可以同时发射高级子弹,每吃到一个奖励物品,高级子弹的持续时间为10s。子弹的生成和发射实现流程如图 6-5 所示。

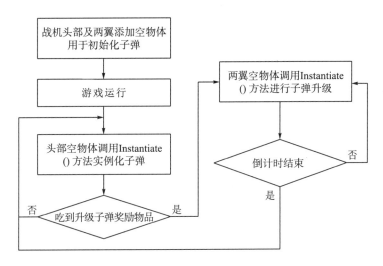

图 6-5　发射子弹功能流程

(3)选择关卡。该功能的实现原理就是在游戏开始场景中,把加载新的场景的方法添加为点击事件,当点击事件发生后,响应加载新场景的方法,从而实现场景的跳转。加载新场景的方法使用的是 Unity 中的 LoadSceneAsync()方法,该方法的入口参数名是所要加载的场景名的字符串。

(4)主角移动。玩家通过游戏 GUI 中的"上""下""左""右"虚拟方向键操控战机移动,其中"上"键控制战机前进,"下"键控制战机后退,"左"键控制战机左移,"右"键控制战机右移。在四个方向按键内添加点击事件,利用主角物体的 Transform 组件的 Transform.Translate()方法分别控制主角物体朝制定的方向移动。详细移动参数如表6-7 所示。

表 6-7　主角移动参数列表

场景名称	纵向范围/m	横向范围/m	移动速度/(m/s)
极地雪山	(−18,25)	(−9,10)	5
炼狱火山	(−95,40)	(−7.5,7.5)	5

(5)暂停/继续。玩家通过点击"暂停"按钮来控制和操作当前游戏场景的暂停和继续的功能。在"暂停"按钮中,通过控制 Time.TimeScale 时间扫描的默认值(0,1)实现暂停/继续功能。

(6)返回主界面。该功能的实现原理与选择关卡功能的实现原理相同,都是基于 Unity中的 LoadSceneAsync()方法的 Button 控件点击响应事件,该方法的参数名为游戏开始场景名称的字符串。

(7)退出游戏。该功能的入口设置在游戏开场场景界面，与游戏主场景中的返回主界面功能相呼应。在退出游戏控制按键中，使用 Unity 中的 Application.Quit()方法控制游戏的退出，并将该方法设置在退出游戏按键的点击响应事件内，从而实现对退出游戏的控制。

6.4.2　游戏关卡系统实现

游戏的关卡系统是游戏的核心功能。关卡系统实现了不同场景的控制组建和联系，并通过计分和碰撞两个功能实现游戏的核心逻辑。游戏关卡系统功能结构如图 6-6 所示。

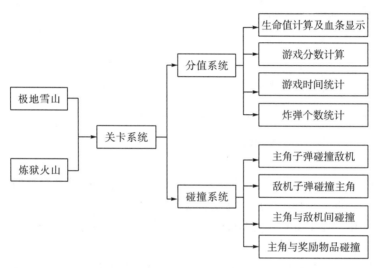

图 6-6　关卡系统功能结构

图 6-6 所示游戏关卡分为极地雪山和炼狱火山两种，两种关卡的实现原理相同。关卡系统是由分值系统和碰撞系统组成，其中分值系统包含生命值计算与血条显示、游戏分数计算、游戏时间统计和炸弹个数统计四部分，碰撞系统包含主角子弹碰撞敌机、敌机子弹碰撞主角、主角与敌机间碰撞和主角与奖励物品碰撞四种方式。各部分功能具体实现过程如下。

(1)生命值计算与血条显示。生命值由飞机控制脚本内的公有 int 类型变量 HP 进行记录。主角战机如果被敌方子弹击中一次，则主角战机损伤 1 点生命，即 HP 减 1，敌方战机生命值的减少逻辑与主角战机相同。其中，主角战机 HP=30，低级敌机 HP=1，中级敌机 HP=5，高级敌机 HP=15，首领敌机 HP=100。当主角生命值降为 0 时，即判断主角战机的 HP=0，游戏结束。生命值计算流程如图 6-7 所示。

血条制作使用的是 Unity3D 的 UGUI 中的 Slider 控件，将主角战机(MainPlane)和首领敌机(BossEnemy)的 HP 实时数值等比例换算为 0～1 的数值，并赋给 Slider 控件的前景填充比例值，实现血条的实时显示和动态变化。

(2)游戏分数计算。敌机自身分值保存在敌机控制脚本中的共有 int 型变量 score 中，玩家获得的总分保存在 GUI 管理脚本中的公有 int 型变量 showScore 中。当主角战机每颗子弹击中任意敌机，敌机的 HP 就会减 1，当敌机 HP 减少到零时，敌机爆炸销毁，玩家获得对应敌机分值，即让 score 中的值累加到 showScore 中。在游戏过程中，showScore 会不断累加并利用 UGUI 中的 Text 控件实时显示，在游戏结束时将 GUI 界面反馈给玩家。游戏分数计算功能详细参数如表 6-8 所示。

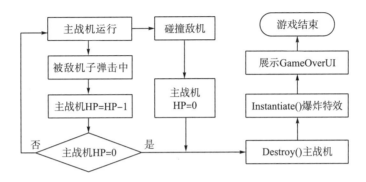

图 6-7　生命值计算流程

表 6-8　分数计算功能详细参数列表

敌机类型	敌机血量 HP	击毁奖励分值
Enemy1	1	100
Enemy2	5	500
Enemy3	15	1000
BossEnemy	100	2500

(3) 游戏时间统计。当游戏结束后，在结束的 GUI 界面会显示玩家的游戏时长，由于考虑到游戏功能情况，最终确定游戏时长的显示格式为 "×分×秒"。在游戏 GUI 管理脚本中的 Update() 函数中使用 Time.deltaTime 的累加进行时间统计，使用该方法的统计结果为秒，需要换算为 "×分×秒" 的显示格式，换算公式如下：

$$SumTime = Time.deltaTime + 1 \tag{6-1}$$

$$Minutes = SumTime \div 60 \tag{6-2}$$

$$Seconds = SumTime - Minutes \times 60 \tag{6-3}$$

式 (6-1) 为总时间统计公式，(6-2) 为计算分钟的公式，由于游戏 GUI 显示的需要，在程序中实现时需要将最后计算的值强制转换为整型存储，式 (6-3) 为计算秒的公式，同样在程序中实现时需要将最后计算的值强制转换为整型存储。

(4) 炸弹个数统计。炸弹的个数保存在 GUI 管理脚本的公有 int 类型变量 bombCount 中，当主角战机碰撞到一个炸弹物品时，bombCount 的值就会加 1，当点击 "使用炸弹" 按键时，bombCount 的值就会减 1，当炸弹数量为 0 时，就无法使用炸弹。在此基础上，将 bombCount 的值在 Text(文本) 控件中实时显示，进而实现了炸弹个数的统计。

(5)碰撞检测。为了能让游戏物体之间发生碰撞，每个需要碰撞的物体必须添加Collider(碰撞器)组件。本设计的碰撞过程包括主角子弹碰撞敌机、敌机子弹碰撞主角、主角与敌机间碰撞和主角与奖励物品碰撞四个部分，均使用 Unity 自带的OnTriggerEnter()(触发检测)函数完成碰撞检测的处理。通过判断物体 Tag 属性来判断是何物体发生碰撞。每种方式的碰撞检测流程分别如图 6-8～图 6-11 所示。

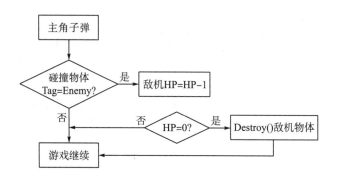

图 6-8　主角子弹碰撞敌机流程

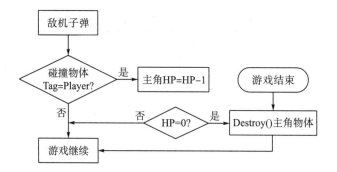

图 6-9　敌机子弹碰撞主角流程

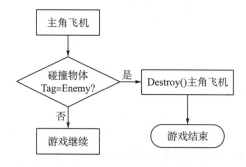

图 6-10　主角飞机碰撞敌机流程

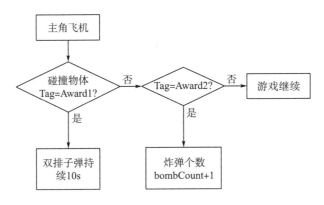

图 6-11　主角飞机碰撞奖励物品流程

图 6-8 所示为主角子弹碰撞敌机流程，当玩家操控主角战机移动并发射子弹时，子弹会与敌机物体发生碰撞。当主角子弹控制脚本内的 OnTriggerEnter() 函数检测到碰撞发生后，立即判断碰撞物体的 Tag 属性是否为 Enemy，若满足该条件，则说明主角子弹与敌机发生碰撞。每次碰撞完成，敌机 HP 就减 1，当敌机 HP 减为零时，调用 destroy() 函数做销毁处理。

图 6-9 所示为敌机子弹碰撞主角流程，在游戏运行过程中敌机能够自动移动并且发射子弹。当敌机子弹与主角发生碰撞时，敌机子弹控制脚本内的 OnTriggerEnter() 函数，立即判断碰撞物体的 Tag 属性是否为 Player，若满足该条件，则说明敌机子弹与主角发生碰撞。每次碰撞完成，主角的 HP 就减 1，当主角 HP 减为零时，调用 destroy() 函数做销毁处理并且结束游戏。

图 6-10 所示为主角飞机碰撞敌机流程，当玩家操控主角战机移动时可能会与敌机发生碰撞。当主角飞机控制脚本内的 OnTriggerEnter() 函数检测到碰撞发生后，立即判断碰撞物体的 Tag 属性是否为 Enemy，若满足该条件，则说明主角与敌机发生碰撞。该种碰撞发生时，主角 HP 直接归零，并且调用 Destroy() 函数做销毁处理且游戏结束。

图 6-11 所示为主角飞机碰撞奖励物品流程，当玩家操控主角战机与奖励物体发生碰撞时，主角飞机控制脚本内的 OnTriggerEnter() 函数会立即判断碰撞物体的 Tag 属性是否为 Award1 或 Award2，若为 Award1，则主角战机子弹变为双排超级子弹效果，若为 Award2，则主角战机获得一枚炸弹。

6.4.3　游戏用户体验系统实现

《极地战机》游戏的用户体验系统是在游戏交互界面基础上实现的，用户体验系统设计主要是针对用户感官体验的设计，涉及游戏的音效、操作界面、附加功能等方面。游戏的用户体验系统能够起到丰富玩家在游戏过程中所建立的主观感受的作用，因此，考虑游戏的用户体验主观感受功能也是游戏项目开发的重要部分。

本书用户体验系统功能结构如图 6-12 所示，用户体验系统包含游戏文案、游戏界面、场景加载进度和战绩分享四个功能模块。其中，场景加载进度和战绩分享功能是基于用户体验的游戏附加功能设计。各部分具体实现过程如下。

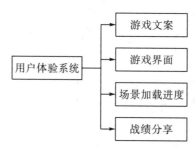

图 6-12　用户体验系统功能结构图

1. 游戏文案

游戏文案是将已经制定好的游戏呈现效果用文字模型方式表达出来。游戏文案模型需要清晰、直观地反映游戏的效果需求，方便应用于游戏具体表现效果的制作。

因此，针对不同场景的功能需求，本书设计了三套文案模型如图 6-13～图 6-15 所示。

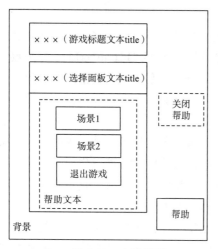

图 6-13　文案模型一

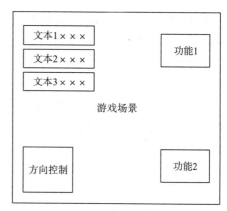

图 6-14　文案模型二

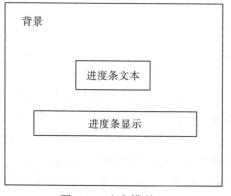

图 6-15　文案模型三

文案模型一用于游戏开场的主场景，主要是用于游戏的 UI 界面和人机交互界面的文案，为游戏玩家提供合理的指引，其中虚线部分表示二级文案显示界面和功能按键；文案模型二用于游戏运行时的场景，以及场景内实时参数文本显示和游戏的控制功能的表现；文案模型三用于游戏加载时的场景，其具体实现过程本书后续也将进行详细描述。

2. 游戏界面

游戏界面并不是独立于游戏存在的。基于上述的游戏文案设计，本书使用 Unity3D 自带的 UGUI 来完成游戏界面的制作，使用的全部贴图元素如表 6-5 中所示，用到的 UGUI 控件如下。

(1) 画布 (canvas)，相当于 GUI 的盛放容器，每个场景均有使用，添加 GUI 控件时会默认添加画布，并将添加的控件移入其中。

(2) 文本 (text)，制作游戏中的所有文字显示效果，与字体元素配合使用。

(3) 图片 (image)，制作游戏开场界面、结束界面和加载场景界面的背景显示。

(4) 按钮 (button)，制作游戏的所有控制功能的入口。

(5) 滑杆 (slider)，制作场景加载进度条的显示。

3. 场景加载进度

在使用按键控制跳转游戏场景时，如果游戏场景过大或硬件设备配置不佳时，会出现卡顿的情况，极大地降低了用户体验效果。因此，可以通过异步加载的方式，先加载一个具有简单功能的小场景，在游戏大场景加载的同时会一直运行小场景，当大场景加载完成时，即从小场景跳转至大场景。本书根据游戏效果的表现需要，将小场景的特定功能设计为游戏进度条显示。

在场景加载过程中，使用 LoadSceneAsync() 异步加载，该函数在调用过程中的返回值是一个 asyncoperation 类型的变量，所以需要定义一个 asyncoperation 类型的变量 async 来存储该返回值。使用 async.progess 获取加载进度，返回值为 float 型，再使用 Mathf.Lerp() 插值函数返回一个从 0 到 async.progress 之间变化的 float 型变量，并将该数换算为 0～1 的 float 型变量并赋给 Slider 控件的填充参数，同时换算为 0～100 的 String 型变量用于进度显示，换算公式如下：

$$SliderValue = SceneProgress \div 9 \times 10 \tag{6-4}$$

$$TextValue = ((int)(SceneProgess \div 9 \times 10) \times 100).ToString() \tag{6-5}$$

式 (6-4) 为将场景加载进度换算为 0～1 的 float 型数并传递给 Slider 控件，式 (6-5) 为将场景加载进度换算为 0～100 的 float 型数并传递给文本显示。场景加载进度实现程序流程如图 6-16 所示。

图 6-16 所示为场景加载功能流程，当点击选择关卡时会首先跳转到进度条加载场景。在该场景的 UI 控制脚本内调用 LoadSceneAsync() 函数加载对应的关卡场景，同时设置关卡场景的状态为未激活。之后通过 .progress() 函数获取场景加载进度的参数并进行换算和判断。当判断进度参数满足完成场景加载的条件时，设置 Slider 控件的填充为 100%，激活下一场景完成跳转。

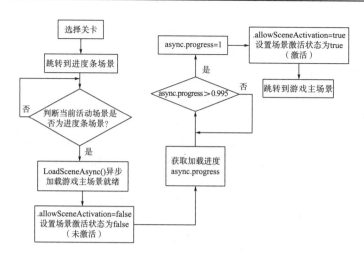

图 6-16　场景加载功能实现流程

4. 战绩分享

该功能实现主要是基于 Android 的 Intent 机制，首先为分享按键添加触发事件，使用 Unity3D 自带的 CaptureScreenshot（string filename, int superSize）截取当前游戏画面，然后将截取的图片命名并保存为 PNG 格式，superSize 为图片的放大系数；使用 Application.persistent DataPath 获取项目运行时用来保存数据的根目录，并使用 Path.Combine（）函数合并图片名称与根目录路径，最终得到图片的路径；然后建立 Unity 播放器类的对象，即新建一个 Intent 类和 Intent 类的对象，在 Unity 播放器类的对象中调用 Android 的 Intent 类的 create Chooser（）函数建立应用选择器，再通过 Intent 类的 ACTION_SEND 属性启动分享功能；之后调用 Android 的 url 类 prase（）函数获取图片数据，调用 Intent 类的 putExtra（）函数向其他应用传递数据；最后调用 Intent 类的 setType（）函数设置发送过去的图片数据的格式，最终实现在其他应用生成分享消息的功能。根据上述分享功能实现过程说明，分享功能实现的程序流程如图 6-17 所示。

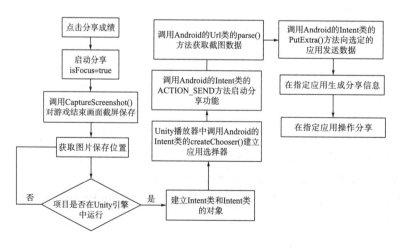

图 6-17　分享功能程序流程

6.5　游戏项目测试

游戏的本质是具有娱乐功能的软件程序，因此，游戏项目测试也是软件测试的一种，其具备软件测试所有共同的特性：测试目的是发现软件中存在的缺陷。测试都是需要测试人员按照产品行为描述来实施，产品行为描述可以是书面的规格说明书、需求文档、产品文件、用户手册、源代码或是工作的可执行程序。

6.5.1　测试过程描述

游戏测试过程分为游戏画面测试、游戏音效测试、游戏功能测试三个部分。具体测试流程如图 6-18 所示，游戏画面、音效、功能测试完成后，可查看测试效果，并对效果进行分析，详细结果见 6.5.2 节。

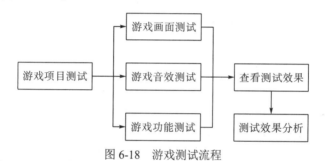

图 6-18　游戏测试流程

6.5.2　测试效果分析

本书根据上述测试流程测试之后，对每个部分的测试效果及分析如下。

（1）游戏画面运行测试项目包含开始场景显示效果、加载进度场景显示效果、极地雪山场景画面显示效果、炼狱火山场景画面显示效果、游戏结束画面显示效果和分享功能画面显示效果及显示结果。游戏画面运行测试结果如图 6-19～图 6-25 所示。

图 6-19　开始场景显示效果

图 6-20　加载进度场景显示效果

图 6-21　极地雪山场景画面显示效果

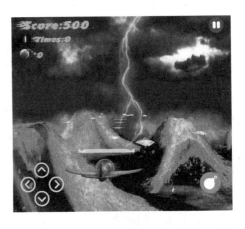

图 6-22　炼狱火山场景画面显示效果

图 6-23　游戏结束画面显示效果

图 6-24　分享功能画面显示效果

图 6-25　分享功能画面显示结果

根据游戏画面测试结果图可以看出，游戏整体画面均可以正常显示。游戏画面测试情况汇总如表 6-9 所示。

表 6-9　游戏画面测试情况汇总表

游戏画面	显示情况	
	文本	贴图
开始场景	正常显示	正常显示
加载进度场景	正常显示	正常显示
极地雪山场景	正常显示	个别分辨率不足
炼狱火山场景	正常显示	个别分辨率不足
游戏结束画面	正常显示	正常显示

分析：根据表 6-9 中给出的游戏画面测试效果可以看出，游戏整体画面均可以正常显示，但在游戏主场景中存在一些个别分辨率不足的问题，造成问题的原因是游戏画面中的控件大小超出了贴图的分辨率大小，造成贴图显示的分辨率不足，修改控件大小后，该问题得到了解决。

(2)游戏音效测试项目包含背景音乐和效果音播放情况。游戏音效测试效果如表 6-10 所示。

表 6-10　游戏音效测试效果

游戏音效	播放情况	
背景音乐	正常播放	
效果音	自动播放	触发播放
	正常播放	首领敌机出现效果音存在问题，其余效果音均正常播放

在本书的游戏音效设置中，首领敌机出现之后会播放提示音一次。在游戏测试过程中，首领敌机出现后提示音会重复播放，影响了游戏声音效果，造成问题的原因是没有取消效果音素材的默认循环播放方式，修改后该问题得到了解决。

(3)游戏功能测试项目包含飞机移动及控制、发射子弹、退出游戏、生命值计算及血条显示、分值计算、碰撞检测、重新开始、分享功能。游戏功能测试效果如表 6-11 所示。

表 6-11　游戏功能测试效果

游戏功能	对象	运行情况
飞机移动及控制	主战机	方向键控制移动正常，有卡顿
	敌战机	自动移动正常
发射子弹	主战机	正常发射单排普通子弹，碰撞子弹奖励后，正常发射双排超级子弹
	敌战机	低级、中级、高级正常发射单排子弹，首领敌机正常发射七排子弹
退出游戏		点击退出游戏按钮，游戏正常退出

游戏功能	对象	运行情况
生命值计算及血条显示		血条显示正常，飞机与子弹碰撞生命值扣除正常
分值计算		击毁相应级别敌机，游戏分值累加正常
碰撞检测	主角子弹与敌机	碰撞正常，爆炸特效播放正常
	敌机子弹与主角	碰撞正常，生命值扣除正常，爆炸正常
	主角与敌机	碰撞正常，爆炸正常
	主角与奖励物品	碰撞正常，奖励物品功能正常
重新开始		主角死亡，点击重新开始，运行正常
分享功能		游戏结束，点击分享战绩，分享正常

分析：根据表 6-11 中的游戏功能测试效果可以看出，游戏功能运行情况基本正常。但在游戏的一些动态效果中会出现卡顿情况，出现此类问题的原因与游戏运行的设备配置及游戏的帧数设置有关，在保证游戏画面品质的前提下，降低游戏帧数设置，解决了游戏某些动态效果出现卡顿的问题。

6.6 本 章 小 结

本章主要基于 Unity3D 游戏引擎设计并实现了一款名为《极地战机》的 3D 飞行射击题材的游戏，游戏项目的开发过程并不是一帆风顺，遇到了各种各样的问题，现就游戏开发初期在学习和使用过程中遇到的一些主要问题总结如下。

(1)导入的素材资源应该放在 Assets 文件夹下才会在工程面板中显示。

(2)2D 游戏中要把所有图片素材的 Texture Type 属性设置为 Sprite(2D and UI)，Sprite Mode 属性设置为 Single，这样每个图片素材就成为 Unity 中的一个精灵元素。

(3)当相机视野太大超出背景范围时，可调整 size 属性，让视野投射到背景上；新脚本中自带函数 void start() 相当于初始化，里面的代码只执行一次，需要重复执行的代码必须写在 void update() 中，执行速率为每秒 60 帧；游戏场景中的元素很多时候需要在 Sorting Layer 中设置分层，防止渲染顺序出现问题。

(4)游戏物体 GameObject 的实例化：GameObject.Instantiate(a,b,c)，a 是游戏物体变量名，b 是位置，c 可以指定是否旋转；InvokeRepeating(a,b,c) 类似于一种循环方法，a 是方法名，b 是多长时间调用一次(单位：s)，c 是重复速率；点击响应事件可以写在其他脚本中，然后在 Button 上挂的脚本里调用，但点击事件函数 Click(){} 只能写在 Button 上挂的脚本里。

另外，Unity3D 游戏引擎目前还无法满足大型专业游戏的开发需求，但由于 Unity3D 游戏引擎简单易用，简化了开发者开发游戏的流程，大大提升了中小型游戏开发效率，使其在游戏行业迅速发展，不断彰显着自己的地位。相信随着 Unity3D 后续版本的不断更新，其功能会更加强大和完善。

第 7 章　AR 技术在物联网家居系统中的应用

想象一下，在你无数次感到受伤无力的时候，你是否幻想过一挥手就撕破禁锢你的房间，然后伸手召唤出自己的战舰逃出这世界。当然，现实世界实现不了这么酷炫的想法，然而却可以做到让你在自己的房间仅靠着手势或是语音这样简单的操作，就可以操控这片领域。如果你无法想象，可以去看一看《碟中谍 4》《钢铁侠》《澳门风云》等电影，这些电影都能让你充分想象未来的家居生活。

事实上，在现实世界中，用语音控制家居产品已不算什么奇事。当 AR 技术应用到物联网家居中，就能实现这种奇妙的效果。AR 技术在物联网家居管理技术中的应用越来越广泛，如远程监控、远程医疗、教育、智能家居管理等，其特点是实时地计算摄影机影像的位置及角度并加上处理相应图像的技术，将虚拟信息放在现实中展现，让人和虚拟信息进行互动。

本章将依据实际应用，详细介绍一种基于 Kinect 手势识别的智能家居控制方法，它是 AR 技术在物联网家居控制系统中的一个简单应用，通过体感交互设备 Kinect 获取人体空间位置信息，根据空间位置信息识别手势信息；采用局域网 Zigbee 传送微控单元(micro controlling unit，MCU)控制信息[136]，实现智能家居设备的手势控制。在具体研究过程中，本书将其拓展应用于老人居家自助与看护系统，命名为"守护之芯——老人居家自助与看护系统"，该作品在 2017 年全国大学生物联网设计竞赛中获华中及西南赛区一等奖。

7.1　系　统　分　析

"守护之芯——老人居家自助与看护系统"的设计与实现，是 Kinect 体感设备结合远程通信连接，运用整合思维开发的一套扩展技术系统，同时也将智能家居控制结合 Kinect 体感技术应用实践以一种更自由、更智能的方式加以呈现。本节首先详细分析该系统的各项功能需求，为后面模块的划分与设计做准备。

7.1.1　需求分析综述

目前，中国已经成为世界上老年人口最多的国家，也是人口老龄化发展速度最快的国家之一。伴随着人口老龄化发展的一个不容忽视的问题是高龄或失能(如行动不便、语言障碍等)老人的赡养与居家看护[137]。目前，由于大多数人都从事全职工作，一对夫妻(若双方都是独生子女)可能要照顾 4 个老人，并不能全天待在父母身边，如何解决高龄或失能老人的居家自助与及时安全预警成为大众最为关注的问题之一[138,139]。

要解决高龄或失能老人的居家自助与及时安全预警，需要一个可以实时监测老人姿势状态变化的硬件系统，该系统能通过对老人的姿势判别实现对家庭设备的简单控制，如打开电视机、拨通家人的电话等；同时需要具备一个可以与子女随时联系的通信系统，该系统将老人信息实时显示在移动终端上，当有危险情况（如老人步态异常、突然倒地）出现时可以自动报警、呼叫家人等。

Kinect 作为一款具有视觉和深度信息采集的图像声音传感器，包含可见光摄像头、红外线摄像头、加速传感器、麦克风等一系列侦测硬件，可以结合提供的开发包，十分容易地将现实人物的影像置于计算机所构建的虚拟场景中，并在屏幕上呈现出来，用户可以通过语音，自然的手势、姿势或其他肢体动作与屏幕上的虚拟对象进行互动。最重要的是，它可以捕捉用户全身上下的动作并配有追焦技术，底座马达会随着对焦物体的移动跟着转动，如果能将这项新奇独特的功能应用于居家养老监护系统中，将解决目前监护过程中人机交互不自然、效率不高、操作烦琐等问题，带来巨大的商业价值。

另外，随着智能手机的全民普及，通过移动设备进行在线通信与监护已成为可能。

为此，本书将 Kinect 与普遍使用的智能手机相结合，开发一个适用于高龄或失能老人的居家自助与看护系统。该系统不仅可以满足一些失能老人（如行动不便、表达障碍）的自助需求，还可以对空巢老人进行居家看护，若老人发生意外如突然倒地、动作异常等时会及时向移动端发出报警救助信息，对于在外工作的子女，只需通过移动设备就可实时查看老人的视频动作信息。

7.1.1.1　作品特点分析

本书所开发的老人居家自助与看护系统在应用上需要满足自助性、实时看护性与远程监护性三大特点。

（1）自助性。基于语音或手势判别的居家自助功能，如同老人的"双腿"，只需通过语音或简单的手势操作即能满足老人的一些生活需求，如播放音乐、播放电视节目、拨打电话等。

（2）实时看护性。实时监测老人的空间位置变化信息，当老人出现突然倒地、步态异常等危险情况时可实现自动报警功能，第一时间通过 PC 机向预留的移动设备发送求助信号，使老人得到及时救助。

（3）远程监护性。基于无线传感网络的居家看护功能，如同老人子女的"眼睛"，对于在外工作的子女，只需通过移动设备就可实时查看老人的视频动作信息，定时关注老人，保障老人独居安全，降低管理风险。

相对于现有的居家老人看护系统，本项目重在突出以下特点。

（1）集居家自助、实时看护与远程监护于一体，构建方便、快捷、有效的居家自助与看护服务模式。

（2）增加突然倒地、步态异常等危险情况的实时判定与自报警功能。

（3）通信连接稳定，子女可以随时从移动终端登录云平台实现对老人的远程监护。

7.1.1.2　用户特征分析

本书所开发的作品因其具有的自助性、实时看护性与远程监护性三大特点，对出现的任何需要通过简单手势控制的居家自助与远程看护保障性人群都适用。

因此，用户特征主要包括以下特点。

(1)需要通过语音或简单的手势控制设备。对于行动不便的人群，能够通过语音或简单的手势就可以实现对设备的简单操作。

(2)需要实时看护的人群。当高龄或行动不便的老人独自在家时，摔倒了可能爬不起来，严重时会威胁生命安全。如果有一套实时的动作监测系统，可以实时监测老人的空间位置变化信息，当老人出现突然倒地、步态异常等危险情况时，系统自动报警，可以更好地保障老人的生命安全。

(3)需要远程监护的人群。作为子女，当然希望父母得到妥善的照顾，但是由于种种原因，没法时时刻刻陪伴在父母身边，如果能在家里安装一套实时的远程监护系统，通过移动设备就可实时查看老人的视频动作信息，定时关注老人，子女也会做到工作和家庭两不误。

本书所开发系统尽管主要面向高龄或行动不便老人的居家自助，但其通过语音或简单的手势控制设备、动作实时监测功能同样适用于其他行动不便人群，如腿部残疾者、病人等，其远程监护功能还适用于婴幼儿居家监护、医生远程查房等。

7.1.2　功能需求分析

综上所述，本系统需要完成的主要功能包括三个。

(1)基于语音或手势判别的居家自助。基于语音或手势判别的居家自助主要是通过语音或特定方向的手势操作实现对家居设备的开关控制，如播放音乐、播放电视节目、拨打电话等。

(2)基于步态分析的危险情况实时判定与自报警。基于步态分析的危险情况实时判定与自报警主要是对老人的空间位置及步态特征进行实时分析与处理，若出现步态异常，第一时间通过 PC 机向预留的移动设备发送求助信号，使老人得到及时救助。

(3)基于移动终端的远程视频动作监控。基于移动终端的远程视频动作监控主要是通过智能手机访问云服务器端视频动作，实现对居家老人的远程监护。

图 7-1 是老人居家自助功能实例图。

在图 7-1 所示的老人居家自助功能实例图中，老人可以通过手势或语音实现对家居设备的开关控制，如打开空调、播放电视节目、拨打电话、播放音乐等。系统对老人手势与语音的感知终端为具有深度信息采集功能的 Kinect 传感器，该传感器将捕获到的人体语音或手势动作信息传递给 PC，PC 处理信息后通过串口传递给 MCU，MCU 通过局域网发送控制信息控制电器开关，从而实现对家居设备的自助控制。

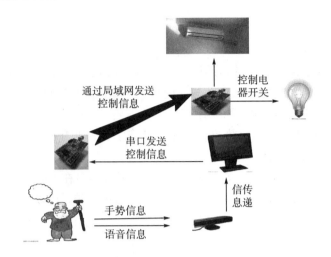

图 7-1　老人居家自助功能实例图

图 7-2 老人居家监护功能（包括实时看护与远程监护）实例图。

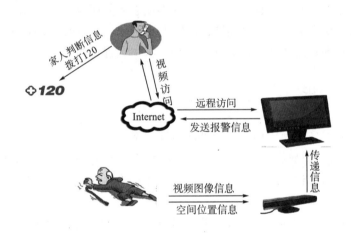

图 7-2　老人居家监护功能实例图

在图 7-2 所示的老人居家监护功能实例图中，感知终端同样为 Kinect 传感器，该传感器实时捕获老人的空间位置信息与视频图像信息并传送至 PC 处理机，若出现老人倒地或步态异常，PC 机通过互联网发送信息至移动客户端，移动客户端收到信息后立即拨打 120 求救电话或通过远程登录进行视频访问，从而实现对老人的实时看护或远程监护。

7.1.3　性能需求分析

本书所设计的老人居家自助与看护系统不仅在功能上要满足自助性、实时看护性、远程监护性等特点，在性能上也有一定要求，具体包括三点。

（1）自然生活环境、自然状态下实时信息采集。在对老人的空间位置进行信息采集时，采集设备需要在自然生活环境、自然状态下采集，基于体感设备的居家看护不需要嵌入人体或衣服、鞋、腰带、首饰等日常生活饰物中，只需要在所需要监测范围内安装相应体感交互设备即可，检测范围较大且不易受室内光线强度影响。

（2）步态分析准确。通过对老人的空间位置变化及步态特征进行突然倒地、步态异常等情况的判断要准确，根据异常情况实时处理。

（3）通信连接稳定。通信连接稳定是保证居家自助与看护系统实现的基础，当出现老人突然倒地、步态异常等危险情况时需要通过 PC 向预留的移动设备发送求助信号；当子女通过移动设备实时查看老人的视频动作信息时需要准确访问云服务器端视频动作，实现对居家老人的远程监护。

7.2　系统设计原理及相关技术

由以上分析可知，本书是利用体感交互设备 Kinect 结合物联网传感技术，以及远程通信连接设计的一个老人居家自助与看护系统，是运用整合思维开发的一套扩展技术系统。系统主要实现以下几个功能：居家自助、实时看护、远程监护。结合物联网三层体系结构，系统技术架构如图 7-3 所示。

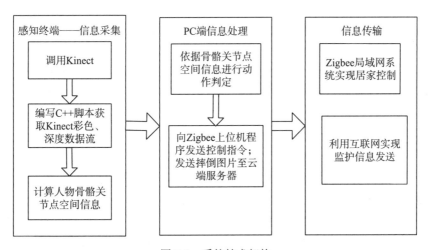

图 7-3　系统技术架构

由图 7-3 可知，系统分为感知终端——信息采集、PC 端信息处理、信息传输三部分。感知终端利用体感交互设备 Kinect 采集视频、声音及深度图像信息；PC 端信息处理平台接收 Kinect 传感器采集的声音、视频图像、深度图像数据，将接收的数据读入缓存或存储于文件，分析处理数据，完成手势识别、摔倒监测、步态异常等动作的实时判断，同时向 Zigbee 上位机程序发送控制指令、摔倒图片至云端服务器；信息传输包括 Zigbee 局域网与互联网，Zigbee 局域网系统实现家居控制，互联网实现远程监护信息发送。各部分的设计原理及相关技术介绍如下。

7.2.1　Kinect 信息采集

　　Kinect 体感交互设备作为视觉与深度传感器，一共提供了三大数据流，它们分别是深度数据流、彩色数据流以及音频数据流。深度数据流经处理后可以生成人体骨骼模型，实现对人体关节点及各部位的识别；彩色数据流主要指 RGB 图像，利用基本的图像处理可以实现人物身份的判定及面部特征分析；音频数据流通过多通道回声消除可实现声源的定位与语音检测。具体 Kinect 数据流分类如图 7-4 所示。

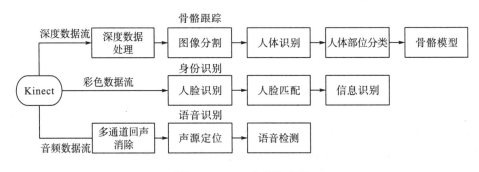

图 7-4　Kinect 数据流分类

　　本作品以深度数据流为基础，通过对深度图像的处理生成人体三维骨架，从而实现人体检测与跟踪，并根据各关节点位置变化进行手势判断与摔倒监测。

　　Kinect2.0 中，一副完整人体骨架通过 25 个关节点来表示(Kinect 1.0 只有 20 个关节点)，关节点具体位置如图 7-5 所示。当 Kinect 捕捉到出现在其视野范围中的人体骨架时，Kinect 就可以找到使用者的 25 个关节点的位置，每个关节点位置通过三维坐标来表示其对应的索引对象，如左手是用 handleft 作为索引，通过调用它们的 x、y、z 坐标值即可获取到使用者的关节点空间位置。

　　Kinect 通过深度传感器获取深度图像数据也就是与传感器的距离信息。虽然每个像素到传感器的距离很好获取，但是要直接使用还需要做一些位操作，图 7-6 所示为每一深度帧图像所占的位数。在深度帧中，每个像素为 16bits，即两个字节，而深度值(depth bits)占用 13bits，存储在第 3~15 位中，其余 3bit 作为索引对象值(player index)。要获取能够直接使用的深度数据需要向右移位，将索引对象值移除。

　　通过分析和处理深度信息对当前环境中的障碍物提取与轮廓的绘制有很大帮助，详细的步骤是将障碍物从背景环境中剥离开来，进行轮廓分割。利用深度信息能够实际评估人体像素级，调用已经经过训练的人体识别组件分析出图像中人身体各个组成部分，从而能够识别出人体骨关节的部分并具体模拟出人体骨骼架构从而预测靠近关节位置的点，有效地保证了关节数据的准确性。

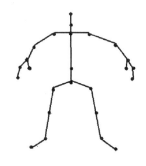

图 7-5　Kinect2.0 表示人体 25 个关节点　　　　图 7-6　深度值所占的位数

Kinect 在获得这些图像数据后便会对这些数据进行编码输出，以每秒 30 帧的速度形成图像流，实现实时监控当前视野范围内的场景情况和人体跟踪检测。

7.2.2　PC 端信息处理平台

PC 端信息处理流程如图 7-7 所示。程序运行时，连接 Kinect，打开摄像头，实时读取摄像头传输的数据，根据深度数据流判断老人身体的位置信息并转化为 25 个骨骼点信息；依据 25 个骨骼点信息的空间位置变化信息进行动作的判定，在持续的动作监测过程中，要对四个方面进行判定。

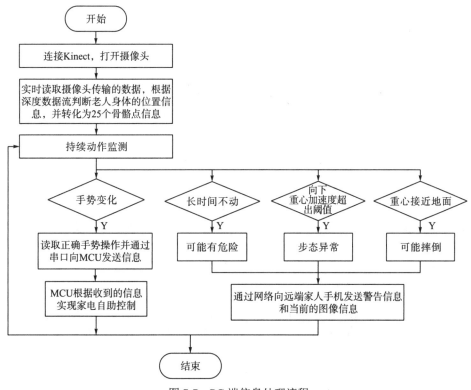

图 7-7　PC 端信息处理流程

(1)是否有手势变化。以手掌张开闭合为触发条件，配合手臂姿势进行选择控制，以左手高举为手势判定系统启动条件，将正确手势操作通过串口向 MCU 发送信息，MCU根据收到的信息实现家电自助控制。

(2)是否长时间不动。在监测过程中，若人长时间没有动作、有不常见动作(抽搐)等都视为危险情况，系统会通过网络向远端家人手机发送警告信息和当前的图像信息。

(3)向下重心加速度是否超出阈值。在监测过程中，若老人的整体重心有一个向下加速度且较大(1m/s²)，可预判为摔倒或步态异常，系统会通过网络向远端家人手机发送警告信息和当前的图像信息。

(4)重心是否接近地面。在监测过程中，若老人的整体姿势类似坐、趴、躺且重心较低(接近地面)，判定为摔倒，系统会通过网络向远端家人手机发送警告信息和当前的图像信息。

需要说明的是，图 7-7 的 PC 端信息处理流程中的动作监测与判定是一个持续的过程，其中 Kinect 数据读取、手势识别与摔倒监测是三个重要的工作，涉及一定的算法及优化问题。

7.2.2.1 Kinect 数据读取方式

在本系统中，PC 机需要读取 Kinect 的彩色与深度数据流，读取的彩色数据流是要处理的视频数据和图片信息，深度数据流是要处理的空间位置信息，根据深度数据流判断老人身体的位置信息，并转化为 25 个骨骼点信息。

具体的读取过程与处理方式如图 7-8 所示。

在图 7-8 所示的 Kinect 彩色与深度数据流处理流程中，使用定义实体与函数调用的方式实现具体操作，首先通过 KinectSensor 实体 sensor 接收 Kinect 的数据，接收数据后对彩色数据流的具体处理步骤如下：

(1)使用 ColorStream.Enable()接收并打开彩色数据帧；

(2)使用 SensorColorFrameReady 函数监听彩色数据帧，当有数据到来时触发；

(3)使用 WriteableBitmap 定义的实体 colorBitmap 用于保存 sensor 中的彩色数据；

(4)在窗口中使用 Image 控件显示 colorBitmap 图像。

对深度数据流的具体处理步骤如下：

(1)使用 SkeletonStream.Enable()接收骨骼数据帧；

(2)使用 SkeletonFrameReady 监听骨骼数据帧，当有骨骼数据时触发；

(3)使用 SkeletonFrame 定义的实体 skeletonFrame 保存骨骼数据；

(4)对数据进行判定算法处理；

(5)对算法结果进行判定，若是家居控制操作，通过串口向 MCU 发送家居控制信息，若是动作异常结果，系统向移动设备端发送报警信息，使用发送函数通过网络向移动端发送警告信息和图像信息，使用串口发送函数通过串口向微处理器发送指令。

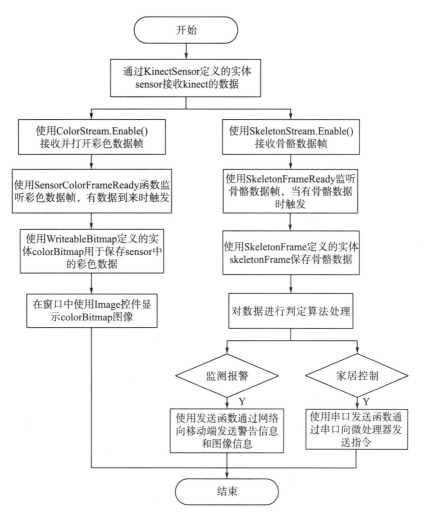

图 7-8　Kinect 彩色与深度数据流处理流程

7.2.2.2　手势识别

基于视觉的手势识别可分为静态手势识别和动态手势识别，其中静态手势识别通过对视频数据流的分析处理判断在这些数据中是否含有静态手势，如果含有定义的静态手势，就生成相应的手势描述[140]；动态手势识别在对这些视频信息流进行处理时，首先要定义手势开始和手势结束的条件，也就是定义手势分割条件，如果视频数据流中有满足设定的手势分割条件的数据流时，就提取该段数据流，然后通过对比已经训练好的手势模型进行手势分析。具体识别流程如图 7-9 所示。

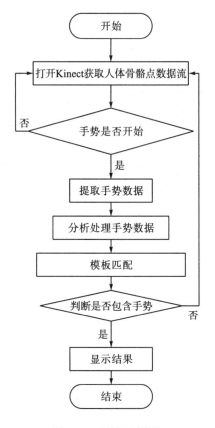

图 7-9　手势识别流程

　　图 7-9 中，首先打开 Kinect 获取人体骨骼点数据流，然后进行手势监测，判断数据中是否有手势出现；其次进行手势分割，通过定义手势开始和结束的条件，将手势从图像中提取出来，去除干扰；然后分析处理提取到的手势数据，获取其运动轨迹；最后完成手势识别，将手势轨迹描述参数分类到研究者所定义的手势模型参数空间中。

　　本书所涉及的手势识别方法是一种基于模板匹配思想的动态手势识别方法，该方法通过计算待匹配序列与模板序列的误差作为手势判断的依据，在进行匹配前需要对数据进行预处理。

　　所做的预处理先完成手势分割并提取数据，再删除数据中的冗余部分(数据采集结束前一段时间会采集到变化不大的数据，这些数据对于手势而言没有代表性，因为它们所代表的是手势结束静止前的数据，对手势判断没有帮助，甚至会影响手势判断，所以要对这些数据进行删除)，对采集到的骨骼点数据(带匹配序列)进行插值拟合，使待匹配序列长度与模板样本序列长度一致。基于模板匹配思想的手势识别流程如图 7-10 所示。

　　在图 7-10 所示的基于模板匹配思想的手势识别流程中，若匹配序列与模板的最小误差小于所设阈值，则认为已在模板中找到匹配的手势，可进行下一步的控制操作。

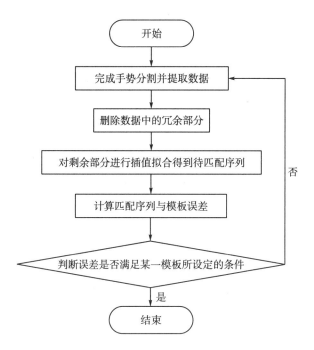

图 7-10　基于模板匹配的手势识别流程图

7.2.2.3　摔倒监测

通常识别摔倒的方法有两种，一种是基于加速度的摔倒识别[141]，另一种是基于骨骼关节点间的距离差识别。前者是通过判断人体加速下降是否超过阈值来实现；后者是根据骨骼关节点间的距离差值来判断摔倒信息，若距离差值小于某个阈值，则显示人体摔倒。为提高摔倒监测的准确性，本作品对两种方法进行了结合使用。

1. 加速度监测

人在进行正常的行为活动时，加速度变化通常比较缓慢，可能也会出现加速度突然增大的情况，但是其加速度的峰值明显低于跌倒时产生的加速度峰值，因此可以通过设置合理的阈值，将跌倒数据和正常数据进行初步分类，分类的阈值通过多次摔倒测试获得。本书选取的阈值 $TH=0.05\text{m/s}^2$。加速度判断摔倒流程如图 7-11 所示。

在图 7-11 所示的加速度计算流程图中，首先初始化 Kinect 各项参数，捕捉骨骼关节点三维坐标；然后计算单位时间内关键关节点的 Y 变化并除以 Y 变化的数量(对 Y 变化求导)，从而得到人体处于下降状态的平均速度；最后通过设定的加速度阈值来判断人物是否摔倒，如果关节在一定的高度以下加速度超过阈值，就可以判断被跟踪的关节处于一个加速下降的过程。

需要注意的是，在实时监测过程中，可能会出现一些由于速度比较快或者猛烈的运动产生较大的加速度且超过阈值从而误判为摔倒的情况，因此在触发发生后需要对数据进行分析，通过判断三轴加速度的变化值来确定人体是否基本处于水平方向状态，由此判断人体是否摔倒。

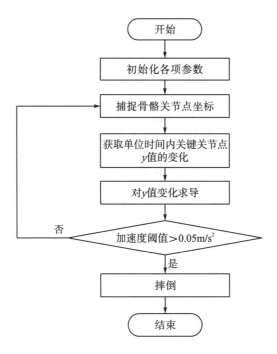

图 7-11　加速度计算流程图

2. 骨骼关节点间的距离差监测

如果只利用加速度监测人体摔倒是存在一定误差的，因为当人体处于加速下蹲或者向下的健身运动时，系统会误认为老人摔倒了，导致用户端接收到错误的信息，因此本书在加速度监测的基础上结合了骨骼关节点间的距离差监测。骨骼关节点间的距离差监测流程如图 7-12 所示。

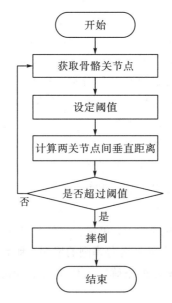

图 7-12　骨骼关节点间的距离差监测流程图

图 7-12 所示的骨骼关节点间的距离差监测思想是通过体感器捕捉骨骼关节点，获取骨骼的三维位置坐标；设定阈值，计算两关节点间的垂直距离，得到两关节点之间的距离差；将差值与设定的阈值相比较，如果超过了阈值，判断此现象为摔倒。

由于摔倒时最常见的姿势为仰卧式或跪地式，髋骨中心点与地面的距离将会很小，因此系统选用髋骨关节点和膝盖关节点的 y 轴坐标差（空间垂直高度距离）作为倒地的判定依据，首先获取髋骨关节点和膝盖关节点的 y 轴坐标信息，将两关节点的垂直高度距离相减，得到两关节点之间的距离差，然后将差值与设定的阈值相比较，如果低于阈值，判断此现象为摔倒。

将加速度与骨骼关节点间的距离差相结合的摔倒监测方法流程如图 7-13 所示。

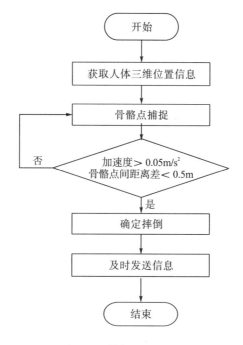

图 7-13　摔倒监测流程图

在图 7-13 所示的摔倒监测流程图中，设定人体向下运动的加速度阈值为 0.05m/s^2，髋关节中心点 y 轴坐标与左右踝关节 y 轴坐标平均值距离差阈值为 0.5m，如果监测到加速度的特征值属于跌倒的范围，将进一步监测关节的距离变化进行分析，以达到监测的准确性要求，若两者都在阈值范围之外，系统将判定人体处于摔倒状态。

7.2.3　Zigbee 局域网系统

Zigbee 技术是一种无线通信技术，工作频段为 868MHz、915 MHz 和 2.4GHz，适用于短距离、低功耗、对传输速率要求不高的设备间通信[142]。

Zigbee 系统主要由协调器、路由器、终端节点三个部分组成，其中协调器是整个 Zigbee

网络系统的中心，它的功能是建立、维持、管理网络、分配网络地址；路由器用于路由发现、消息传输，允许其他节点通过它接入网络；终端节点的工作是采集终端数据和响应控制，并不允许其他节点通过它接入网络。

Zigbee 的网络分为四层，从上到下分别为应用层、网络层、MAC（media access control，介质访问控制）层、物理层，其中物理层和 MAC 层由 IEEE802.15.4 标准定义，合称 IEEE802.15.4 通信层；网络层和应用层由 Zigbee 联盟定义，应用层包括应用支持子层、Zigbee 应用对象和厂商定义的应用对象三部分，网络层为应用层提供合适的服务接口，包括数据服务接口和管理服务接口。

Zigbee 局域网系统分为三个模块，分别是 Zigbee 管理系统（PC 端的上位机控制程序）、上位机（协调器）、下位机（终端）。

上位机控制程序位于 PC 端，主要负责分析处理来自协调器的数据信息并显示接收手势控制程序的命令。在手势控制系统完成手势识别之后，需要向 Zigbee 管理系统发送控制指令，Zigbee 管理系统位于 PC 端，通过串口通信的方式与协调器相连，能够显示终端的数据和建立与 Zigbee 局域网间的通信，其中包含 Socket 通信的服务器端。

手势控制程序里包含 Socket 通信的客户端，客户端与服务器端建立连接后，通过 TCP/IP 协议将控制报文发送给服务器端，服务器端收到报文进行解析，然后通过串口通信的方式把含控制命令的字符发送给 Zigbee 局域网中的协调器，最后由 Zigbee 局域网完成后续操作。Zigbee 组网流程图如图 7-14 所示。

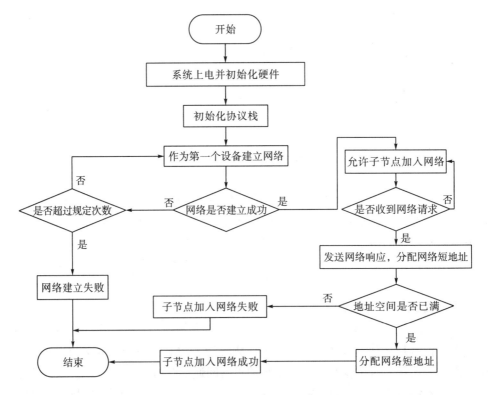

图 7-14　Zigbee 组网流程图

图 7-14 所示的 Zigbee 组网流程图中，Zigbee 组网主要包括网络初始化和节点加入网络两个步骤。网络初始化首先要确定网络协调器，通过主动扫描发送信标请求命令来检测该网络中是否存在协调器。如果在扫描期限内没有检测到信标，则将自己作为网络的协调器，并不断地产生信标并广播出去，然后进行信道扫描，以检查区域内有没有其他 ZigBee 网络存在，最后完成主动扫描后即可获得设备所在区域内已有的各 ZigBee 网络的网络标识符(PANID)，完成网络初始化。

节点加入网络可通过两种方式完成，一是由子节点发起的通过关联加入网络；二是由父节点发起的通过已有父节点(协调器或路由器)加入网络。

图 7-14 中的子节点采用第一种方式入网，当一个节点希望加入该网络时，首先会进行信道扫描来搜索周围是否存在协调器。若在扫描期限内检测到协调器，则向其发送关联请求[143]，协调器收到请求后会回复一个确认帧(ACK)，并向其上层发送连接指示原语。当节点收到协调器的回复帧后，节点的 MAC 层将等待一段时间，以便接收协调器发出的连接响应。如果协调器的地址资源足够，它就会给节点分配一个 16 位的短地址，并产生包含通信连接和连接状态的响应命令。至此，节点将成功和协调器进行连接，并开始通信，这一系列的过程都是通过协议栈各层间原语通信实现的。

7.2.4 远程居家监护通信方式

本书的信息接收终端主要指移动终端，它可以接收 PC 端发送过来的图片信息，也可以远程登录云服务器端，进行视频访问。

实现 PC 端和移动终端的通信方式有两种，一种是 Http(hypertext transfer protocol，超文本传输协议)通信，一种是 Socket 通信。

Http 是建立在 TCP 协议之上的应用，它的显著特点是客户端每次发送请求，就会单独建立一次连接，在处理完请求后，自动释放连接，从建立到释放的过程被称为"一次连接"。由于 Http 在每次连接完成后都会主动释放，因此这种连接是一种"短连接"，如果要保证客户端程序在线，则需要不断地向服务器端发起请求；如果服务器长时间没有收到请求，则表明客户端处于"下线"状态；若客户端长时间没有收到服务器端回复，证明网络处于断开状态。如果要借助网络平台作为第三方服务器(云服务器端)进行消息存储转发，需要利用 Http 通信协议请求方式，然后再调用第三方接口的用户标识实现消息推送。

Socket 通信又称套接字通信，在程序内部提供了与外界通信的端口，即端口通信。Socket 是应用层与 TCP/IP 协议族通信的中间接口，应用程序利用它来发送和接收数据，创建 Socket 套接字可以将应用程序添加到网络中，实现与同一网络中的其他应用程序之间的通信，提供程序内部与外界的通信端口并为通信双方提供数据传输通道。

建立一个 Socket 通信连接需要经过"三次握手"，第一次"握手"是客户端发送同步序列编号(synchronize sequence numbers，Syn)到服务器端，等待服务器端确认；第二次"握手"是服务器收到 Syn 数据包并确认处理事件，同时发送一个 Syn 到客户端，等待响应；第三次"握手"是客户端收到服务器端的数据包，并向服务器发送确认，然后客户端和服务器端进入并建立连接状态。

本书的远程居家监护通信方式将基于 Socket 通信实现，服务器端的设计步骤如下所述：

(1)服务器端需要创建 Socket 套接字以获取网络 API 接口密钥，该密钥是指定用户的唯一标识；

(2)绑定客户端 IP 地址、通信端口，监听客户端的异常情况；

(3)如果接收到客户端异常信息，则启动信息发送机制，向手机端推送信息。

客户端的设计步骤如下所述：

(1)客户端需要设定 IP 地址和端口，建立与服务器端的连接；

(2)当 PC 端监测到老人摔倒或步态异常信息时，就向服务器端发送请求信息。

PC 端与信息接收终端的通信系统结构如图 7-15 所示。若 PC 端要传图片信息给移动设备接收端，PC 端先发送图片至云端服务器，云端服务器使用消息推送机制将信息推送至客户端；若移动设备接收端需要远程访问 PC 端视频，需要 PC 端先将视频流传输到第三方服务器，移动客户端向第三方服务器发送访问请求(采用 Http 通信协议的 Post 请求方式)后，第三方服务器向移动客户端返回视频信息。

图 7-15　信息接收终端与 PC 端的通信系统结构

7.3　系 统 实 现

基于 Kinect 深度数据采集的老人居家自助与看护系统在 Visual Studio 2015 编程环境下开发，运用 C#语言编程，分为居家自助与居家看护两部分。本节将在 Kinect 信息采集、PC 信息处理、局域网与互联网信息传输技术基础上，讲述其具体实现过程。

7.3.1　系统开发环境搭建

在 Visual Studio 2015 编程环境下使用 Kinect 进行信息采集的环境搭建步骤为：

(1)下载并安装微软提供的 Kinect for Windows sdk 2.0，Kinect 运行驱动；

(2)建立 Windows 窗体应用程序，使用 Visual Studio 2015 建立 C#的 WPF 应用程序工程，使用窗体进行可视化窗口设计编程；

(3)工程调用 Kinect，在工程中添加引用，在“程序集”→“扩展”中选择

Microsoft.Kinect 2.0 并选择确定，添加引用 Kinect，在代码头文件中添加 using Microsoft.Kinect。

7.3.2　居家自助功能实现

基于 Kinect 手势识别的老人居家自助功能具体实现流程如图 7-16 所示。具体实现步骤为：

(1)获取骨骼点数据流，判断是否满足手势开始的条件；

(2)提取、分析手势数据，利用模板匹配法进行手势识别；

(3)将手势识别指令发送给 Zigbee 管理系统(PC 端的上位机控制程序)；

(4)Zigbee 管理系统通过串口发送指令给 Zigbee 协调器；

(5)协调器发送指令给家居设备终端完成开关控制响应。

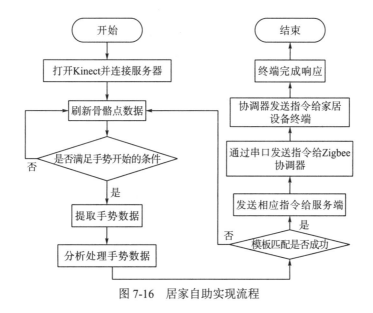

图 7-16　居家自助实现流程

7.3.2.1　手势识别

手势识别功能的实现涉及获取骨骼点数据流、手势监测与手势分割、骨骼点间距离计算与模板匹配等内容。

1. 获取骨骼点数据流

获取骨骼点数据流的方法如 7.2.2.1 节所述的 Kinect 深度信息流数据读取方式，即信息采集模块通过应用程序调用 Kinect 摄像头获取数据。启用 Kinect 获取骨骼点数据需要在应用程序中声明启用 Kinect 的骨架追踪功能，具体方法是：通过加载 Kinect 的头文件 Kinect.h，调用其中的 API 函数打开设备。调用方式是通过事件触发的方式，当 Kinect 采集到的骨骼点信息流的数据有变化时，就会触发事件，初始化并打开骨骼跟踪功能，从中获取骨骼点数据流。每一帧骨骼点数据流中包含完整的人体骨架信息，人体骨架信息数据由骨骼和关节位置信息组成，在 Kinect 的 SDK 中定义为枚举类型，包含人体 25 个骨骼关节点，每一个成员都用唯一的标识符表示，如头（JointType_Head）、左肩（JointType_ShoulderLeft）、左肘（JointType_ElbowLeft），每一个成员的位置信息通过对应的三维坐标来表示。

由于物体阻挡或是其他因素的影响，对人体的骨架跟踪效果可能会变差。在处理数据前要对骨架的跟踪情况进行判断，即判断获取到的骨骼点数据是否完整，这在程序实现中通过使用 Skeleton 对象的 TrackingState 属性来判断，若 TrackingState 等于 SkeletonTrackingState.Tracked，那么当前获取到的骨骼点信息就是完整的，反之，则认定该骨架信息不完整，可忽略该骨架信息。

2. 手势监测与手势分割

本作品通过使用者手部骨骼点位置信息作为判断依据，如果使用者的手在某一位置停留时间超过 1s 就认为手势发生，并开始采集使用者的骨骼点信息。

具体实现过程：Kinect 传感器采集信息的频率是每秒 30 帧，因此只要能够保证用户有连续的 30 个右手骨骼点数据变化在一定范围内，就认定手势发生了，并开始采集数据。由于不可能保证手部的位置绝对不变化，只能通过设定骨骼点坐标变化来认定使用者手部是否静止，系统设定的具体范围是 0.05m，即当手部坐标的变化幅度小于 5cm 时，就认为手是静止的，就将该帧数据作为静止判断条件之一，当连续的 30 帧数据满足该条件时，就认定手势发生并采集数据。

3. 骨骼点间距离数据计算

对于该过程实现，Kinect 通过内置 SDK 能够让开发者直接获取骨骼点信息，因此只需要通过调用一些函数就能够轻松获取骨骼点信息，这里调用的是 GetJoints() 函数。

通过 Kinect 设备获取到用户的骨骼点信息后，本书通过计算使用者的右手骨骼点到脊柱骨骼点以及左右肩的欧式距离作为手势识别的数据，欧式距离计算公式为

$$d = \sqrt{\left(x_1 - x_2\right)^2 + \left(y_1 - y_2\right)^2 + \left(z_1 - z_2\right)^2} \tag{7-1}$$

式中，d 为欧式距离；(x_1, y_1, z_1)、(x_2, y_2, z_2) 分别为空间中任意两点的三维坐标。

在计算骨骼点间距离数据后再对其进行插值，拟合作为匹配序列。

4. 模板匹配

通过比较各模板序列和上述插值后的序列的误差完成手势识别。

具体实现方法：循环计算模板序列数组和待匹配序列数组对应元素的距离误差之和，当某一模板与待匹配序列的误差满足设定的误差阈值条件，则认为该模板所代表的手势发生。

本作品的手势识别子系统定义了两个模板，每个模板保存有右手骨骼点到左右肩以及脊柱三个关节点的距离，定义了 sum1、sum2、sum3、sum4、sum5、sum6 六个变量用于保存待匹配序列与模板序列骨骼点相对距离的误差（sum1、sum2、sum3 分别是右手到模板一脊柱、左肩、右肩的距离误差；sum4、sum5、sum6 分别是右手到模板二脊柱、左肩、右肩的距离误差），这里的误差都是绝对值，计算公式为

$$E = \sum_{i=1}^{500} \left| a_i - b_i \right| \tag{7-2}$$

式中，E 为右手到左右肩或脊柱的误差；a_i 为模板中存放的某一骨骼点相对距离；b_i 为实时获取的对应骨骼点相对距离。

本书设定误差阈值分别为 4、3、3、3、3、5，单位为 m。当有待匹配序列满足某一模板设定的阈值条件时，就认定该模板所代表的手势发生，并通过 TCP/IP 协议向 Zigbee 管理系统发送相应的控制指令。

在室内自然光的条件下，系统对手势识别程序完成了两组测试，每一组测试次数为 30 次，测试结果如图 7-17 所示，手势识别准确率如表 7-1 所示。

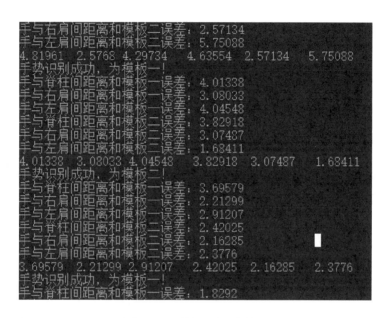

图 7-17　手势识别测试结果

表 7-1　手势识别准确率测试

手势测试	测试次数/次	准确率/%
第一次	30	90
第二次	30	83

由图 7-17 所示的手势识别测试结果图中可以看出，系统可以实时计算右手骨骼点与其他三个骨骼点的相对距离和它们与两个模板距离的误差，若误差满足条件，则显示识别成功。表 7-1 中的数据显示该系统的手势识别准确率较高，但不是很稳定。

7.3.2.2　家居设备控制

在具体的家居设备控制中，Zigbee 局域网控制下的信息传输主要是指 PC 端与 MCU 的串口通信，PC 端手势识别后将相应控制指令通过数据报套接字方式发送给 Zigbee 管理系统，Zigbee 管理系统收到报文后对其进行解析，然后通过 USB 串口传达给协调器(MCU 核心部分)，由协调器控制终端家居设备完成手势响应[144]。

本系统使用的 MCU 为 CC2530。CC2530 是 TI 公司推出的一款芯片，里面包含 51 单片机的内核与 Zigbee 技术，而且 TI 提供了很好的 Zigbee 协议栈以及解决方案。CC2530 需要完成的信息处理分为上位机与下位机两部分，上位机主要接收 PC 机的数据信息并进行处理分析，通过局域网方式将信息传送到下位机；下位机控制 LED 灯。

CC2530 的硬件组成包括：CC2530（底板、核心板、USB 线）两套（一个接收数据、一个发送数据）、仿真器（1 个）、LED 灯（1 个）。

CC2530 的上位机软件开发环境如表 7-2 所示。

表 7-2　上位机软件开发环境

操作系统	Win10 系统
嵌入式 IDE	IAR Embedded Workbench
仿真器件	SmartRF Flash Programmer
USB 转串口驱动	PL2303_Prolific_DriverInstaller
协议栈	ZStack-CC2530-2.5.1.a

在表 7-2 所示的上位机软件开发环境中，操作系统为 Win10，嵌入式 IDE（开发板程序编译环境）为 IAR Embedded Workbench；下载程序的仿真器的驱动为 SmartRF Flash Programmer；USB 负责开发板与 PC 机的串口连接，转串口驱动为 PL2303_Prolific_DriverInstaller；协议栈为 Zstack-CC2530-2.5.1.a。

串口按位（bit）发送和接收字节，串口通信最重要的参数是波特率、数据位、停止位和奇偶校验。对于两个进行通信的端口，这些参数必须匹配。本系统中关于这些参数的使用情况如下。

（1）波特率：15200Baud/s。

（2）数据位：8 位。

（3）停止位：1 位。

（4）奇偶校验位：没有使用。

（5）与处理器的通信：串口通信。

图 7-18 所示为 CC2530 芯片实现 LED 灯控流程图，在具体的控制过程中，协调器接收从串口发来的控制字符信息，协调器通过 Zigbee 无线协议把字符发送到下位机终端，终端接收字符，判定是否是"开"或"关"的约定字符，从而控制 LED 灯。对于家居中的其他设备开关（如电视、空调）可以以相同的方式实现控制。Zigbee 协议栈为用户提供了应用层，用户可以直接调用。

本系统中的用户任务在工程中的调用过程如图 7-19 所示。在图 7-19 中，主函数调用初始化操作系统函数 osal_init_system()，完成系统初始化，调用系统任务初始化函数 osalInitTasks()，完成任务初始化，然后在用户自定义的 SerialApp.c 中调用用户自定义任务初始化函数 SerialApp_ProcessEvent() 初始化 LED 灯，调用用户自定义函数 SerialApp_Send() 协调器发送数据，调用用户自定义终端分析接收数据函数 SerialApp_Process_MSGCmd() 接收数据，实现对 LED 灯的判断、控制。

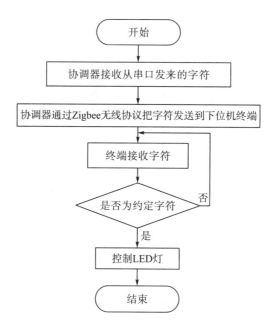

图 7-18　CC2530 芯片实现 LED 灯控流程图

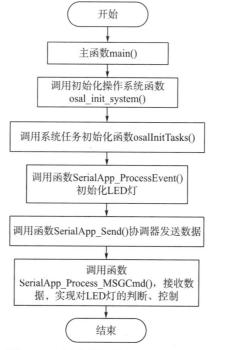

图 7-19　用户任务初始化函数调用过程

7.3.2.3　家居控制设备调试

为了验证局域网系统对家居设备的控制性能，将上位机与 PC 端通过串口相连，终端接上移动电源，由图 7-20 所示的家居设备控制测试可以看到 Zigbee 上位机与终端组网成功，然后让上位机控制程序给局域网发送 LED 灯的控制命令进行测试，测试结果表明，该局域网系统能实现信息的传输，LED 灯能够做出正确响应。

图 7-20　家居设备控制测试

7.3.3　居家监护功能实现

基于 Kinect 深度信息采集的老人居家监护功能主要包括监护报警信息实时判定和监护信息实时发送两部分，具体实现说明如下所述。

7.3.3.1　监护报警信息判定

本系统依据人体骨骼特征点空间位置信息进行监测报警判定，通过网络向远端家人手机发送警告信息和当前的图像信息，具体的监测报警判定算法如下。

(1)摔倒判定。利用 7.2.2.3 节所述的摔倒监测方法实现老人的摔倒监测，老人的整体姿势类似于坐、趴、躺且重心较低(接近地面)，当重心下降加速度与骨骼关节点间的距离差超出阈值范围，则判定为摔倒。

(2)步态异常判定。当老人身体属于向下的运动过程，高度小于 0.8m，且整体重心有一个向下的较大加速度[大于 1m/s^2]时，可预判为步态异常。

(3)危险情况判定。老人长时间没有动作(本系统设定 3h)则视为危险情况。

若 PC 端通过算法判定老人当前情况危险，会经过互联网向手机端发送警告信息并同时发送当前图片，使在外的家人能够及时获知老人情况。

7.3.3.2　监护信息实时发送

监护通知信息的实时发送采用 Socket 通信方式，通过视频远程监控，服务器端连接特定的端口和 IP 地址，获取 PC 端的视频信息；利用第三方服务平台进行消息推送，需要调用第三方平台的 API 接口，在服务器端插入第三方平台连接，让第三方软件平台监听PC 端异常情况，若出现异常情况，平台将异常信息以短信息或者图片信息的方式发送到手机端，实现远程看护的功能，这种调用方法会出现两种信息接收方式，第一种方式是直接调用移动或者联通的网络平台提供的 API 接口，手机端不需要联网，直接以短信方式接收异常信息；另一种是调用非官方软件平台接口，在手机端可以安装第三方软件提供 Demo 进行测试，手机端通过 App 与 PC 端的服务器进行连接，这种方式也需要建立服务器端来调用云端接口，其优势是直接利用推送平台直接调用接口实现信息传递，这种方式需要保证用户处于联网状态才可以实时接收服务器推送的消息。

本书利用 JPush（极光推送）消息推送机制来实现 PC 端到 Android 端的信息传递，JPush 推送是一种基于网络平台的信息发送方式，首先打开手机 App，手机端作为客户端，PC 端建立一个工程作为服务器端，打开服务器端监听 PC 端的异常信息，检测到异常后触发消息发送机制，将摔倒信息通过 Internet 传递到手机 App 中，从而实现远距离信息传递的功能。

图 7-21 为信息发送流程图。

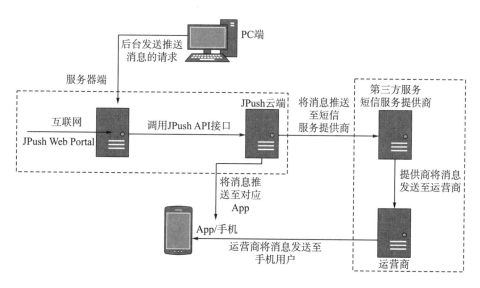

图 7-21　信息发送流程图

在图 7-21 所示的信息发送流程图中，手机客户端 App 需要集成 JPush Android SDK，JPush Android SDK 创建的是 JPush Cloud 长连接，可以为 App 提供永远在线的功能。当开发人员想要及时推送消息到手机端的 App 时，只需要调用 JPush API 接口推送，或者使用其他方便的第三方推送工具，就可以实现用户信息交流。

服务器利用 JPush 功能将信息发送至客户端的过程可分为三个阶段。

第一个阶段：通过用户服务器端或者 JPush Web Portal 将消息推送到 JPush 云端。

本书设计要求实时监控 PC 端异常情况并处理消息发送请求，因此需要建立服务器端来实时监听 PC 端异常情况，等待客户端发送事件请求、应答并做出相应的处理。

图 7-22 所示是该系统的服务器端。打开服务器端监听 PC 端的异常信息，服务器端 IP 地址设置为本地 IP：127.0.0.1，监听端口为 8885。

图 7-22　服务器端监听

　　第二个阶段：信息传递方式，调用 JPush 云端接口。此过程需要登陆 masterSecret 和 appKey。appKey 是客户端在 JPush 推送里的唯一标识符，相当于指定用户的 ID；masterSecret 是客户端在 JPush 推送的唯一标识符的密码，因此在调用 API 接口时需保证用户名和登录名正确。为了能调用 API 接口，需要将调用函数封装为一个 static 函数，然后在接收到 PC 端异常情况时直接调用。API 接口调用形式如下。

```
internal class PushClient:BaseHttpClient
    {
        Private const String HOST_NAME_SSL = "https://api.jpush.cn";
        private const String HOST_NAME = "http://api.jpush.cn:8800";
        private const String PUSH_PATH = "/v2/push";
        private String appKey;
        private String masterSecret;
        private bool enableSSL = false;
        private long timeToLive;
        private bool apnsProduction = false;
        private    HashSet<DeviceEnum>    devices    =    new
HashSet<DeviceEnum>();
        public PushClient(String masterSecret, String appKey,
long timeToLive, HashSet<DeviceEnum> devices, bool apnsProduction)
        {
            this.appKey = appKey;
            this.masterSecret = masterSecret;
            this.timeToLive = timeToLive;
            this.devices = devices;
        }
```

　　如上所述，服务器端需要通过 Http 网络通信协议建立与 JPush 推送连接，遵守 JPush 消息推送规则，相当于将服务器端作为 JPush 消息推送的客户端来处理事件请求，而连接服务器端和手机端唯一的标识就是 appKey 和 masterSecret。

第三阶段：将信息推送到用户手机端，当服务器端获取到 PC 端异常情况请求时，利用 Http 通信协议与 Jpush 云端建立连接，并调用具有用户唯一标识的 API 接口进行消息推送，如果用户名和登录密码不正确，系统会显示消息发送失败。该通信方式是基于 TCP 的长连接方式，只要用户端在联网的情况下且处于登录状态，就能收到服务器端发来的信息。

在 PC 端与 Android 端的通信过程中，客户端需要实现的功能有：用户信息的确认和登录、打开端口、等待服务器端响应、接收服务器端发送的信息文件。

7.4　系统测试及结果分析

"守护之芯——老人居家自助与看护系统"主要实现了基于手势的家居控制与摔倒动作实时监测，目的是方便老人的居家生活，让离家的子女安心。以下分别对其居家自助及看护功能进行测试及结果分析。

7.4.1　居家自助功能测试

当系统需要完成老人的自助服务时，通过 Kinect 捕捉老人的手势，将数据信息传给 PC，PC 处理数据并将指令通过局域网传给有控制功能的终端设备，设备接收到指令后反馈服务。下面将对手势识别的准确度以及系统的资源占用情况进行阐述。

1. 手势控制测试

手势控制测试过程需要首先正确连接设备和供电，其中 Kinect2.0 设备通电并连接 PC 机的 com3，Zigbee 协调器（上位机）通过 USB 数据线连接 PC 端的 com1，终端使用移动电源供电。然后依次打开上位机控制程序、手势识别程序，接着通过上位机控制程序打开与上位机相连的串口，Zigbee 便组网成功，Kinect 摄像头开始工作，如图 7-23 所示。

由图 7-23 可以看出，正确连接相应设备后，只要在电脑上打开应用程序运行系统（操作系统为 Win10 版本），Kinect 设备就能够正常运行，能够获取使用者的骨骼点信息，利用 7.3 节所述的手势识别与家具设备控制方法可以实现对 Zigbee 下位机 LED 灯的手势控制。手势控制准确率如表 7-3 所示。

图 7-23　测试硬件配置

表 7-3   手势控制成功率测试结果

控制测试	测试次数/次	正确率/%
第一次	30	86
第二次	30	80

从表 7-3 中可以看出，手势测试的控制成功率均在 80%以上，控制成功率达到一定水平。

2. 系统的资源占用情况

系统成功运行后，通过调用计算机资源管理器获取 CPU、内存占用率情况（图 7-24）。

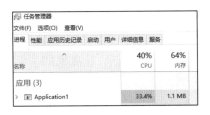

图 7-24   系统资源占用

由图 7-24 看出，手势识别程序 CPU 占用率为 30%左右，占用内存 1.1MB，由此看来，系统 CPU 占用率较高，内存资源占用率低，系统性能良好。

7.4.2   居家监护功能测试

当系统在老人摔倒或有异常情况时需要报警提示子女，通过 Internet 将老人摔倒的信息告知子女(发送到子女手机)，子女收到后能及时处理(及时回家或拨打 120 等)，下面将对人体摔倒及看护通知信息实时发送的实验结果进行分析说明。

1. 摔倒动作结果测试

首先，Kinect 彩色及深度图像如图 7-25 所示。

(a)彩色图像   (b)深度图像

图 7-25   Kinect 彩色及深度图像

图 7-25 所示的图像为利用 Kinect 采集到的彩色图像和深度图像,图 7-25(a)所示的彩色图像中标定了人体的 25 个骨骼关节点,并用绿色线段连接,当系统环境运行正常,Kinect设备可以实时跟踪捕捉 25 个骨骼点的空间位置信息;图 7-25(b)是经过图像灰度变化和去噪处理后得到的具有人体轮廓的深度图像。

当人体出现向下加速度突然增大并且关节点之间的距离小于设定的阈值,或者长时间距离地面很近没有移动时,PC 端根据 7.2.2.3 节所述的摔倒监测算法进行动作异常信息判定。图 7-26 所示为 Kinect 监测到的人体摔倒的示例图像。

(a)彩色图像　　　　　　　　　　　　(b)深度图像

图 7-26　Kinect 监测到的人体摔倒示例图像

图 7-26 所示的摔倒图像监测是通过加速度和高度监测算法综合实现人体摔倒判定,当 PC 端显示"fall detection"时,则判定为摔倒,同时将异常处理请求事件发送到服务器端,等待服务器端应答并处理该事件。

2. 信息发送结果测试

首先打开服务器端窗口,启动监听,绑定 IP 地址和端口,当客户端发起事件请求后,服务器端做出响应并向手机端发送信息,如图 7-27 所示。

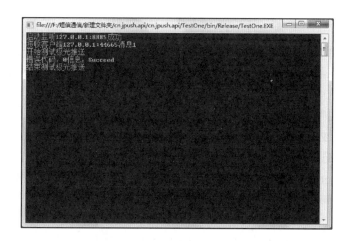

图 7-27　服务器端连接

图 7-27 所示服务器端在连接过程中需要调用 **JPush** 平台 API，调用此 API 应用需要提前到该平台注册用户，获取 ID 和密码以及接口参数，然后打开编程应用，将 JPush.dll 引用到工程中，在工程中调用该平台接口参数，当服务器端监听到客户端的异常信息时就会立即调用接口参数，向手机端发送异常信息。

图 7-28 所示为手机端接收到的异常报警信息示例。

(a)手机端显示信息   (b) Jpush推送信息

图 7-28　手机端接收到的异常报警信息

图 7-28 中，图 7-28(a)为手机端显示信息，图 7-28(b)为 Jpush 推送信息，它们均是手机端接收到的异常信息状态，由此可以看出，通过 Jpush 推送方式可以实现 PC 端与 Android 端之间的信息传输。

7.4.3　结果分析

基于 Kinect 信息采集的老人居家自助与看护系统实现了基本的手势识别的家居开关控制以及摔倒动作监测，当监测到摔倒动作后可以发送信息至远程手机客户端，为老人居家自助与监护系统的进一步研究奠定了理论基础。

但是，系统也存在着以下待改进问题。

(1)系统基于 PC 机开发，硬件设备不满足便携式要求，后续研究需要将系统移植于嵌入式系统(如树莓派)中才便于实际应用。

(2)尽管 Kinect 也内建阵列式麦克风，具有一定的语音识别和声源定位功能，但其语音处理效果不好，可以结合目前比较成熟的语音识别软件(如科大讯飞)完成系统的语音家居控制功能。

(3)系统优化，由于该系统需要对人体进行实时监测和实时发送信息，在对人体进行实时监测时，由于人体动作变化时而快时而慢，在骨骼点捕捉和动作监测方面会有噪声干扰，因此还可以在人体动作识别方面做详细的优化过滤处理。

（4）通信端的优化，目前手机端是利用第三方软件平台接收即时看护信息，后期可以进一步完善手机功能，如通过视频的方式告知用户端实际情况，及时获得用户的位置信息，方便用户端及时地了解情况并采取相应的措施。

7.5　本 章 小 结

本章主要讲述的是 AR 技术在物联网家居控制系统中的一个简单应用，具体而言，就是基于体感交互设备 Kinect 设计实现一个具有手势控制和动作监测功能的家居自助与监护系统。该系统所设计的老人居家自助与看护系统是物联网技术与体感交互设备、远程通信技术的综合应用，是对于 Kinect 体感设备结合远程通信连接，运用整合思维开发的一套扩展技术系统，同时也将智能家居控制结合 Kinect 体感技术应用实践以一种更自由、更智能的方式加以呈现。

本系统具体特色包括五点。

（1）集居家自助、实时看护与远程监护功能于一体。在现有居家养老服务系统中，居家自助、实时看护与远程监护往往是分开的，而本作品所涉及的系统将集居家自助、实时看护与远程监护功能于一体，构建方便、快捷、有效的居家自助与看护服务模式。

（2）自然生活环境、自然状态下的实时采集与监护。在现有居家养老服务系统中，对老人的居家看护大都基于可穿戴设备，需要 24 小时佩戴才能监测老人的动作行为，误判率较高，且不利于老人身心健康。而本书中用到的基于体感设备的居家看护不需要嵌入人体或衣服、鞋、腰带、首饰等日常生活饰物中，只需要在所需要监测范围内安装相应体感交互设备即可，监测范围较大且不易受室内光线强度影响。

（3）增加突然倒地、步态异常等危险情况的实时判定与自动报警功能。在现有居家养老服务系统中，对于老人突然倒地、步态异常等危险情况的实时判定与自动报警还做得不够完善，本系统将通过对老人的空间位置变化及步态特征分析进行异常情况的实时处理，提高其准确性。

（4）增加动作监测功能。在现有视频动作监测基础上，增加动作监测功能，能够远距离实时监测人物的行为信息，判断被监测对象的活动状况，对异常、危险的行为做到及时发现，及时干预。

（5）该系统可拓展应用范围广。该系统因其具有的自助性、实时看护性与远程监护性三大特点，对出现的任何需要通过简单手势控制的居家自助与远程看护保障性人群都适用。

总的来说，该系统实现了基于手势识别的家居开关控制以及摔倒动作实时监测，为老人居家自助与监护系统的进一步研究奠定了理论基础。在后续研究中，为提高其实际应用价值，可将系统移植于嵌入式系统，并结合更成熟的语音识别处理软件完成基于手势与语音相结合的家居自助系统。

第8章 AR技术在骨关节功能评价系统中的应用

在了解了AR技术在物联网家居系统中的应用之后，我们发现本来应用于AR游戏中的体感交互设备Kinect同样可以应用于老人居家自助与监护系统，那么能否将AR技术用于医学领域呢？

当今社会，随着人口老龄化的不断加剧，人们对骨关节健康状况逐渐重视起来。据世界卫生组织统计，全世界50岁以上的人群中骨关节疾病患病率超过50%，55岁以上的人群中患病率为80%，60岁以上的中老年人几乎都患有骨关节疾病，如何更好地诊治与预防骨关节疾病以及指导康复成为当今骨外科临床工作中的重大问题。

本章将在Unity3D开发平台下，研究基于Kinect的骨关节功能评价系统，利用可视化程序设计语言C#，设计工作于Windows环境下的骨关节功能数字化评价软件系统，它应具备髋关节、膝关节、踝关节等多个部位最初着地角度、最大屈曲角度、最大伸展角度等参数的计算显示、评价分析、异常状态预警等主要功能。该系统既可用于病人诊断、住院病人监护，又可用于居家动态监护，其可视化界面也更便于操作，其预期获得的人体步态信息处理和模式识别技术同样适用于有关生物信息的处理和识别领域。

8.1 系 统 分 析

利用Kinect传感器作为骨关节功能评价系统的外围设备，其主要思想就是利用Kinect的深度图像信息以及骨骼追踪技术，通过对人体肢体动作的跟踪识别判断其角度信息，从而进行分析评价，其中基于Kinect的虚拟环境创建与骨关节疾病判断是其研究重点。

目前，国内外已有很多研究机构对基于Kinect的虚拟康复训练系统进行了研究，并且取得了不错的成果，如Chang等[145]为认知障碍患者设计的Kinempt系统，通过在虚拟比萨店里高速配餐以改善患者的协调性运动障碍，提高患者手部和腕部的平衡性；Belinda等[146]将VR技术与电视游戏技术相结合，设计了一套适用于因脑外伤和脊柱损伤而导致偏瘫的患者平衡康复训练游戏；Chang等[147]开发了基于Kinect的Kinerehab系统，主要以"鲸鱼甩尾唱歌"为游戏主题训练患者依次完成双臂向前举、侧举、上举等整套连贯性动作，同时计算机中的数据库会与运动时Kinect传感器捕捉追踪到的患者关节节点的位置数据进行匹配计算，计算出患者动作的精确程度，对运动障碍的患者运动康复训练进行干预指导，从而验证其康复效果；罗元等[148]利用Kinect传感器获取手势信息，并通过网络远程控制残疾人轮椅，提升了下肢瘫痪患者在康复过程中的自理能力。这些研究表明Kinect体感交互技术用于骨关节功能评价系统具有很大可行性。

此外，骨关节疾病种类繁多，虽然患病部位主要集中于人体下肢，但目前各医疗研究对于骨关节疾病的病机、治法及症型分类等仍然存在一定的分歧，对骨关节疾病的理解与认识还有待改善，而聚类分析作为一种"物以类聚"的多元数理统计方法，能在分类标准不明确的情况下完成分类，如基于聚类分析的类风湿性关节炎活动期间中医证候分类及其诊断研究[149]、退行性膝骨关节病中医证分型的聚类分析[150]。

本章所介绍的基于 Kinect 的骨关节功能评价系统将以骨关节健康监测与疾病诊断为目的，主要研究人体下肢关节的健康状况，包括左右髋关节、膝关节和踝关节的实际运动状况和骨关节屈伸角度的特征；通过聚类分析完成对不同证候的骨关节状况分类，并在此基础上完成相应关节的健康评估。研究内容如下：

(1) 利用体感交互技术完成深度图像的处理与人体的监测跟踪，利用 Kinect 获取的深度数据流完成骨架跟踪；

(2) 将 Kinect 采集的深度信息转化为人体骨骼点数据，从而确定各个关节的三维坐标，再通过各个点的坐标计算出每个骨关节处的实时角度；

(3) 记录骨关节在最大屈伸状态下的角度特征，并在实际运动中进行更新；

(4) 系统 UI 及可视化操作界面设计；

(5) 聚类算法的研究和实现，设计数据采集与聚类仿真实验并分析；

(6) 通过多个聚类指标的计算完成对聚类效果的评估；

(7) 对实际测量到的骨关节角度数据进行分析与健康评估。

相对于传统的医生通过分析 MRI(magnetic resonance imaging，磁共振成像)、CT(computed tomography，电子计算机断层扫描)、X 光片检查结果，以及根据经验对病情做出大致判断与分析的骨关节功能评价方法，基于 AR 的骨关节功能数字化评价系统具有以下特色。

(1) 传统的骨关节疾病的诊断与评价方法是借助二维图像资料如 X 光片、CT、MRI，依赖经验丰富的医生进行分析判定，这样的诊断与评价方法相对而言受辐射多、成本高且流程复杂，在反映骨关节病变程度、病变位置和畸形情况等方面不全面、欠准确，缺少客观数据评价，而且单纯依靠静态光片与医师的判断无法掌握患者的动态详细信息。而本章所介绍的基于 Kinect 骨关节数字化功能评价系统不仅可以数字化显示患者在自然环境下的步态参数，还可以用于患者骨关节活动的动态监测，结果更为精确可靠。

(2) 目前国内外针对骨关节疾病的早期发现与治疗大多不及时，治疗处理只能通过手术进行骨关节的调整。而本章所介绍的基于 Kinect 骨关节数字化功能评价系统在实现后，人们可以利用此项技术对骨关节疾病进行早诊断、早治疗和预防，降低病情恶化带来的骨关节手术的可能性，同时也可以跟踪搜集骨关节畸形矫正手术后患者的恢复信息，调查患者的病情，提高诊断及治疗效果。

另外，本章研究的基于 AR 体感技术的骨关节功能数字化评价软件系统结合临床医学经验，对患者的步态信息进行实时监测与科学分析和对比，根据对比结果制定更加合理的治疗方案，对科学治疗骨关节疾病具有重大意义和创新意义。

因此，本章研究的基于 AR 体感技术的骨关节功能数字化评价软件系统总体而言具有普适性、可靠性强、实用型广等特点。

8.2　系统设计方法概述

该系统设计以 Unity 为开发平台，运用 C#编程语言；利用 Kinect 获得深度图像，实现对人体关节点的监测跟踪；结合人体骨骼跟踪和关节点的获取，提出一种人体骨关节角度测量的算法，此方法能够实时地获取关节点坐标，测量骨关节的角度，并完成人体在活动过程中对关节最大屈伸角度的更新；通过数字化界面的显示和用户的实际操作可以直观地看到骨关节的现实状况，最后在 MATLAB 平台下通过 K-means 聚类分析方法对数据进行分析与比对，完成骨关节健康评估工作。系统研究设计的重点在于人体检测技术的原理研究、骨关节角度测量以及聚类分析算法的研究和实现。

系统功能结构如图 8-1 所示。

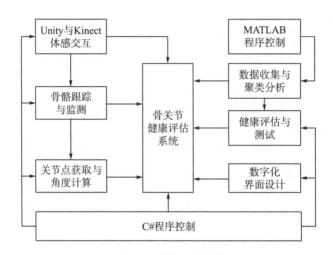

图 8-1　系统功能结构

从图 8-1 所示的系统功能结构图可以看出，系统主要由 Unity 与 Kinect 体感交互、骨骼跟踪与监测、关节点获取与角度计算、数据收集与聚类分析、健康评估与测试五大模块组成，其中 Unity 与 Kinect 体感交互完成数据的采集与结果显示；MATLAB 后台环境对采集的数据进行聚类分析，分析出的结果在 Unity3D 数字化界面显示；模块之间通过 C# 程序控制实现交互。

以下将对系统设计的基本原理及相关技术做详细说明。

8.3　系统设计基本原理及相关技术

系统设计原理主要包括项目开发平台和工具、人体监测与跟踪技术、聚类分析与骨关节健康评估方案等。基于关节点识别的人体监测技术，通过对人物骨骼的实时跟踪和关节点的获取可以计算出骨关节的屈伸角度，再利用 MATLAB 完成数据聚类与误差分析，得出骨关节状况的不同标准，从而进行准确的骨关节健康评估。

8.3.1　项目开发平台与工具

该项目主要围绕人体下肢骨关节角度测量和角度参数的分析展开，软件开发平台为 Canonical 公司开发的 Unity，体感交互设备选择微软旗下的 Kinect 1.8，安装相应的开发者工具包，完成相应的设备驱动和交互环境的配置，数据分析软件选择 MathWorks 公司出品的数学分析软件 MATLAB。

要完成 Kinect 与 Unity 的互联，需要安装 Kinect for Windows SDK。Kinect for Windows SDK 是专门用于 Kinect 在 Windows 环境正常运行的软件开发者工具包，支持 Windows 7 操作系统和 Windows 8 操作系统，开发环境使用 Unity3D 或 Visual Studio 2010 Express 及以上版本，支持的开发语言包括 C++、C#和 VB.NET。本次设计开发选择的是 Kinect for Windows SDK 1.8 的安装和运用，系统采用卡耐基·梅隆大学研发的中间开发件进行交互环境的配置。该方法使用的是 CMU 的封装，简单的 Kinect Wrapper Package for Unity3D 包含了所有开发 Unity+Kinect 需要的脚本，包括简单的用户界面、骨架获取和深度图像显示等。系统实现过程中以此为软件开发的基础脚本增加了功能，完成设计。Kinect Wrapper Package for Unity3D 自带的脚本及其功能概述如下。

(1) DisplayDepth：得到深度图像。

(2) DisplayColor：得到 RGB 图像。

(3) KinectRecorder：用于记录用户的动作，并为 Kinect 模拟器(emulator)产生回放文件。

(4) KinectEmulator：模拟 Kinect 设备和 KinectRecorder 产生的回放文件一起工作。

(5) KinectSensor：从 Kinect 设备中取得数据，需要替换这个文件使用特用版本的 SDK.。

(6) DeviceOrEmulator：设置使用 Kinect 物理设备还是 Kinect 模拟设备。

(7) SkeletonWrapper：抓取骨骼数据。

(8) DepthWrapper：抓取深度图像数据。

(9) KinectInterop：从 Microsoft Kinect SDK 中抓取数据。

Kinect 与 Unity 的交互环境配置程序包括 KinectRecorder、KinectEmulator、KinectSensor、DeviceOrEmulator、SkeletonWrapper、DepthWrapper 与 KinectInterop 这 7 个脚本文件，还有 DisplayColor、DisplayDepth 彩色图与深度图的处理显示程序。

8.3.2　人体监测与跟踪技术

骨关节康复训练系统需要对用户进行实时的监测和跟踪，完成数据采集与处理。研究内容主要是人体骨关节角度的测量和分析，具体涉及基于 Kinect 的人体监测方法；研究关键点在于怎样利用 Kinect 完成人体监测和跟踪，如何使用深度数据获取人体关节点生成骨架图。

1. 传统的人体监测与跟踪

对活动目标进行监测是最为传统的人体监测方法，主要运用的监测技术有相邻帧差法、光流法、背景差法等。以人体的肤色、人体外形和比例特征为检测匹配的依据，通过对底层图像的特征匹配和比较来判断是否为人体。而目标追踪是以监测的视频序列为研究对象，通过分析预测监测目标的行为轨迹对感兴趣的目标进行跟踪。子滤波跟踪、Kalman跟踪、MeanShift 跟踪、动态贝叶斯跟踪等是常见的监测跟踪算法[151]。

这种传统的人体监测方法的缺点在于很容易受到外界物体的遮挡和复杂的外界环境的干扰，如光照强度、人物的衣着等环境因素，同时会影响底层图形的特征噪声，使监测结果不准确。因此，不适于骨关节康复训练系统的研究。

2. 基于 Kinect 的人体监测

基于 Kinect 的人体监测利用了深度变化信息，即来源于红外传感摄像头所捕获的深度图形和边缘信息等，是一种基于模型的监测方法。监测过程包括对人物的三维形状监测和二维图像边缘监测[152]。

利用 Kinect 完成对人体的监测跟踪会更加准确和可靠，也更加容易实现，具体实现过程如图 8-2 所示，首先对输入的深度信息进行降噪及平滑预处理，完成边缘切割，其次通过二阶头部监测过程对人体进行监测确定，最后进行 3D 模型拟合，去除背景完成人物轮廓的提取，实现人体监测。

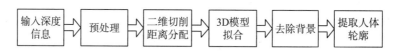

图 8-2　人体监测流程

3. 人体关节点的识别

Kinect 1.8 利用人体 20 个主要关节点进行人体三维骨架构建是通过对人体 20 个主要关节点的位置识别来完成的，通过完成体感交互环境的配置工作可以捕获到人体实时运动的彩色图像与深度图像；分析 Kinect 捕获到的深度信息，并将其转化为相应的骨骼点数据；提取身体部位信息，确定各个关节点的具体位置，生成三维骨架系统，具体实现包括：

（1）通过 Kinect 上的红外传感器获取景深图像；

（2）寻找摄像范围内的移动物体，并对其进行像素级评估，完成背景的剔除遮罩；

（3）通过 Kinect 设备从深度图中系统辨别人体大致部位；

（4）通过人体部位的准确识别，提取相应的 20 个关节点，完成骨架系统的生成。

骨骼跟踪建立在深度图像的基础之上，利用机器学习的方法逐步实现，通过人体监测和骨骼跟踪可以成功地识别人体的 20 个关键关节点。

8.3.3　聚类分析与骨关节健康评估方案

人体动作丰富多样,在很多现实应用中,需要对人体运动进行全面分析,如行为监控、运动分析、医疗健康等。如果能够实时地识别和跟踪人体并做出分析,就能够更加准确和方便地观察和监测人体行为,通过对人体行为的分析,完成骨关节疾病的病情诊断和康复治疗,对健康医疗有着重要参考意义和推进作用。

1. 聚类分析

聚类分析是将研究对象分为相同质的群组的统计分析技术,可按照数据样品个数或变量指标的内在规律和性质进行合理分类。它是一种探索性的分析,研究者无须事先给定分类标准,该分析能从样本数据本身出发,自动进行分类。本节试图结合关节角度测量数据,通过聚类分析完成对人体下肢骨关节的角度特征的分析工作,从而实现对不同关节状态进行分类,达到分类标准的制定,为骨关节健康评估提供基础[153]。

聚类分析的一般依据是样本间的距离,分类的结果是样本之间相似度最大,相异度最小,直到数据不再变化为止,以此判断为分类结束,至于分类的正确性则可以用图形的形式反复试验观察和仿真。常用的算法如 K-medoids[154]、CLARANS[155]、K-means[156]等,其中 K-means 是一种非常典型的基于距离的聚类算法,以距离作为样本间相似性的评价指标,通过对 K 个初始聚类中心的选择和多次迭代归类完成对不同特征样本的分类,适用于大数据集分析;K-medoids 聚类算法同样是基于距离匹配的聚类算法,但聚类算法计算量较大,一般只适合小数据量;CLARANS 是基于随机搜索的大型应用聚类算法,对小数据集合非常有效,但对大的数据集合没有良好的可伸缩性。

考虑到骨关节功能庞大的数据量,系统采用更适合大数据集分析的 K-means 聚类算法,首先对正常的骨关节数据进行分析,得出标准的数据范围[157],再以正常的数据范围为分析比对的标准,对不同关节状况的骨关节角度数据进行收集整理。

2. 骨关节健康评估方案

结合人体骨关节角度的计算和角度特征数据的实际聚类与分析,可以得出不同关节状态的表现形式和活动范围,将数据分析的实际结果作为健康评估的标准可以实现对骨关节的健康状态评估工作。而对于关节的健康状态判定将由骨关节屈伸角度直接决定,首先通过查阅资料,确定人体下肢各个关节角度的正常屈伸范围,在考虑 Kinect 的测量误差下对实测数据进行健康标准的制定,通过数据比对或者在 MATLAB 算法仿真的情况下完成对实测数据的分类与健康评估。

整个实验验证在 MATLAB 仿真环境下完成,首先对所有数据进行聚类分析,完成对不同的关节状况分类并制定每个关节不同状态的标准,然后添加新的一组数据,完成数据的归类和对健康状况的判定,最后在 Unity 环境下完成对骨关节健康评估结果的显示,具体来说,实现的过程如下:

(1)在 MATLAB 环境下启动聚类程序,完成对不同关节状况的实际聚类;

(2)观察样本特征,得出不同关节状态的特征体现与数据标准;

(3)记录聚类的样本特征和数据波动范围;

(4)添加新的归类数据,完成分类工作,并进行图形验证;

(5)结合 Unity 开发平台,结合以上实验以及仿真结果,完成分类算法的程序;

(6)在 Unity 平台下完成对骨关节健康评估结果的显示。

8.4 基于 Kinect 的骨关节角度测量

对人体下肢骨关节角度的测量与计算必须建立在关节数据采集的基础之上,系统采用 Kinect 完成对人体的监测跟踪,通过交互环境的配置和驱动程序的编写可以有效完成对人体下肢骨关节数据的采集工作。具体来说,数据采集过程包括人物控制与骨骼点的绑定以及骨架系统的生成和实时监测,通过对人物运动的控制与实时监测获取人体下肢的各个关节点坐标,从而完成数据的采集工作。

8.4.1 骨关节数据采集

在 Unity 平台下骨关节的数据采集首先需要创建虚拟场景,在虚拟场景下利用 Kinect 完成对人体的监测跟踪,通过交互环境的配置和驱动程序的编写可以有效完成对人体下肢骨关节数据的采集。具体来说,数据采集过程包括人物控制与骨骼点的绑定以及骨架系统的生成和实时监测,通过对人物运动的控制与实时监测获取人体下肢的各个关节点坐标,从而完成数据的采集工作。

1. 人物控制器的添加

为了控制该系统场景中人物角色的移动,系统需要使用两个人物控制器 KinectPointController 和 KinectPointControllerV2,它们分别对应人物场景模型和人物骨架模型。添加人物控制器后还需要绑定人物骨骼,一个接一个地把模型中的骨骼拖拽到脚本显示中对应的变量上,这里一定要确保每一个骨骼都对应正确的变量,如图 8-3 所示。

图 8-3　骨骼对应图

　　控制器 KinectPointController 对应场景当中的游戏物体，这个游戏物体是由一系列分别代表头部、肩部、手等人体部位的 20 个关节点（Kinect 1.0）组成。控制器 KinectModelControllerV2 对应 Kinect 控制的模型，控制场景中角色的移动。通过将模型上控制模型动作的关键骨骼的预制体拖放到相对应的脚本变量中，实现对现实人物与模型人物的骨骼绑定操作，使模型跟上人物运动的节奏，完成虚拟场景人物与现实监测人物的同步运动[158]。

　　2. 骨骼点的绑定

　　系统采用的人物模型一个是三维骨架图，一个是由 20 个小球组成的模型图，通过小球与游戏人物的骨骼绑定操作，可以实现模型与人物的同步，同时完成对人物关节点的绑定以此间接获得关节点的三维坐标，有效完成对人体关节的监测，完成人物跟踪与骨架图的生成。图 8-4 所示为骨骼绑定演示。

(a) 抬手动作　　　　　　　　　　　　　　　(b) 垂手动作

图 8-4　骨骼绑定演示

　　对图 8-4 所示的人体骨骼绑定，要求完成对身体各个关节部位的预制体添加以及人物控制的封装，完成对人物控制的基础环境配置，最后验证骨骼绑定的正确性。

　　3. 骨架系统的生成

　　Kinect 通过对人体部位的识别和关节点位置的获取完成人体骨架系统的构建，通过对采集到的深度图像的分析和边缘处理，实现对人体各个部位的大致监测和关节位置的具体确定，最后通过各个关节点的系统组建生成人体骨架图[159]。图 8-4 中的白色小球从上到下分别代表人体头、颈、左右肩、左右肘、左右腕、左右手、脊柱、臀部中央、左右髋、左右膝、左右踝、左右脚等各关节的坐标点。

　　4. 关节点坐标的获取

　　完成以上环境配置操作后即可进行人体骨关节数据采集的工作，在系统设计中，将骨骼绑定场景中的球体模型，每一个小球都可代替一个关节点，因此将对关节点的坐标获取转化为对人物小球的坐标获取，通过这种间接的坐标获取方式实现数据的采集更加简单，且不影响实验数据的处理结果。以获取髋关节中心的坐标为例，可以通过以下代码驱动完成对关节三维坐标的获取。

```
x0 = GameObject.Find("KinectPointMan/00_Hip_Center").transform.localPosition.x;
y0 = GameObject.Find("KinectPointMan/00_Hip_Center").transform.localPosition.y;
z0 = GameObject.Find("KinectPointMan/00_Hip_Center").transform.localPosition.z;
```

通过这样的数据转换即可完成对每个所需关节点三维空间坐标的表示,如点(x_0, y_0, z_0)表示为髋关节中心的三维坐标,这样的实现方式虽然对环境配置的要求比较高,但在关节点位置的获取实现方面相对比较容易。

8.4.2 骨关节角度计算

本次设计重点之一是完成对人体下肢骨关节的角度测量工作,因此涉及一定的角度测量算法,通过对角度测量算法的研究,能计算出各下肢关节的实时角度和运动状态中的最大屈伸角度,为后期的数据分析打下很好的基础,因此本节主要完成对角度测量算法的具体研究,具体计算过程如下所述。

1. 空间向量求角度

系统设计要求显示人体下肢各个关节点的实时角度以及记录最大的屈伸角度,其中必然要用到角度测量算法[160]。求解人体骨架之间各个关节的角度可以利用三点法,将获取的骨关节三点坐标作为一个三角形的基础坐标,并在此三角形的基础上,利用空间向量求角度的方法求得所需角度的具体值。

具体的计算方法是首先通过对采集数据的分析完成对各个下肢关节点坐标的获取与转换,然后通过对数据的处理完成对人体下肢骨关节角度的计算与显示。三点法求角度示意图如图 8-5 所示。

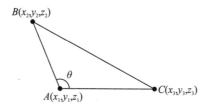

图 8-5 三点法求角度

图 8-5 中,假设三个关节点的坐标分别为 $A(x_1, y_1, z_1)$、$B(x_2, y_2, z_2)$、$C(x_3, y_3, z_3)$,利用式(8-1)和式(8-2)计算出每两个关节点的连续向量,转而求得各关节点的距离和模值,如式(8-3)和式(8-4)或者式(8-5)和式(8-6)所示,通过空间向量公式(8-7)求得骨关节角度,具体操作如下。

(1)求空间两点的向量:

$$\vec{AB} = (x_2 - x_1, y_2 - y_1, z_2 - z_1) \tag{8-1}$$

$$\vec{AC} = (x_3 - x_1, y_3 - y_1, z_3 - z_1) \tag{8-2}$$

(2)求空间两点的距离:

$$d_{(A,B)} = \sqrt{(x_2 - x_1)^2 + (y_2 - y_1)^2 + (z_2 - z_1)^2} \tag{8-3}$$

$$d_{(A,C)} = \sqrt{(x_3 - x_1)^2 + (y_3 - y_1)^2 + (z_3 - z_1)^2} \tag{8-4}$$

(3)求向量的模:

$$|\overrightarrow{AB}| = \sqrt{\overrightarrow{AB} \cdot \overrightarrow{AB}} = \sqrt{(x_2 - x_1)^2 + (y_2 - y_1)^2 + (z_2 - z_1)^2} \qquad (8\text{-}5)$$

$$|\overrightarrow{AC}| = \sqrt{\overrightarrow{AC} \cdot \overrightarrow{AC}} = \sqrt{(x_3 - x_1)^2 + (y_3 - y_1)^2 + (z_3 - z_1)^2} \qquad (8\text{-}6)$$

（4）计算两个向量的夹角。其中，令 $x_{11} = x_2 - x_1$，$y_{11} = y_2 - y_1$，$z_{11} = z_2 - z_1$，$x_{22} = x_3 - x_1$，$y_{22} = y_3 - y_1$ 和 $z_{22} = z_3 - z_1$，利用式（8-7）则可完成对角度 A 的计算：

$$\angle A = \frac{\overrightarrow{AB} \cdot \overrightarrow{AC}}{|\overrightarrow{AB}| \cdot |\overrightarrow{AC}|} = \frac{x_{11}x_{22} + y_{11}y_{22} + z_{11}z_{22}}{\sqrt{x_{11} + y_{11} + z_{11}} \cdot \sqrt{x_{22} + y_{22} + z_{22}}} \qquad (8\text{-}7)$$

（5）角度的处理。传统的数学方法可以直接实现对角度数据的处理和计算，但在程序设计当中还会存在一些处理差异，通过程序计算获得该角的弧度后，还需要完成弧度到角度的转换处理。用 C#程序语言处理上述过程，将结果数据从弧度转换为度，需要在程序控制中添加如下语句操作："System.Math.Acos(t) / System.Math.PI * 180;"，其中，t 为算法处理的弧度结果。

2. 实时角度计算

对人体下肢运动过程当中的骨关节角度进行实时计算和显示，有利于判断当前测量系统对于角度显示的准确性，通过对显示数据的直接观察可以判断当前骨骼屈伸的变化。同时，实时角度的显示和不断更新有利于对骨关节角度动态参数的观察和后期关节角度数据的处理。

3. 最大屈伸数据更新

人体下肢骨关节角度的最大屈伸状态直接决定了该人物关节的健康程度，对人体骨关节自由活动中的最大屈伸角度数据进行分析，有利于对骨关节疾病的诊断和分类，因此系统要求测量计算人体骨关节角度的最大屈伸状况，主要是完成对关节角度最大屈伸的计算更新和记录。

8.4.3　数据记录与文档保存

文本文档的操作和数据写入对后期数据分析非常重要，因此有必要完成该项工作。系统实现该项功能的主要步骤和注意事项包括两个部分。

1. FileInfo 类的调用

系统通过调用 FileInfo 类完成对文本文件的创建、打开和写入操作。FileInfo 类提供了创建、复制、删除、移动和打开文件的实例方法，并且在读写文件的操作时帮助创建 FileStream 对象（因为 FileInfo 对象本身并不表示流）。

FileInfo 类与 File 类不同，FileInfo 类不是静态的，它仅有可用于实例化的对象，而没有可供调用的静态方法。

FileInfo 对象可以对磁盘或网络位置上的文件进行表示，只需要提供对应文件所在的路径，便可以创建一个 FileInfo 对象，同时在表示路径的字符串前加上"@"符号就可以完成对"\"符号的转义操作，具体的实例化语句如下所示：

```
FileInfo myFile =new FileInfo(@"C:\Log.txt");
```

FileInfo 类也提供了与底层文件相关的属性，其中一些属性可以用来更新文件，这些属性都继承于 FilesSystemInfo，所以可应用于 File 和 Directory 类，如 AppendText() 是对文本文件的追加操作，Delete() 是文件删除操作。

2. 数据处理与记录

系统利用 Kinect 完成对基本的骨关节角度测量工作之后，需对正常骨关节的生长情况进行测量收集，同时利用相关医学资料进行校对，完成正常骨关节数据的标准制定。

处理的数据主要包括对左右髋关节、膝关节、踝关节 6 个部位的角度信息，尤其是对它们在自然状态下的最大屈伸角度的数据进行收集和整理。收集到足够的数据，通过聚类分析，完成对患有不同骨关节疾病的分类，并以此作为健康评估的标准。

数据处理与记录的具体方式是：将每一次的测量数据转换为 String 类型字符，再打开 txt 文档完成数据的写入与换行操作，同时对文档的保存地址进行可视化显示。

具体实现过程中，通过 8.3 节所述的骨关节角度测量方法对 75 例样本进行了实际测量和文档保存，数据统计如图 8-6 所示。

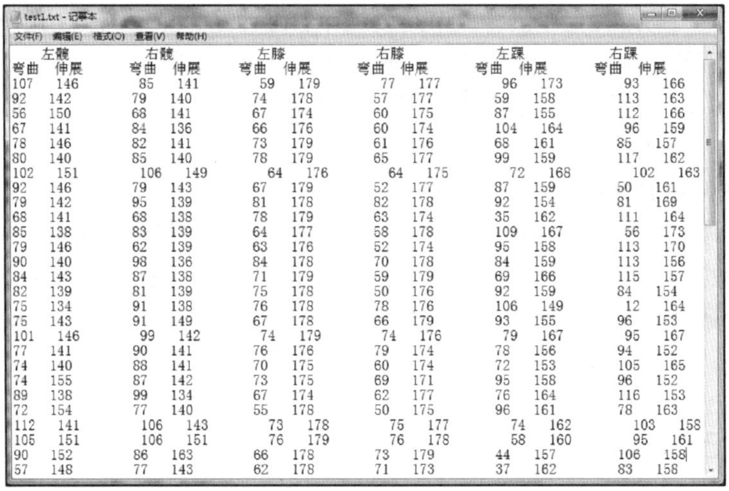

test1.txt - 记事本

文件(F)　编辑(E)　格式(O)　查看(V)　帮助(H)

左髋 弯曲	伸展	右髋 弯曲	伸展	左膝 弯曲	伸展	右膝 弯曲	伸展	左踝 弯曲	伸展	右踝 弯曲	伸展
107	146	85	141	59	179	77	177	96	173	93	166
92	142	79	140	74	178	57	177	59	158	113	163
56	150	68	141	67	174	60	175	87	155	112	166
67	141	84	136	66	176	60	174	104	164	96	159
78	146	82	141	73	179	61	176	68	161	85	157
80	140	85	140	78	179	65	177	99	159	117	162
102	151	106	149	64	176	64	175	72	168	102	163
92	146	79	143	67	179	52	177	87	159	50	161
79	142	95	139	81	178	82	178	92	154	81	169
68	141	68	138	78	179	63	174	35	162	111	164
85	138	83	139	64	177	58	178	109	167	56	173
79	146	62	139	63	176	52	174	95	158	113	170
90	140	98	136	84	178	70	178	84	159	113	156
84	143	87	138	71	179	59	179	69	166	115	157
82	139	81	139	75	178	50	176	92	159	84	154
75	134	91	138	76	178	78	176	106	149	12	164
75	143	91	149	67	178	66	179	93	155	96	153
101	146	99	142	74	179	74	176	79	167	95	167
77	141	90	141	76	176	79	174	78	166	94	152
74	140	88	141	70	175	60	174	72	153	105	165
74	155	87	142	73	175	69	171	95	158	96	152
89	138	99	134	67	174	62	177	76	164	116	153
72	154	77	140	55	178	50	175	96	161	78	163
112	141	106	143	73	178	75	177	74	162	103	158
105	151	106	151	76	179	76	178	58	160	95	161
90	152	86	163	66	178	73	179	44	157	106	158
57	148	77	143	62	178	71	173	37	162	83	158

图 8-6　数据统计图

图 8-6 所示的数据统计图展示了 75 例样本中左髋、右髋、左膝、右膝、左踝、右踝关节的最小和最大弯曲度，后续在此基础上对样本数据进行了整理和分析，即观察样本的规律和实际变化区间，对不合格的样本进行舍弃或者修改，如将明显不对、角度波动异常等情况，均视作数据不合格，最终留下了 66 组合格的数据。

8.5　骨关节功能评价系统界面设计

系统界面主要包括显示和用户操作两部分内容，其中显示内容主要有彩色图与深度图、角度测量数字化结果、功能评价结果等；用户操作部分主要包括用户控制组件的添加、操作按钮等。

1. 彩色图与深度图的显示

在完成系统的体感交互环境配置中，有两个程序脚本 DisplayColor 与 DisplayDepth，它们分别对应彩色图与深度图的获取，为了使系统结果更加生动形象，系统设计的结果将会把彩色图与深度图实时显示到界面当中，实时监测人物的运动状态。

设计过程包括显示平面图的绘制、环境的配置、脚本拖动和赋值，深度图与彩色图像的显示等，最终的显示结果如图 8-7 所示。

(a) 彩色图像　　　　　　　　　　(b) 深度图像

图 8-7　彩色图与深度图显示

图 8-7(a) 为 Kinect 采集到的彩色图像，图 8-7(b) 为对应彩色图的深度图像，二者最后同步显示到用户界面，对人物运动状态进行说明。

2. 控制组件的添加

控制组件主要包括具体人物的操作与按钮控制，GUI 控制是利用一类被称为 OnGUI() 的函数，只要在控制脚本激活的状态下，OnGUI() 函数可以在每帧调用，就像 Update() 函数一样。

系统设计最后通过按钮实现角度测量、重新测试、保存文档、健康评估与系统退出等功能操作。利用 Unity 自带的 GUI 绘制按钮完成相应的程序控制，程序的标准结构包括三种关键信息，具体格式为 Type(Position，Content)。

其中，Type 是一种在布局模式中讨论长度时才会被用到的控制类型，通过调用 GUILayout Class 等布局函数来定义。例如，GUI.Label() 将会创建一个非交互的标签，GUI.Button() 将会创建一个交互按钮。

```
if (GUI.Button (Rect (10,20,300,100), "控制操作"))
{
      print ("You clicked me!");
   }
```

由 OnGUI() 函数的格式可知，该函数拥有两个内容描述，一个是 Position 位置参数的描述，一个是 Content 内容显示的描述。

(1) Position。该参数是位置参数，用它来描述具体位置和详细尺寸时可以直接使用系统自带的 Rect() 函数。它能定义其所在的最左端和最上端位置，还能定义整体的详细宽度与高度，所有的值只能是整数，即让所有的 UnityGUI 控制工作在屏幕空间。

该函数的坐标系以左上为基础，Rect(10,20,300,100) 定义一个矩形：10、20 的位置开始，310、120 的位置结束。Rect 函数后面两个整数是定义的总宽和总高，而不是绝对位置上的宽和高，这就是为什么例子上提到的是 310、120，而不是 300、100。

（2）Content。该参数是内容参数，也就是控制组件所要显示的实际内容，如一些图片或文字，通常会根据相应设计的实际要求做出显示。

本次系统设计利用系统自带的 GUI 布局函数完成按钮设计与控制，通过程序控制实现按钮操作，完成人机交互过程。

3. 界面显示

为了使整个系统设计具备较强的操作性和良好的可观性，还需要完成系统可视化界面的整体布局，以及对 UI 界面的设计与制作，其中包括静态文本的添加、动态的数据显示以及场景的配置等操作，通过程序驱动控制完成人物图像的显示和测量数据的处理及处理结果的数字化显示，该系统整体界面运行良好，结果显示正确，能智能化显示测量完成的关节状况，如图 8-8 所示。

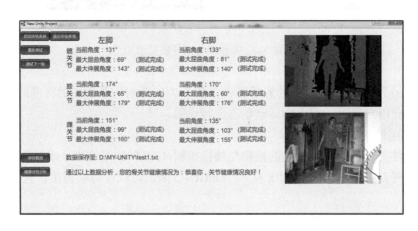

图 8-8   系统操作与界面 UI

图 8-8 所示的界面包括对深度图、彩色图的实时显示，一些静态文本的处理显示，各个关节角度及测试状态的显示，数据保存的处理结果以及各个控制组件的添加显示，整体布局良好，拥有较强的可观性与系统操作性。

8.6   骨关节功能评价

本节将采用合适的聚类算法完成对数据的实际分析和结果验证。通过对人体下肢 6 个关节的角度特征分析与标准比对，研究骨关节健康的评估方法；通过绘制各个关节数据的误差平方和曲线并进行实际分析完成聚类有效性的评价；通过对多个聚类指标的计算完成对聚类可靠性与准确度的进一步预测评估。

8.6.1　K-means 聚类算法

本次设计中数据聚类分析采用 K-means 算法,它是典型的以距离为目标函数的聚类方法的代表,K-means 聚类算法将数据点到各个聚类中心的某种距离作为算法优化与分类依据的目标函数,利用样本均值对聚类中心进行不断更新和归类调整。

1. 算法流程

在系统采用 K-means 聚类算法完成数据分类的过程中,首先对正常的骨关节数据进行分析,得出标准的数据范围;再以正常的数据范围作为分析比对的标准,对不同关节状况的骨关节角度数据进行收集整理;通过 K-means 聚类算法完成对不同关节数据的聚类分析,得出各个关节不同状态的数据范围与聚类中心点,并计算它们的误差平方和,以供系统对监测到的人体骨关节数据进行有效的健康评估和早期疾病诊断。其具体的算法流程如图 8-9 所示。

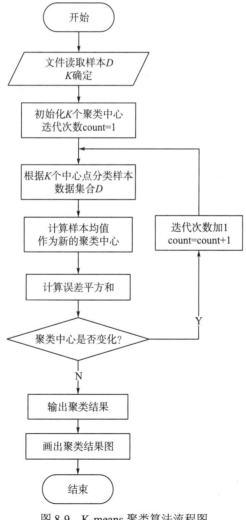

图 8-9　K-means 聚类算法流程图

图 8-9 详细展示了聚类算法的实现过程，首先读取文档中采集到关节角度数据样本集合 D，由用户指定聚类类别 K，初始化 K 个聚类中心的值，设置初始迭代次数 count=1；根据 K 个中心点分类样本数据集合 D，计算样本均值作为新的聚类中心；若聚类中心相比上次发生了变化，则 count 执行"+1"的操作，否则结束聚类过程。每一次的算法迭代都需计算各个样本类的误差平方和，结束聚类后则输出聚类结果并绘制出相应的图形，完成整体聚类分析过程与结果展示。

K-means 算法以距离为分类标准，根据某个距离函数完成分类，最常用的距离函数是闵氏（Minkowski）距离：

$$d_q(x,y) = \left[\sum_{k=1}^{p} |x_k - y_k|^q \right]^{\frac{1}{q}} \quad (q > 0) \tag{8-8}$$

式中，d 表示点 $x(x_1, x_2, \cdots, x_k)$ 和点 $y(y_1, y_2, \cdots, y_k)$ 之间的距离；x_k 表示点 x 的各个坐标值；y_k 表示点 y 的各个坐标值；p 为样本的变量个数描述；q 为数据的维数，当 $q=1$、$q=2$ 或 q 趋于正无穷时，则分别得到三种情况。

(1) 绝对值距离：

$$d_1(x,y) = \sum_{k=1}^{p} |x_k - y_k| \tag{8-9}$$

(2) 欧氏距离：

$$d_2(x,y) = \left[\sum_{k=1}^{p} |x_k - y_k|^2 \right]^{\frac{1}{2}} \tag{8-10}$$

(3) 车比雪夫距离：

$$d_\infty(x,y) = \max_{1 \leqslant k \leqslant p} |x_k - y_k| \tag{8-11}$$

在闵氏距离中，最常用的又是欧氏距离，它的主要优点是当坐标轴进行正交旋转时，欧式距离是保持不变的，因此，结合本次数据的样本特征，本次系统以欧氏距离为距离准则函数，完成整体数据的聚类。在此过程当中，每次分类都将重新确定一次聚类中心，其新的聚类中心使用取样本均值的方法，具体计算方法为

$$z_j = \frac{1}{n_j} \sum_{i=1}^{n} x_i \tag{8-12}$$

式中，z_j 表示当前类别 j 的均值结果；n 表示类别 j 的样本数量；x_i 表示类别 j 中所有取值点的具体参数值，如果是二维变量则 x_i 表示该点的横纵坐标值。

系统采取误差平方和作为目标函数，即误差准则函数[161]，并以其作为聚类算法效果的大致评估与准确度预测，总体误差平方和的定义为

$$E = \sum_{j=1}^{k} \sum_{i=1}^{n} d(x_i, z_j) \tag{8-13}$$

式中，E 表示对应类别的误差平方和的值；k 为聚类类别数；n 表示类别 j 的样本数量；x_i 表示类别 j 中所有取值点的具体参数值；z_j 表示类别 j 的均值结果；d 为数据 x_i 和 z_j 的偏差平方和，即 $(x_i - z_j)^2$。最后将 k 个类别的误差平方和相加即为总体误差平方和 E。

2. 聚类效果评估

聚类效果评估采用 purity、RI 与 F-measure[162]等指标，其中，purity 是正确聚类的样本数占总样本数的比例；RI 是度量正确的百分比；而 F-measure 由 precision（查准率）和 recall（查全率）两个指标组合。

(1) 评价方法一：purity。purity 是极为简单的一种聚类评价方法，只需计算正确聚类的样本数占总样本数的比例：

$$\text{purity}(\Omega,\ C) = \frac{1}{N}\sum_k \max_j \left|w_k \bigcap c_j\right| \tag{8-14}$$

式中，$\Omega=\{w_1,w_2,\cdots,w_k\}$ 是聚类的集合；w_k 表示第 k 个聚类的集合；$C=\{c_1,c_2,\cdots,c_j\}$ 是样本数据集合；c_j 表示第 j 个样本数据；N 表示样本数据总数。

purity 方法的优势是计算方便，值为 0~1，完全错误的聚类方法值为 0，完全正确的方法值为 1。但是，purity 方法的缺点也很明显，它无法对退化的聚类方法给出正确的评价，设想如果聚类算法把每个样本数据单独聚成一类，那么算法认为所有数据都被正确分类，purity 则为 1，而这显然不是想要的结果。

(2) 评价方法二：RI。

RI（rand index）是指度量正确的百分比，是一种用排列组合原理来对聚类进行评价的手段：

$$RI = \frac{TP+TN}{TP+FP+FN+TN} \tag{8-15}$$

式中，TP 是指被聚在一类的两个数据被正确分类了；TN 是指不应该被聚在一类的两个数据被正确分开了；FP 是指不应该放在一类的数据被错误地放在了一类；FN 是指不应该分开的数据被错误地分开了。

(3) 评价方法三：F。F 即 F-measure，这是基于上述 RI 方法衍生出的一个方法，是由 precision（查准率）和 recall（查全率）两个指标组合而成，表 8-1 记录了各个变量的详细定义，由此可得出 F 值的计算公式(8-16)。

表 8-1　变量的定义

实际类别	算法结果		
	Cluster1	Cluster2	Cluster3
Cluster1	A	B	C
Cluster2	D	E	F
Cluster3	G	H	I

F 的计算公式也是由 RI 计算公式转换而来，完整定义如式(8-16)所示。

$$P = \frac{A}{A+D+G}$$
$$R = \frac{A}{A+B+C}$$
$$F_i = \frac{2P_iR_i}{P_i+R_i} \tag{8-16}$$
$$F_{\text{measure}} = \frac{\sum_i\left[|i|\times F_i\right]}{\sum_i|i|}$$

式中，P 为查准率；R 为查全率；P_i 为每个样本的查准率；R_i 为每个样本的查全率；F_i 为每个样本的 F 值；总的 F 值为 F_{measure}，由每个分类的 F_i 的加权平均所得。

RI 方法有个特点就是把准确率和召回率看得同等重要，事实上有时候我们可能需要某一特性更多一点，这时候就适合 F 值方法。

8.6.2 数据测试与分析

利用骨关节空间角度测量方法实测 66 例健康骨关节角度数据。通过对骨关节活动状态的分析，确定正常人群关节角度屈伸范围，如表 8-2 所示，它们可以作为后期正常样本的功能分类标准。在 66 例健康骨关节屈伸数据分析基础上，增加测试数据至 152 例，通过聚类程序分析这 152 例数据。

表 8-2   66 例健康骨关节屈伸数据

关节	弯曲	伸展	样本描述
左髋	52°～116°	134°～155°	
右髋	62°～118°	136°～160°	
左膝	55°～85°	174°～180°	
右膝	50°～82°	175°～180°	多个测试样本的屈伸波动范围各异、不同人群不同关节的屈伸角度各异
左踝	58°～114°	148°～173°	
右踝	58°～116°	152°～173°	

图 8-10 所示是以左膝关节为代表的聚类结果，其中横轴为伸展角度，纵轴为屈曲角度。数据被分为三类，分别是正常的一类、屈伸角度不足的一类、伸展角度不足的一类。

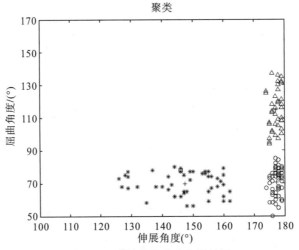

图 8-10   膝关节聚类及归类结果

注：△,○,∗ 代表需要聚类的三类数据；+代表聚类的中心点；三类数据会在分类基础上进行判定；□代表新加的分类数据。以相同方式，利用 K-means 聚类算法可以完成其他下肢关节样本数据

添加需要归类的新样本数据会在分类基础上进行归类判定，图 8-10 中以"□"号表示参与归类的新的测量数据。利用上述 K-means 聚类算法以相同方式，可以完成其他下肢关节样本数据的聚类分析。表 8-3 记录了人体下肢各关节角度数据的具体分类情况。

表 8-3　下肢各关节角度数据聚类结果

关节	迭代次数	状态	聚类中心	单个误差平方和	整体误差平方和
左髋关节	11	正常	(87.6°,141.4°)	1.4579×10^4	
		欠屈	(131.2°,147.7°)	2.3612×10^3	2.8033×10^4
		欠伸	(79.0°,117.1°)	1.1093×10^3	
右髋关节	6	正常	(129.7°,146.8°)	3.461×10^3	
		欠屈	(79.5°,116.7°)	9.9472×10^3	2.2649×10^4
		欠伸	(70.7°,177.3°)	4.2029×10^3	
左膝关节	9	正常	(70.7°,177.3°)	4.2029×10^3	
		欠屈	(114.4°,177.2°)	5.9573×10^3	1.7404×10^4
		欠伸	(69.7°,147.4°)	7.2438×10^3	
右膝关节	4	正常	(66.3°,175.9°)	8.5659×10^3	
		欠屈	(114.4°,177.4°)	5.9406×10^3	2.1167×10^4
		欠伸	(70.0°,146.8°)	6.6602×10^3	
左踝关节	8	正常	(85.4°,158.6°)	1.1782×10^4	
		欠屈	(141.5°,163.0°)	1.0336×10^4	3.27×10^4
		欠伸	(85.9°,124.2°)	1.0582×10^4	
右踝关节	5	正常	(93.4°,160.0°)	1.3734×10^4	
		欠屈	(143.4°,163.3°)	7.8496×10^3	3.2166×10^4
		欠伸	(85.9°,124.2°)	1.0582×10^4	

表 8-3 中包括各关节类别，聚类过程中的迭代次数、状态、聚类中心、单个误差平方和以及整体误差平方和，其中，单个误差平方和可以反映每一个聚类结果的差异性，整体误差平方和可以判断不同聚类结果的样本差异。

8.6.3　功能分类算法验证

对下肢每一个关节进行测试并记录正常、欠屈和欠伸三种情况下各 10 组数据，一共 30 组数据，在聚类结果数据中输入测试的数据，并完成对数据的归类，验证测试结果如表 8-4 所示。

表 8-4　聚类评估指标

实际类别	测试结果		
	伸展困难	正常	屈曲困难
伸展困难	$A_i=\{7,6,6,7,8,8\}$	$B_i=\{2,4,4,3,2,2\}$	$C_i=\{1,0,0,0,0,0\}$
正常	$D_i=\{0,0,0,0,0,0\}$	$E_i=\{9,8,10,10,9,10\}$	$F_i=\{1,2,0,0,1,0\}$
屈曲困难	$G_i=\{0,0,0,0,0,0\}$	$H_i=\{0,0,1,1,0,0\}$	$I_i=\{10,10,9,9,10,10\}$

表 8-4 中 $A_i\sim I_i$ 分别为各个关节角度数据的测试结果情况，其中 $i=\{1,2,3,4,5,6\}$ 分别对应左髋关节、右髋关节、左膝关节、右膝关节、左踝关节、右踝关节的数据测试结果，如 $A_1\sim I_1$ 代表的是左髋关节的数据测试结果，结果表明 10 个伸展困难的样本有 7 个被正确归类，2 个被错误地归类到正常，1 个被错误地归类到屈曲困难；10 个正常的测试样本有 9 个被正确归类，1 个被错误地归类到屈曲困难；10 个屈曲困难的测试样本完全正确归类于屈曲困难类。

结合聚类评估原理之中涉及的计算方法可以计算相应关节的聚类指标，各关节聚类评估指标结果如表 8-5 所示。

表 8-5　聚类评估指标

关节	聚类指标		
	purity	RI	$F_{measure}$
左髋	0.867	0.837	0.860
右髋	0.800	0.789	0.795
左膝	0.833	0.800	0.832
右膝	0.867	0.832	0.868
左踝	0.900	0.878	0.899
右踝	0.930	0.917	0.933

由表 8-5 可知，利用 K-means 聚类算法能较好地完成骨关节空间角度数据的聚类和样本归类，以左髋关节数据的聚类分析和指标计算为例，三个聚类指标的值分别为 0.867、0.837、0.860，即该关节数据的聚类准确度稳定在 0.830 以上。就整个系统而言，所有关节聚类评估准确度能稳定在 0.800。

8.7　系统实现

综上所述，基于 Kinect 的骨关节角度测量与健康评估系统实现从三个部分出发：①Unity 与 Kinect 体感交互的环境配置，这包括对深度图像的获取、人体检测技术跟踪以及三维骨架的生成；②关节数据处理与角度计算，包括关节点的数据采集、角度计算与数据的保存记录以及整体系统 UI 界面的设计制作；③在 MATLAB 环境下完成对实验数据的验证和仿真,并完成聚类程序的编写、算法验证和聚类效果的评估;通过聚类程序完成对角度参数的聚类和样本数据的分析,利用该系统实测数据与聚类结果数据的分析与比对,完成健康评估系统的整体设计,系统工作流程图如图 8-11 所示。

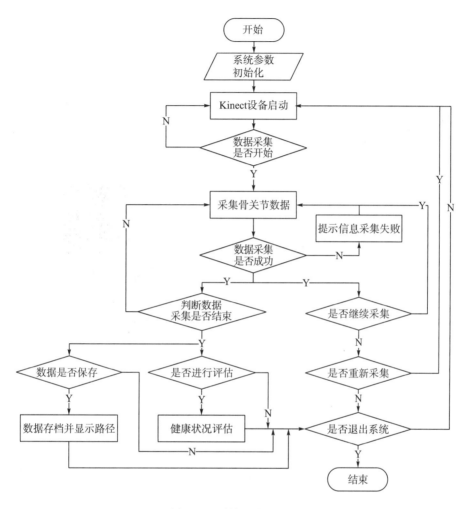

图 8-11　系统工作流程图

图 8-11 所示的系统工作流程图首先是整体系统的初始化,然后是 Kinect 体感摄像头的连接和启动、人为控制数据的采集过程,点击相应的操作按钮则实现相应的功能:点击"数据采集"完成对测量的角度信息和当前测量状态的显示,系统自动判断数据是否采集结束,数据采集结束后通过按钮操作完成接下来的数据保存与健康评估操作。

实现过程包括系统实测、数据分析、图表展示、健康评估。研究重点在于实验结果的显示与分析,以及对人体健康评估的过程,通过误差平方和曲线图的分析初步判定聚类效果,结合多个聚类指标的计算完成对测量误差和项目的准确度的预测,具体功能实现如下。

（1）人体监测与骨架获取;

（2）数据采集与关节角度计算;

(3)聚类程序的功能完善与实验仿真；

(4)数据分析比对与健康评估归类；

(5)良好的界面设计和操作控制；

(6)系统准确度预测与可靠性判断。

8.8　系　统　测　试

系统最终以 Unity 为开发平台，运用 C#编程语言连接 Kinect，实时采集数据并进行骨关节功能评估，图 8-12 所示为系统测试结果。

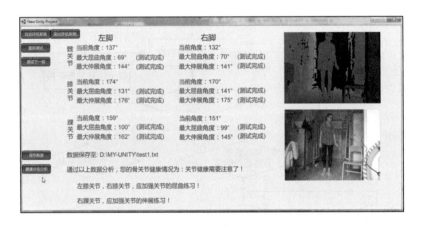

图 8-12　系统测试结果

图 8-12 所示的系统测试结果图中包括 Kinect 图像实时采集与显示，下肢左右髋关节、膝关节、踝关节空间角度显示与功能评估等部分。系统能够实时获取关节点之间的角度并进行最大屈伸数据的更新记录，适用于多种参数的系统聚类，且可视化强，能够非接触地完成骨关节空间角度功能的数字化评估。

实验测试结果证明：系统以可视化方式为用户呈现骨关节功能的数字化分析与功能评估结果；聚类评估指标 purity、RI 与 F-measure 等都能稳定在 0.800 及以上，基本满足骨关节空间角度数字化评估要求，可以为医务人员在诊断、治疗方案确立、治疗前后功能对比评价以及康复指导方面提供一种更客观、有效的依据。

8.9　本　章　小　结

国内外对于 Kinect 骨架跟踪的相关理论和项目研究有很多，技术也在不断完善和成熟，本章选定 Kinect 为体感交互设备，结合聚类分析的数理统计方法，完成对人体下肢骨关节的角度测量与健康评估，在测量过程中的一个重大问题便是关节的不稳定度造成的骨架误差，尤其是对人体手臂和下肢腿部骨架跟踪还不够准确，这就要求被测人物在测量过程中姿势足够标准，减小由于关节不稳定度带来的误差。

设计的主要研究工作包括六个方面。

(1) 对体感交互技术的研究，通过对 Kinect 深度信息测量原理的理解以及人体监测技术的相关学习，完成对人体 20 个主要关节点的识别和三维骨架获取。通过捕获人体运动图像和运动过程，实时获取关节点的坐标并计算相应的关节角度。

(2) 完成系统测量工作的数据保存以及 UI 显示界面的制作，主要包括彩色图与深度图的显示、6 个关节点实时角度及最大屈伸角度的更新显示和记录，以及数据保存和健康评估的显示结果等。

(3) 利用角度测量系统完成人体骨关节角度的实测和数据记录。

(4) 在 MATLAB 下完成对数据聚类分析程序编写和图形绘制，观察角度特征的变化范围并验证聚类结果的准确性。

(5) 观察聚类结果，绘制误差平方和曲线，完成对聚类效果的初步判断。

(6) 完成系统功能的程序设计和关联，将数据分析的结果用于实际健康评估，并利用多个聚类指标的计算完成对聚类结果评估的可靠性预测。

系统设计的功能相对比较完善，实现比较合理，但也还存在很多不足之处和待改进的地方，如关节的不稳定度、Kinect 原始测量误差、无法获得官方的骨关节角度参数数据、没有完全准确的比对标准、标准数据库样本量不够大、对样本的特征分析还不够、只能通过系统实测完成数据分析、欠缺一定的可信度等，因此本项目后期改善的空间还很大，在本书的研究基础上可以继续扩展，如进行关节点的修复、人体姿势的识别、人体运动的步态分析与健康预测以及术后修复等。

第9章 基于 Kinect 深度图像的导盲系统设计

近年来，社会对盲人的关注度越来越高。据统计，目前中国有视力障碍的残疾人约有1731 万人，其中盲人有 500 多万人，占全世界盲人数量的 18%，每年我国新增 40 多万盲人。解决盲人出行障碍，成为社会共同关注的问题。

在科技如此发达的今天，能给盲人提供方便的不仅有拐杖和导盲犬，还有很多高科技产品。由第 7 章和第 8 章的介绍，我们知道 Kinect 作为一种 3D 体感摄影机，同时又导入了即时动态捕捉、影像辨识、麦克风输入、语音辨识、社群互动等多种功能，可以应用在导盲系统中。

本章基于 Kinect 深度图像在 Visual Studio 2012 开发环境下设计了导盲系统，实现了三维图像的前期处理（包括图像灰度化、中值、膨胀、腐蚀、二值化处理），提取并绘制了图像中障碍物最小外接矩形轮廓，利用轮廓锁定障碍物坐标，计算并筛选出有效障碍物，整个过程采用多线程提高了程序的工作效率。最终设计调试结果显示，将 Kinect 放置在使用者前方，可识别使用者周围 1~4m 的有效障碍物并显示出障碍物位于使用者上、下、左、右、前、后的距离，表明该方法是一种有效的障碍物识别方法，为后续基于深度图像的导盲系统设计奠定了基础。

9.1 系 统 分 析

为了协助盲人安全行进，提高他们的生活质量，世界各国一直在进行电子导盲系统的研制。欧盟开发了一项有关盲人在马路上安全行走的计划，该计划基于 RFID（radio frequency identification，射频识别）技术，通过发送激活信号来告知来往的民众和车辆，间接保护盲人群体过马路的安全。这个系统已经在意大利的三条街道上进行了实验，特别是在十字路口，对保障交通安全具有深远意义[163]。赖昱勋、叶峻利等设计研发的 RFID 导盲手杖将导盲系统移植入手杖中，时时告知盲人所在路名、前方红绿灯标志、路口两侧距离及交通信号灯实时剩余秒数[164]。2017 年，我国首个实用化云端智能导盲机器人正式在东京举办的软银大会上亮相，该款产品集 5G 移动通信、云计算、人工智能以及智能分析等技术于一身，通过建立稀疏地标地图制定最优出行路径方案，并实时采集周边环境信息，实现避障无盲区，以及在视频流中准确抓取人脸，在嘈杂环境中识别各种语音，从而全方位地帮助盲人完成出行、信息交互和社交活动，不过，该项研究耗费的人力物力太大，实现工期较长[165]。

从电子导盲系统的发展来看，导盲的方式方法和思维角度在不断地发生变化，但是目前人们都把重点放在了直接、方便的方向上。已经成功研制出的电子导盲系统大体可以分为：手杖类导盲辅具、穿戴式导盲辅具、移动式导盲辅具[166]，其中，手杖类导盲辅具是一款在手杖的把手部分安装具有控制作用的微型计算机，在手杖的不同位置安装专用的探测传感器实现导盲，2010 年 5 月 20 日，日本公开了一种新发明的电子导盲杖，该种导盲杖能够让使用者感受到脸部高度处的障碍物[167]；穿戴式导盲辅具是将导盲装置直接穿在身上，盲人通过简单的导盲语音提示来安全行进，美国大学机器人实验室 Shoval 以其所设计的避障系统 OAS（obstacle avoidance system）为基础开发出了腰带式行动辅具，该辅具在实际应用中可以通过引导的方式使盲人避开障碍物，将盲人作为半被动式接受躲避障碍物命令的移动工具；移动式导盲辅具是借助智能机器人技术实现环境障碍探测、道路交通标志识别、行进路径规划、信息实时交互等功能[168]，日本山梨大学（University of Yamanashi）研制了一种智能手推车 ROTA（robotic travel aid），它可以引导盲人穿过马路，当它移动的时候，能够识别周围的环境，如果遇到问题，会与服务中心取得联系，并且允许在轨道上给出额外的信息和命令。

另外，基于图像处理化的导盲辅具也是近年来电子导盲仪的又一个发展新方向。基于图像处理化的导盲辅具是通过传感器获取盲人所处环境的图像，利用计算机对图像进行单目、双目或多目视觉方法的分析和处理，最终实现对盲人周边障碍物的识别，引导盲人安全行进是图像处理化导盲仪的基本目标[169]。双目或多目视觉处理主要使用计算机被动感知距离的方法，在二维图像处理的基础上，根据距离信息实现三维即时定位与地图构建（simultaneous localization and mapping, SLAM）。声呐、激光和红外传感器是常用的距离信息获取方法，但是如何将二维图像信息与距离信息有效融合是三维 SLAM 的实现难点。

Kinect 作为同时具备彩色与深度摄像头的双目传感器，有效避免了三维 SLAM 的配准问题，且已被初步研究应用于三维 SLAM 地图[170, 171]，但是仍有很多待解决的问题，如 Kinect 图像的边缘噪声会对障碍物的边界监测造成影响，障碍物可能凹凸不平，每一点的深度值都不同，障碍物的深度值该如何确定等。

本章在 Kinect 研究应用基础上，主要完成基于 Kinect 深度图像的导盲系统设计，即在 Visual Studio 2012 环境下，利用 Kinect 实时采集深度数据和二维彩色图像，并对采集的图像进行前期处理（包括图像灰度化、中值、膨胀、腐蚀、二值化处理）；提取并绘制图像中障碍物的最小外接矩形轮廓，利用轮廓锁定障碍物坐标，计算并筛选出有效障碍物，规划盲人有效行走路线。其中，障碍物识别算法及其障碍物三维坐标标定是系统研究重点。

9.2　系　统　设　计

在 Visual Studio 2012 开发环境下，基于 Kinect 的导盲系统应实现包括环境配置、Kinect 数据采集、数据分析、语音系统测试等功能，具体的系统功能结构图如图 9-1 所示。

图 9-1　系统功能结构图

图 9-1 展示了整个系统的三大模块的流程交互，具体步骤如下：

(1) Kinect 在 Visual Studio 2012 环境下运行采集图像；

(2) Visual Studio 2012 将采集到的图像经过算法处理得到的障碍物提示结果转入语音系统；

(3) 语音系统完成文字到语音的转换，实现导盲系统设计。

以下将对系统设计中用到的基本原理和相关技术做详细说明。

9.2.1　OpenCV 和 Kinect 的环境配置

在本系统设计中需要使用 Visio Studio 调用 Kinect，并且配合 OpenCV 的库函数来完成简单的用户界面输出障碍物信息、深度图像获取等操作。本系统使用 VS2012（内部代号 v11）、OpenCV2.4.10 及 Kinect SDKv2.0，将 Kinect 和 OpenCV 都配置到 Visio Studio 中，以此为系统软件开发的基础，完成系统功能设计和开发。

具体配置过程分为两步。

1. Kinect for Windows v2.0 SDK +VS2012 **环境搭建**

首先，在 Kinect for Windows v2.0 SDK 官网下载 Kinect v2.0 SDK，然后按以下步骤进行配置。

(1) 使用 VS2012 新建 Win32 控制台应用程序。在视图标签→其他窗口→属性窗口中，右键 Debug|Win32，选择 Add New Project Property Sheet，选择 Property Sheet（.props），设置项目名称为 Kinect_ProjectD，项目位置为工程主目录。

(2) 环境变量配置。使用 Kinect 配置可以直接添加 Kinect_ ProjectD.props。选择 Add，双击 Kinect_ProjectD，选择 VC++ Directories，在 include（包含）目录中添加 $(KINECTSDK20_DIR)\inc，在 lib（库）目录中添加$(KINECTSDK2 0_DIR)\lib\x86。

(3) 添加附加依赖项。选择链接器→输入→附加依赖项，添加：Kinect20.lib。

最后在项目头文件中添加：#include <Kinect.h>。

至此，Kinect for Windows v2.0 SDK +VS2012 环境搭建完成。

2. 在 Visio Studio **中配置** OpenCV

进入 OpenCV 官网 http://www.opencv.org/，下载相应版本 OpenCV2.4.10（vs 内部版本代号与 OpenCV 版本号相对应，版本不对应时即便成功配置，由于兼容性的问题在后期操作中也可能出现错误），下载完成后对文件解压缩，按以下步骤进行配置。

(1) 环境变量配置。选择操作电脑（计算机），右键点击属性→高级系统设置→环境变量→系统变量→找到 Path，在变量值中添加相应路径，如本系统文件路径为 C:\Opencv2.4.10\opencv\ build\x64\vc14\bin。

注意分号使用英文输入法输入，更改环境变量后点击"应用"，再点击"确定"，重新启动计算机使更改生效。

(2) 建立一个 Win32 控制台应用程序。打开 VS2012，选择文件→新建→项目→Visual C++，新建 Win32 控制台项目。

(3) VS2012 的包含目录、库目录配置。首先在源文件下建立一个.cpp 源文件，命名为 main.cpp，然后在属性管理器窗口打开 test 工程文件，打开 Debug|Win32 的文件夹，选择名为 Microsoft.cpp.win32.user 的文件，右键点击属性；选择通用属性下的 VC++目录，右边会有 include 目录和 lib 目录，点击 include 目录，添加以下三条路径(其实这些都是刚才 OpenCV 相关解压文件所在的目录)。

C:\Opencv2.4.10\opencv\build\include

C:\Opencv2.4.10\opencv\build\include\opencv

C:\Opencv2.4.10\opencv\build\include\opencv2

这三条路径要依据自己解压 OpenCV2.4.10 的路径进行修改。

再点击 lib 目录添加下面一条路径:

C:\Opencv2.4.10\opencv\build\x64\vc14\lib

(4) 添加附加依赖项(重要)。还是刚才的属性页面，点击"链接器"，选择"输入"，会在右侧看到附加依赖项，添加文件:

opencv_ml2410d.lib ; opencv_calib3d2410d.lib ;
opencv_contrib2410d.lib ; opencv_core2410d.lib ;
opencv_features2d2410d.lib ; opencv_flann2410d.lib ;
opencv_gpu2410d.lib ; opencv_highgui2410d.lib ;
opencv_imgproc2410d.lib ; opencv_legacy2410d.lib ;
opencv_objdetect2410d.lib ; opencv_ts2410d.lib ;
opencv_video2410d.lib ; opencv_nonfree2410d.lib ;
opencv_ocl2410d.lib ; opencv_photo2410d.lib ;
opencv_stitching2410d.lib ; opencv_superres2410d.lib ;
opencv_videostab2410d.lib ; opencv_objdetect2410.lib ;
opencv_ts2410.lib; opencv_video2410.lib; opencv_nonfree2410.lib;
opencv_ocl2410.lib ; opencv_photo2410.lib ;
opencv_stitching2410.lib ; opencv_superres2410.lib ;
opencv_videostab2410.lib ; opencv_calib3d2410.lib ;
opencv_contrib2410.lib ; opencv_core2410.lib ;
opencv_features2d2410.lib ; opencv_flann2410.lib ;
opencv_gpu2410.lib ; opencv_highgui2410.lib ;
opencv_imgproc2410.lib; opencv_legacy2410.lib; opencv_ml2410.lib。

文件末尾带有 d 的为 Debug 模式，不带 d 的为 Release 模式。

(5) 测试。运行一下程序，若能正确输出图片，则环境配置成功。

```
#include<iostream>
```

```
#include<opencv2\opencv.hpp>
int main()
{
    cv::Mat picture = cv::imread("wallpaper.jpg");
    // wallpaper.jpg 为图片, 需要添加到工程目录下, 可以将图片的完全路径
添加到括号中, 如: cv::imread("D://图片文档//kakaxi.png");
    cv::imshow("测试程序", picture);
    cv::waitKey(20150901);
}
```

9.2.2　Kinect 深度图像处理

本次设计所使用的数据采集设备是 Kinect2.0, 它对 PC 环境的要求是 Windows8 以上的操作系统, 64 位的物理双核, 3.1GHz 以上的处理器, 此外还需要支持 USB3.0 的接口, 主要利用它的红外和深度图像处理功能。

目前环境深度测量的方法主要有三角测距法、飞行时间法、结构光测量法等。而 Kinect 采集环境数据的基本原理是深度图像, 其核心是 LightCoding。LightCoding 的光源为激光散斑, 散斑的主要特性是高度随机性, 并且散斑会随着距离的远近而更换不同的图案。散斑成像的具体原理如图 9-2 所示。

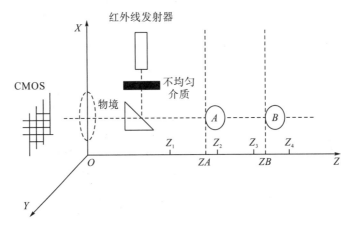

图 9-2　散斑成像原理

假定以图中 Z_1、Z_2、Z_3、Z_4 为参考图像, 在观测 A 物体时, 通过红外线发射器向外界发射红外光线, 光线穿透不同的介质后会改变其光谱, 深度摄像头会接收散斑图像反射回来的光线, 处理过后就能得到待测物体的散斑图像 ZA, 然后 Kinect 内置芯片 PrimeSensePS1080 对散斑图运用逻辑运算进行编码,结合数学模型计算即能得到每一个像素的深度, 形成深度图像数据。

9.2.3　文字转语音处理

在导盲系统设计中,将最终的障碍物位置与路径规划以语音方式进行提示是必不可少的,这涉及文字转语音(text to speech, TTS)的处理。

目前支持 TTS 处理的软件平台很多,如百度 AI 开放平台、科大讯飞开放平台等,其中科大讯飞 API 接口为开发者免费提供语音识别、语音合成、语音评测、声纹识别、人脸识别等 SDK 下载服务,因此被很多开发系统所采用。

本章导盲系统设计也将采用科大讯飞开放平台为开发者提供的"云+端"的语音识别和语音合成服务实现 TTS 处理,但系统测试重点为障碍物识别算法及其障碍物三维坐标标定。

9.3　障碍物识别算法

在基于 Kinect 深度图像的导盲系统中,障碍物识别算法原理如图 9-3 所示。

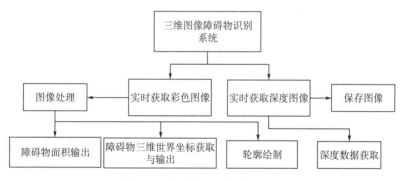

图 9-3　障碍物识别算法原理图

障碍物识别算法具体操作如下所述。

(1)实时获取彩色图像和深度图像。障碍物识别的第一步是要实时地获取前方图片,Kinect 带有深度摄像头和彩色摄像头,使用 VS 调用 Kinect 获取彩色图像。

(2)图像处理。Kinect 在采集图片时会有边缘噪声,会对提取障碍物的边界检测造成影响,所以获取到图片后要将图片进行滤波处理,本系统首先采用中值滤波,然后膨化腐蚀,最后使用二值化去掉噪声,过滤掉很小或很大像素值的图像点,再消除地面影响。

(3)轮廓绘制。要获取障碍物的大小,首先就要提取障碍物的轮廓。系统采用边缘检测 Canny 算法,在保证低错误率的同时准确定位,将检测出的轮廓绘制出来。

(4)障碍物面积输出。筛选障碍物面积,在障碍物识别中这部分最为重要,首先使用面积算法计算出所有的轮廓面积,并将轮廓面积编号,然后设置阈值为 50,筛选出大于阈值的障碍物并保存筛选出来的障碍物编号。

(5)障碍物三维世界坐标获取与输出，障碍物是一个不规则的图像，要获取坐标值的话，简便方法就是找出不规则障碍物的最小外接矩形，从而得到图像的坐标；要将图像坐标转化为世界坐标需要第三维度距离，调用 Kinect，使其获得深度图像，并将图像上每一点的深度值(即距离)保存到二维数组里，通过三维坐标下的几何关系将图像坐标转化为世界坐标并输出。

(6)保存图像。本次设计需要保存获得的实时图像(不包括处理后的图像)，可将要保存的本地路径添加到函数的参数中，通过调用保存图像函数实现。

(7)得到结果，利用讯飞开发平台将运行结果用语音的形式播报。

基于 Kinect 深度图像的导盲系统中障碍物识别算法为什么会有这么多步骤呢？因为 Kinect 虽然能够获取彩色图像和深度图像，但是存在一个很严重的问题，在 Kinect 采集图片时会有边缘噪声，会对障碍物的边界检测造成影响，所以本章首先对图像进行了中值滤波处理，滤波后发现有效果，但是还是不够好，于是利用膨胀对高亮区进行拉长，然后再进行腐蚀，下一步寻找障碍物的轮廓，绘制出轮廓后，使用二维图像坐标转化为三维实际坐标，但是几乎所有的轮廓都是不规则的，所以只能找出所有轮廓的最小外接矩形，通过外接矩形来标定所有轮廓的坐标。

另外，障碍物可能是凹凸不平的，且每一点的深度值都不同，那怎么取一个障碍物的深度值呢？本设计算法实现过程中将障碍物上所有的深度值求和后取平均，其均值结果为障碍物的深度值。

所以，基于 Kinect 深度图像的导盲系统中障碍物识别算法包括深度图像处理、彩色图像处理、障碍物轮廓计算、障碍物面积筛选、寻找轮廓最小外接矩形、障碍物三维坐标标定及存图像，以下进行详细介绍。

9.3.1 深度图像处理

一个障碍物通常是一个不规则的物体，且表面上每一个点距离摄像头的距离通常都是不相等的。所以要大致计算出某个障碍物的深度值，需要获取图像上每一个点的深度值，再将障碍物上所有的深度值点求和取平均。

1. 获得图像上每一个点的深度值

首先设置一个深度点类的对象 depthPoints，image_rgb 为彩色图像，image_rgb.rows 调取图像的行数，image_rgb.cols 调取图像的列数，使用两个 for 的嵌套循环可以扫描完一整张图片上的所有像素点[172]。然后深度像素点调用 depth 函数就可以得到具体某个点的深度值，并将它们依次保存到二维数组 depth[i][j]中，关键代码如下。

```
NUI_DEPTH_IMAGE_POINT*depthPoints=new
NUI_DEPTH_IMAGE_POINT[640 * 480];  //存放深度点的参数
    for (int i = 0; i < image_rgb.rows; i++)
        {
            for (int j = 0; j < image_rgb.cols; j++)
            {
```

```
            //在内存中偏移量
            long index = i * 640 + j;
            //从保存了映射坐标的数组中获取点
            NUI_DEPTH_IMAGE_POINT  depthPointAtIndex  =  depthPoints
[index];

            depth[i][j]=depthPointAtIndex.depth*0.001;
        }
    }
```

2. 障碍物深度值计算

一个障碍物通常是一个不规则的物体,且表面上每一个点距离摄像头的距离通常都是不相等的。所以要大致计算出某个障碍物的深度值,就得将上面的所有点的深度值求和后取平均,其均值结果为障碍物的深度值。

障碍物的轮廓是一个不规则的物体,要想获取其全部点坐标,最好且最便捷的方法是取不规则障碍物的最小外接矩形,然后遍历矩形上的所有点。

关键代码如下。

```
int m=(int)x[i];//左上角  int f=(int)y[i];
        int r=(int)c[i];//右下角 int s=(int)k[i];
        for(int j=f;j<=s;j++)
        {
            for(int l=m;l<=r;l++ )
            {
                d=d+depth[l][j];
            }
        }
        d=(double)d/((s-f+1)*(r-m+1));
```

假定矩形左上角的坐标为 (m, f),右下角的坐标为 (r, s),那么矩形的长度为 $r-m$,宽度为 $s-f$。

使用一个循环嵌套就能遍历完矩形上的所有点,然后将全部点坐标对应的深度值求和后取平均。但是一定要将 “/” 强制类型转化为 double 类型,不然之后会造成非常大的误差。获取完深度图像后,要对彩色图像进行前期的预处理。

9.3.2　彩色图像处理

获取到要处理的图像是彩色图像,而彩色图像的数据量较大,对其处理时速度较慢,对实时检测障碍物的影响较大,因此首先将 24 位真彩色图像转换成灰度图像,然后在单通道灰度图像上进行障碍物的检测。

在本系统设计中,图像进行前期处理必须要二值化,在二值化前需要将彩色图像转换为灰度图像。

彩色图像到灰度图像的转换公式为

$$Y=0.212671*R+0.715160*G+0.072169*B \qquad (9\text{-}1)$$

式中，R、G、B 分别代表"红""绿""蓝"三原色的值。

接下来先将图片二值化，然后经过中值滤波以及膨胀腐蚀后就完成了图像的前期噪声处理。

1. 二值化

二值化灰度图像，使用函数 cvThreshold () 对单通道数组进行固定阈值操作。该函数对灰度图像进行阈值操作后得到二值图像，过滤很小或很大像素值的图像点。本函数支持对图像取阈值的方法由门限阈值(threshold_type)确定，将大于阈值的部分灰度值保留，小于阈值的部分删除掉，以达到过滤很小像素值图像点的目的。

2. 中值滤波

中值滤波的主要功能就是修改与周围像素灰度值的差比较大的像素，通过运算将其修改为与周围的像素值接近的值，这样可以消除孤立的噪声点。去除噪声点后系统能更容易检测出障碍物轮廓边缘。

中值滤波在去除椒盐噪声的同时又能保留边缘细节，具体实现过程中按强度值大小排列像素点，选择排序像素集的中间值作为像素点的新值。

OpenCV 的 medianBlur() 函数使用中值滤波器来平滑(模糊)处理一张图片，且对于多通道图片，每一个通道都单独进行处理，并且支持就地操作。

3. 形态学图像处理：膨胀与腐蚀

膨胀或者腐蚀操作就是将图像(或图像的一部分区域)与核进行卷积。核可以是任何形状和大小，它拥有一个单独定义出来的参考点，我们称其为锚点。

膨胀是求局部最大值的操作。将核与图形进行卷积，即计算核覆盖区域的像素点的最大值，并把这个最大值赋值给参考点指定的像素，这样就会使图像中的高亮区域逐渐增长。

腐蚀是相反的操作，与膨胀同理，但求的是区域最小值，所以腐蚀就是求局部最小值的操作。

通过以上的滤波操作后形成的效果如图 9-4 所示。

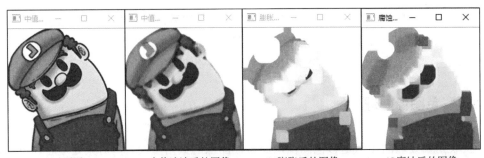

(a)原图　　　　(b)中值滤波后的图像　　　　(c)膨胀后的图像　　　　(d)腐蚀后的图像

图 9-4　膨胀腐蚀效果图

膨胀腐蚀后的图像相对于原图而言，消除了细小颗粒，起到了在纤细处分离物体和平滑较大物体边界的作用。

9.3.3　障碍物轮廓计算

轮廓的提取函数只能处理二值化后的图像，所以其处理的是前一步图像前期处理后的图像。

轮廓绘制分为三步，分别是边缘检测、提取轮廓、绘制轮廓。

1. 第一步：边缘检测

边缘检测使用 Canny 边缘检测算子来完成检测任务。

Canny 边缘检测算子是一个多级边缘检测算法。Canny 的目标是找到一个最优的边缘检测算法，最优边缘检测需要满足最优定位准则，检测点与边缘点一一对应。使用函数如下所示：

```
Canny(g_grayImage,g_cannyMat_output,g_nThresh,g_nThresh*2,3);
```
在本章设计实现过程中，具体步骤如下：

(1) 输入 Mat 类的对象，输出的是一个与输入相同类型、相同尺寸的边缘图；

(2) 通过设置滞后性阈值来控制检测效果。

2. 第二步：提取轮廓

一个轮廓一般对应一系列的点，也就是图像中的一条曲线，其表达方法可能根据不同的情况有所不同，本书使用 findCountours() 函数从二值化图像中查找轮廓。具体步骤如下：

(1) 输入一个待处理的 Mat 类型图像，设置输出向量 hierarchy，包含了图像的拓扑信息，每个轮廓都有 4 个 hierarchy；

(2) 设置检测模式为提取所有轮廓模式，并建立网状的轮廓结构；

(3) 设置轮廓近似方法为 CV_CHAIN_APPROX_SIMPLE，表示压缩水平方向，垂直方向对角线方向，只保留该方向的终点坐标。

3. 第三步：绘制轮廓

检测并提取了轮廓之后，为了更加直观地表示轮廓，使用 drawContours() 函数来绘制图像中的外部和内部轮廓。具体步骤如下：

(1) 设置函数参数，颜色为随机值，绘制出所有轮廓；

(2) 线条的粗细和线条的类型都取默认值，即粗细程度为 1 的连通线，其余的三个参数都取默认值。

图 9-5 是轮廓的提取示意图。由图 9-5 可以看出，利用以上三个步骤基本上能识别图片上的所有轮廓并绘制出内外的轮廓，线条粗细合理，颜色为随机值。

(a)原图   (b) 提取轮廓后的图像

图 9-5   提取轮廓

9.3.4   障碍物面积筛选

在障碍物轮廓提取完成之后，通过计算障碍物轮廓面积的方法来表示障碍物的面积，计算完成之后，筛选出有效的障碍物。

1.障碍物面积计算

障碍物的面积计算通过调用 OpenCV 下的障碍物面积计算函数 contourArea (contours[i])来实现，其中 InputArray 类型的 contours 代表的是轮廓的顶点数组，i 是绘制轮廓时设置的每个轮廓的编号，根据顶点就能锁定计算指定的轮廓面积。

要计算出整张图片上的所有障碍物面积，操作流程如图 9-6 所示。

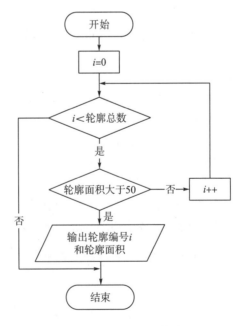

图 9-6   障碍物面积计算流程

图 9-6 中从第一个轮廓开始扫描，直到最后一个轮廓，在计算面积的同时将面积大于 50 的障碍物筛选出来显示。

2. 障碍物筛选

设置阈值为 50，面积大于 50 的就输出面积值和对应的轮廓编号。将筛选出来的轮廓编号都保存在数组中，以便之后计算符合要求的轮廓的坐标值。

3. 效果

经过以上两个步骤后，图 9-5 的轮廓面积结果如图 9-7 所示，可以看出，系统实现过程中最终的结果都打印在结果框中，输出的是障碍物的编号以及编号对应的障碍物具体面积。

输出内容：面积
计算出轮廓[0]的面积=205865.50是障碍
计算出轮廓[1]的面积=260.50是障碍
计算出轮廓[2]的面积=2111.00是障碍
计算出轮廓[3]的面积=534.00是障碍
计算出轮廓[4]的面积=1214.00是障碍
计算出轮廓[5]的面积=1297.50是障碍
计算出轮廓[6]的面积=892.00是障碍
计算出轮廓[7]的面积=3152.00是障碍
计算出轮廓[8]的面积=8851.00是障碍

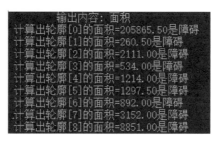

图 9-7　面积计算以及筛选效果图

9.3.5　寻找轮廓的最小外接矩形

为了锁定每一个不规则的轮廓的坐标，先使用多边形拟合函数以及点集包含函数将不规则物体转化为矩形，再通过调用矩形的左上角坐标和右下角坐标来确定不规则物体的位置。

1. 多边形拟合

多边形拟合使用 approxPolyDP()函数，其作用是对图像轮廓点进行多边形拟合，以下是函数的参数与对函数参数的解释。

```
void approxPolyDP(InputArray curve, OutputArray approxCurve,
double epsilon, bool closed);
```

其中，InputArray curve 代表输入的不规则轮廓；OutputArray approxCurve 代表输出的点集，当前点集是能最小包容指定点集的，即一个多边形；double epsilon 为指定的精度，即原始曲线与近似曲线之间的最大距离；bool closed 主要判断轮廓是否为闭合曲线，若为 true，则说明近似曲线是闭合的，它的首尾都是相连，反之，若为 false，则断开。

本设计中并没有用到拟合函数的全部，寻找每一个不规则的轮廓的最小外接矩形的函数参数如下：

```
approxPolyDP( Mat(contours[i]), contours_poly[i], 3, true )
```

其中，Mat(contours[i]) 代表前面筛选的障碍物面积点集，作用是利用函数 boundingRect 来对指定的点集进行包含，使得形成一个最合适的正向矩形框把当前指定的点集都框住；contours_poly[i]为输出的点集。

2. 点集包含

点集包含使用的是 boundingRect 函数，它利用函数 boundingRect 来对指定的点集进行包含，使得形成一个最合适的正向矩形框并把当前指定的点集都框住。

boundingRect 函数调用形式如下：

```
Rect boundingRect(InputArray points)
```

其中，参数 points 为输入的二维点集，代表点的序列或向量（Mat）。

在具体应用中实现代码如下：

```
boundRect[i] = boundingRect( Mat(contours_poly[i]) );
```

3. 绘制矩形

绘制矩形使用的是 rectangle 函数。

为了使结果更直观，将以上两步获取的矩形框绘制出来，颜色 color 取随机值，其余参数都取默认值。具体应用中实现代码如下：

```
rectangle(drawing,boundRect[i].tl(),boundRect[i].br(),color,2,8,0);
```

4. 效果显示

经过以上三个步骤后，显示的效果如图 9-8 所示，可以看出图 9-8（a）是对图像进行前期处理后的图片，也就是图像绘制前的图像；图 9-8（b）是绘制出轮廓的图像，随机分配的颜色显示了图中所有的轮廓。根据图 9-8（a）与图 9-8（b）对比显示，系统算法基本绘制出了所有物体的轮廓。

(a)绘制轮廓前的原图像　　　　　　　　　　(b)绘制出的轮廓图

图 9-8　轮廓绘制理想效果图

9.3.6　障碍物三维坐标标定

想要得到障碍物的三维坐标，要从图像坐标入手，然后利用几何关系来计算障碍物在现实中的三维坐标。

9.3.6.1　图像坐标计算

计算障碍物的坐标是在找出最小的外接矩形的基础上（设置的外接矩形为 boundRect[i]），通过调用 tl()、br() 函数获取矩形的左上角和右下角坐标，获取到的坐标便是图像坐标。

9.3.6.2　图像坐标转化为世界坐标

由于获取到的只是图像坐标，而不是障碍物实际的三维空间坐标，所以要利用获取到的障碍物实际距离和几何关系将图像坐标转化为实际坐标。

实际坐标(世界坐标)包含 x 和 y，通过以下几何理论来计算。

1. 求 x

利用几何关系将图像坐标转化为实际坐标，几何关系如图 9-9 所示。

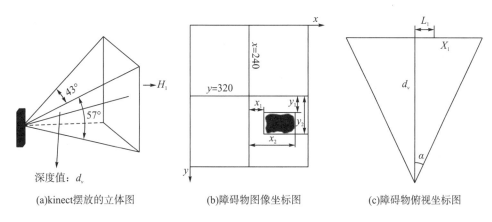

(a)kinect 摆放的立体图　　　(b)障碍物图像坐标图　　　(c)障碍物俯视坐标图

图 9-9　实际坐标几何理论

参数 x_1、y_1、x_2、y_2 分别表示图像坐标中障碍物相对中心点而言的左上角、右下角坐标。实际的总宽度为：$2d_v*\tan\alpha$。

根据图 9-9(b)比例得出：

$$L_1/(2d_v*\tan\alpha) \ = \ x_1/(2*240) \qquad (\alpha=43°/2) \tag{9-2}$$

式中，L_1 对应 x_1 所示的图像坐标值的世界坐标值；d_v 表示障碍物的深度值；α 表示 Kinect 水平发散角度的一半；x_1 表示图像坐标中障碍物相对中心点的左上角 x 轴坐标。

简化得式(9-3)：

$$L_1=(2d_v*\tan\alpha*x_1) \, / \, 480 \tag{9-3}$$

即

$$x_1=x[i]-240 \tag{9-4}$$

若 $L_1>0$，则在左边；若 $L_1<0$，则在右边。

2. 求 y

如图 9-9(a)所示，β 表示 Kinect 垂直发散角度的一半，且 $\beta=57°/2$，则：

$$H_1/(2\tan\beta*d_v) \ = \ y_1/(2*320) \tag{9-5}$$

式中，H_1 对应 y_1 所示的图像坐标值的世界坐标值，y_1 表示图像坐标中障碍物相对中心点的左上角纵坐标。

所以简化得

$$H_1=(2y_1 \ *\tan\beta*d_v)/640 \qquad (y_1=y[i]-320) \tag{9-6}$$

若 $H_1>0$，则在摄像机的上方；若 $H_1<0$，则在摄像机的下方。

障碍物的总高度：H_1+Hd（摄像机的高度）。

实现代码如下：

A[i]=2*d*a*(x[i]-320)/640; //x[i]，y[i]存深度图的坐标，长 640，宽 480

B[i]=2*(y[i]-240)*b*d/480; //A[i]，B[i]存世界坐标

3. 输出障碍物的位置

在得出障碍物实际的三维坐标 (x,y,d_v) 之后，将坐标的数值转化为我们常用的提示语（即提示障碍物在距离使用者的上、下、左、右的位置），判断方法如图 9-10 所示。

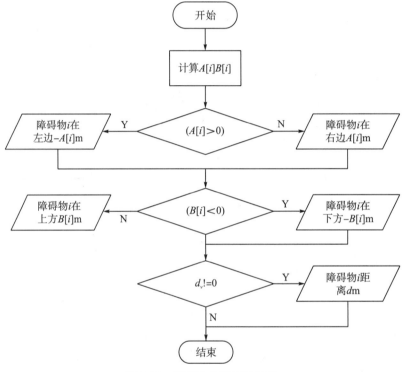

图 9-10　障碍物位置提示输出

$A[i]$ 表示实际的 x 坐标（横坐标），它大于 0，表示障碍物在使用者左边，它的绝对值代表在左边多少米；反之在右边，绝对值代表在右边多少米。

$B[i]$ 表示实际的 y 坐标（纵坐标），它大于 0，表示障碍物在使用者上方，它的绝对值代表在上方多少米；反之在下方，绝对值则代表在下方多少米。

9.3.7　存图像——SaveImage 函数

SaveImage 函数包含两个重要的参数。

（1）第一个参数为图片地址：

char* filename2 = "C:\\Users\\Administrator\\Pictures\\Kinect

Snapshot-12-40-51.png"; //图像名

(2)第二个参数为要保存的图片:

cvSaveImage(filename2, pImg2);)

9.4　基于 Kinect 导盲系统实现

利用 9.3 节所述基于 Kinect 障碍物识别算法形成一个完善的障碍物识别系统,并把结果传输给语音系统,就完成了一个完整的导盲系统设计。

9.4.1　系统实现

首先,Kinect 传感器采集路况信息的深度图像,在 VS 中运用障碍物判断算法在有效区域内进行障碍物监测和识别,并且确定障碍物位置,然后将避开障碍物的有效信息通过语音传给用户。导盲系统的工作流程如图 9-11 所示。

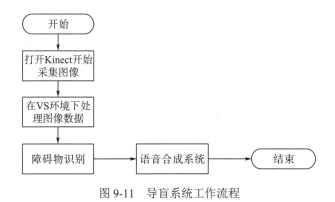

图 9-11　导盲系统工作流程

语音合成系统利用科大讯飞平台的语音合成功能,由于前文得到的结果是通过文字的形式表达,所以需要将其转化为语音。科大讯飞平台语音合成的 API 步骤为:

(1)注册账号;

(2)创建应用;

(3)开发集成;

(4)提交审核;

(5)通过审核;

(6)开始开发。

将讯飞平台语音合成的 API 导入前文所述的基于 Kinect 障碍物识别系统中后,可以实现具有语音提示的障碍物识别,为盲人的行动提供便利。

除了要确定障碍物,将障碍物信息进行语音提示,系统中还涉及计算的实时处理、消除地面影响等问题。

9.4.2 多线程实现

由于程序顺序执行效率十分慢，考虑用多线程来提高程序运行速度，多线程的实现利用 CreateThread() 函数创建子线程。程序中，主线程用于获取实时图像，消除地面影响后存入本地；子线程用于实现障碍物判别、位置确定等工作。

CreateThread() 函数参数如下：

```
CreateThread(      NULL,                    //默认安全属性
                   0,                       //使用默认堆栈大小
                   ThreadProc1,             //线程函数
                   NULL,                    //线程函数的参数
                   0,                       //使用默认创建标志
                   NULL);                   //返回线程标识符
```

9.4.3 消除地面影响

在获取实时图像时会受到来自地面的影响，如果未消除地面影响直接进行障碍物判别，就会使地面也成为障碍物。

为了消除地面影响，调用 void cvSub(const CvArr* src1, const CvArr* src2, CvArr* dst, const CvArr* mask=NULL) 函数进行图片相减，从而消除地面影响。

其中，cvSub() 函数的参数如下。

src1：第一个输入数组。

src2：第二个输入数组。

dst：输出数组。

mask：操作掩码(8 位单通道数组)，只有掩码指定的输出数组被修改。

函数 cvSub 用一个数组减另一个数组。如果 $mask(i) \neq NULL$，则：$dst(i) = src1(i) - src2(i)$，除掩码，所有数组都必须具有相同的类型和大小，或者相同的 ROI。

9.5 系 统 测 试

在 Kinect 的接口连上电脑 USB 接口后，插上电源，启动程序后 Kinect 开始采集图像，程序开始处理图像。

图 9-12 是 Kinect 所采集到的原图。通过前景突出，使图片特征更加明显，再利用 imshow() 函数将其展现，如图 9-13 所示。将图片与获取的第一帧图像相减，消除相应的环境影响后进行灰度处理，再利用 imshow() 函数将其展现，如图 9-14 所示。

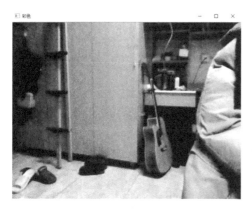

图 9-12　Kinect 采集的原图

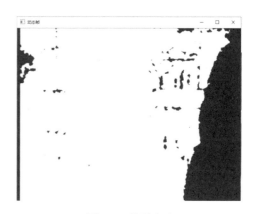

图 9-13　前景突出

图 9-14　图片相减

障碍物识别结果如图 9-15 所示。

```
D:\我的文档\Documents\Visual Studio 2012\Projects\kinect1\Debug\kinect1.exe
            输出内容：面积
计算出轮廓[0]的面积=56500.00是障碍
计算出轮廓[1]的面积=2146.50是障碍
计算出轮廓[2]的面积=362.50是障碍
计算出轮廓[3]的面积=228.00是障碍
计算出轮廓[4]的面积=438.50是障碍
计算出轮廓[6]的面积=111.50是障碍
计算出轮廓[8]的面积=272.50是障碍
计算出轮廓[9]的面积=115732.00是障碍
计算出轮廓[10]的面积=294.00是障碍
计算出轮廓[12]的面积=138.00是障碍
障碍物[0]在左边0.511616米      下边0.056003米      距离使用者1.302885米
障碍物[1]在左边0.715037米      下边0.762389米      距离使用者2.217073米
障碍物[2]在左边0.443451米      上边0.034136米      距离使用者1.886100米
障碍物[3]在左边0.654323米      上边0.212212米      距离使用者1.954231米
障碍物[4]在左边0.486107米      上边0.541584米      距离使用者2.046103米
障碍物[5]在右边0.236780米      上边0.548681米      距离使用者1.672627米
障碍物[6]在右边0.171273米      上边0.612753米      距离使用者1.855153米
障碍物[7]在左边0.027023米      上边0.036723米      距离使用者0.077298米
障碍物[8]在左边0.000042米      上边0.000063米      距离使用者0.000117米
障碍物[9]在左边0.277143米      上边0.630740米      距离使用者1.166541米
```

图 9-15　障碍物识别结果

从本地调用相减后的图像进行障碍物判别等工作，将在界面中输出面积大于 50 的物体判别为障碍物，同时在下方输出障碍物相对于使用者的位置。

9.6　本　章　小　结

本章主要介绍 AR 设备 Kinect 在导盲系统设计中的应用，重点介绍基于 Kinect 深度图像的障碍物识别算法及其障碍物三维坐标标定。

Kinect 虽然能够同时获取彩色和深度图像，但是采集到的图像会有边缘噪声，会对障碍物的边界监测造成影响，所以本章首先对图像进行了中值滤波处理，修改与周围像素灰度值的差比较大的像素，但是处理后发现效果还是远远不够，所以利用膨胀来对高亮区进行拉长，然后再进行腐蚀。

对 Kinect 图像进行预处理后，对障碍物进行轮廓计算并绘制出轮廓。但是几乎所有的轮廓都是不规则的，为了更好地实现障碍物三维坐标的标定，本节找出所有轮廓的最小外接矩形。那么每个轮廓(障碍物)的深度值是多少呢？由于障碍物可能凹凸不平且每一点的深度值都可能是不同的,因此我们在具体实现时可以将障碍物上所有的深度值求和后取平均。

同时，在采集处理 Kinect 图像过程中，不可避免地会摄取到一些无关量，所以要消除地面的影响。另外，由于程序顺序执行效率十分慢，我们考虑用多线程来提高程序运行速度。

最终实验测试结果表明，将 Kinect 放置在使用者前方，可让使用者识别 1～4m 的有效障碍物并显示出障碍物位于使用者上、下、左、右、前、后的距离，表明该方法是一种有效的障碍物识别方法，为后续基于深度图像的导盲系统设计奠定了基础。

在后续研究中，我们将考虑将该导盲系统移植于 Raspberry Pi(中文名为"树莓派"，简写为 RPi，或者 RasPi/RPI) 系统[173]，使其脱离有线 PC 控制，实现眼镜佩戴方式的便携式导盲系统。

第 10 章　基于 Kinect 的人体动态图像三维重建

"上海教授用 AR 三维重建造出真人，还能把大英博物馆的藏品搬回家"，这样的新闻不知道读者看过没有。就在 2017 年 11 月，上海科技大学教授虞晶怡在演讲中提道："大家都知道，上海的大英博物馆藏品展已经结束了。不过别遗憾，我们已经把这次展览的陈列做了一个三维的重建，所以哪怕展览结束以后我们仍然可以在线上参观。"那么除了重建三维物件，我们是否还能造出人来呢？虞晶怡教授演讲的第二部分为大家展示了人物 AR 三维重建，用户可以从任意角度、任意距离对他们进行观看。大家可以想象，当你今后看网络直播时，你就可以把网络主播放进这个三维环境里[174]，这就是 AR 三维重建技术，它当然不可能凭空造出真人，但是你看到的就是真人的样子，是不是很神奇呢？这就是本章我们所要了解的知识——AR 三维重建。

在 AR 三维重建中，相对于静态物体表面的三维重建，动态物体的三维重建具有实时反映人物信息的特点，因而也更具有广泛研究价值。但是，由于动态物体的三维重建需要考虑上一帧与下一帧之间的对应信息，因此至今仍旧是一个研究难点。本章将基于 Kinect 深度图像研究人体动态图像三维重建，具体包括深度数据获取、预处理、点云计算、点云三角化、计算顶点法向、点云配准、数据融合、表面生成等流程。重建出的动态三维图像可以实时、较逼真地反映三维场景人物信息，为后期的三维重建深入研究奠定基础。

10.1　动态图像三维重建研究简介

三维重建技术是指对三维物体建立适合计算机表示和处理的数学模型，是在计算机环境下对其进行处理、操作和分析其性质的基础，也是在计算机中建立表达客观世界的虚拟现实的关键技术。早期的三维重建技术通常以二维图像作为输入，重建场景中的三维模型。但是，受限于输入的数据，重建出的三维模型通常不够完整，而且真实感较低。随着各种面向普通消费者的深度相机（depth camera）的出现，基于深度相机的三维扫描和重建技术得到了飞速发展[175,176]，如微软的 Kinect、英特尔的 RealSense。

由于基于深度相机的三维重建技术所使用的数据是 RGB 图像和深度图像，因此这类技术通常也被称为基于 RGBD 数据的三维重建技术（D 指代 depth）。基于深度相机的三维重建技术的核心问题有两个，一是如何重建庞大的数据，即从大数据中建立模型；二是如何确定相机位置，即相机在未知环境中如何通过获取周围环境的数据来确定自己所在的位置[177]。

对于第一个问题，KinectFusion 使用了一种称为"截断有符号距离函数"（truncated

signed distance function，TSDF)的方法，其核心思想是通过不断更新并"融合"TSDF 这种类型的测量值，可逐渐逼近所需要的真实值。

第二个问题，采用的是基于迭代最后点(iterative closest point，ICP)算法的框架来估计相机位置。尽管这种估计相机位置的方法存在较大的局限性，尤其是当存在较大平面的场景(如墙面、天花板和地板等)时，会存在很大的误差，但是考虑到实时性和稳定性，它依然是非常经典且最常见的估计相机位置的方法。

本章主要研究基于 Kinect 的人体动态图像三维重建。系统通过获取深度图像、深度图像预处理(滤波处理)、计算点云、点云三角化、计算顶点法向、点云配准、数据融合、表面生成等过程，实现人体动态图像三维重建，三维重建流程如图 10-1 所示。

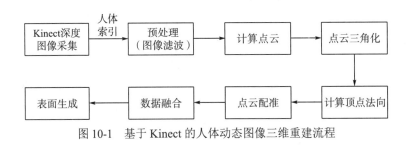

图 10-1　基于 Kinect 的人体动态图像三维重建流程

在利用图 10-1 所示的人体动态三维图像重建过程中，三维重建之前，需要先通过 OpenGL 建立一个三维场景，使获取到的数据都是在此场景中处理，同时使获取到的三维数据可以用 x、y、z 坐标的形式保存，在三维重建过程中各帧图像中各点的值被映射到相应坐标体系中，即三维数据均保存在三维场景中，处理过程减少了数据形式的转换。

流程图中各步骤的简述如下：

(1)Kinect 深度图像采集，通过 Kinect 深度传感器获取人体深度图像；

(2)预处理，对获取到的深度图像进行滤波，减小噪声对后续处理带来的影响；

(3)计算点云，根据 Kinect 获取到的深度数据，计算各点的坐标与深度值，将二维数据转化为三维；

(4)点云三角化，用 OpenGL 的连线功能对点云进行三角连线处理，得知点与点的顺序关系；

(5)计算顶点法向，对点云进行法向计算并确立顶点，确定法线指向的方向；

(6)点云配准，将 Kinect 获取的实时深度数据更加精准地进行点云计算；

(7)数据融合，将当前采集到的点云数据进行数据融合，为表面生成做准备；

(8)表面生成，生成三维模型，完成人体三维重建。

10.2　三维重建环境搭建

三维重建过程中，环境的搭建非常重要，本系统的环境搭建包括 Kinect for Windows v2.0 SDK +VS2012 环境搭建、搭建 OpenCV 视觉函数库和配置 OpenGL 函数库。

　　下载 VS2012、OpenCV、OpenGL、Kinect v2.0 SDK 并安装配置环境，这个过程较为麻烦，需要耐心等待，细心安装，其中 Kinect for Windows v2.0 SDK + VS2012 环境搭建、OpenCV 视觉函数库搭建详见 9.2.1 节，在此我们只介绍 OpenGL 函数库的配置方法。

　　在 OpenGL 函数库的配置中，首先要下载 glut 库，glut 库便于 OpenGL 编程，压缩包解压后得到 5 个文件：glut.h，glut.dll，glut32.dll，glut.lib，glut32.lib，具体配置步骤如下。

　　(1) 安装 glut 库。若本台计算机 VS2012 的安装路径为 MY_VS_ROOT，那么在 MY_VS_ROOT/VC/include/下新建一个文件夹 GL，然后复制 glut.h 到这个文件夹下；如本台计算机是 D:\soft\vs2012\VC\include\GL\glut.h，然后复制 glut.lib 和 glut32.lib 到 MY_VS_ROOT/VC/lib/下，最后复制 glut.dll 和 glut32.dll 到系统的 dll 目录下：C:\Windows\system32 文件夹内 (32 位系统) 或 C:\Windows\SysWOW64 (64 位系统)。

　　(2) 新建 win32 项目，选择 win32 控制台程序，应用程序设置选择"空项目"。

　　(3) 测试环境。添加一段代码进行测试，如简易的地球自转和绕太阳公转模型，用线性模型实现的立体图形。具体测试时要添加以下头文件。

```
#include <GL/glut.h>
#include <stdlib.h>
#include <math.h>
#include <stdio.h>
```

10.3　Kinect 深度图像预处理

　　本章同样采用微软的 Kinect 深度摄像机采集深度数据，具体采集原理和方式同第 7～9 章所述。

　　在 10.2 节所述系统环境下利用 Kinect 读取深度数据主要包括以下步骤。

　　(1) 获取 Kinect 传感器：

```
hr = GetDefaultKinectSensor(&m_pKinectSensor);
```
　　(2) 打开传感器：
```
hr = m_pKinectSensor->Open();
```
　　(3) 获取深度信息传感器：
```
hr = m_pKinectSensor->get_DepthFrameSource(&pDepthFrameSource);
```
　　(4) 打开深度帧读取器：
```
hr = pDepthFrameSource->OpenReader(&m_pDepthFrameReader);
```
　　(5) 获得帧数据：
```
hr = pDepthFrame->get_FrameDescription(&pFrameDescription);
hr = pFrameDescription->get_Width(&nWidth);
hr = pFrameDescription->get_Height(&nHeight);
```
　　(6) 将深度信息转换为 MAT 格式：

```
Mat DepthImage(nHeight, nWidth, CV_8UC4, m_pDepthRGBX);
Mat show = DepthImage.clone();
```
(7)用 OpenCV 的 imshow 显示深度图像：
```
imshow("DepthImage", showImageDepth);
imshow("MedianBlur",showImageDepth1);
imshow("blur",showImageDepth2);
imshow("GaussianBlur",showImageDepth3);
imshow("Bilateral filter",showImageDepth4);
```
通过上述步骤编写代码，从 Kinect 深度摄像机获取到原始深度图像，如图 10-2 所示。

图 10-2　原始深度图像

图 10-2 是直接从 Kinect 获取到的原始深度图像，从图中可以看出边缘比较清晰，但有很多的噪声和黑洞，如果直接用于后续工作，得到的效果会很差，所以需要对其进行滤波操作，常用的滤波方式有均值滤波、中值滤波、高斯滤波等，以下是对这些滤波方式进行研究比较。

1. 均值滤波——blur 函数

blur 函数的作用是对输入的图像 src 进行均值滤波后用 dst 输出。

blur 函数的原型：

```
void blur(InputArray src,OutputArray dst,Size ksize,Point
anchor=Point(-1,-1),int borderType=BORDER_DEFAULT)
```
第一个参数，InputArray 类型的 src，输入图像，即源图像，填 Mat 类的对象即可。该函数对通道是独立处理的，且可以处理任意通道数的图片，但需要注意，待处理的图片深度应该为 CV_8U、CV_16U、CV_16S、CV_32F 以及 CV_64F 其中之一。

第二个参数，OutputArray 类型的 dst，即目标图像，需要和源图片有一样的尺寸和类型。用 Mat::Clone，以源图片为模板，来初始化得到目标图。

第三个参数，Size 类型的 ksize，内核的大小。一般这样写：Size(w,h)，用它来表示内核的大小(其中，w 为像素宽度，h 为像素高度)。Size(3,3)就表示 3×3 的核大小，Size(5,5)

就表示 5×5 的核大小。

第四个参数，Point 类型的 anchor，表示锚点(即被平滑的那个点)，注意它有默认值 Point(-1,-1)。如果这个点坐标是负值的话，就表示取核的中心为锚点，所以默认值 Point(-1,-1)表示这个锚点在核的中心。

第五个参数，int 类型的 borderType，用于推断图像外部像素的某种边界模式，它有默认值 BORDER_DEFAULT，一般不去设置它。

利用 OpenCV 函数实现代码：

```
blur(show,showImageDepth3,Size(5,5),Point(-1,-1),4);
```

均值滤波结果如图 10-3 所示。

图 10-3　均值滤波处理效果

由图 10-3 所示的均值滤波处理效果可以看出滤波后的图像细节部分变得模糊，不能很好地去除噪声点。

2. **中值滤波——medianBlur 函数**

中值滤波的基本原理是把数字图像或数字序列中一点的值用该点的一个邻域中各点值的中值代替，让周围的像素值接近真实值，从而消除孤立的噪声点。使用中值滤波器来平滑处理一张图片，从 src 输入，而结果从 dst 输出。

函数原型如下：

```
void medianBlur(InputArray src,OutputArray dst,int ksize)
```

第一个参数，InputArray 类型的 src，函数的输入参数，填 1、3 或者 4 通道的 Mat 类型的图像；当 ksize 为 3 或者 5 的时候，图像深度需为 CV_8U、CV_16U 或 CV_32F 其中之一，而对于较大孔径尺寸的图片，它只能是 CV_8U。

第二个参数，OutputArray 类型的 dst，即目标图像，函数的输出参数，需要和源图片有一样的尺寸和类型。用 Mat::Clone，以源图片为模板，来初始化得到目标图。

第三个参数，int 类型的 ksize，孔径的线性尺寸，注意这个参数必须是大于 1 的奇数。

利用 OpenCV 函数实现代码：

```
medianBlur(show,showImageDepth1,5);
```

　　中值滤波结果图如图 10-4 所示。

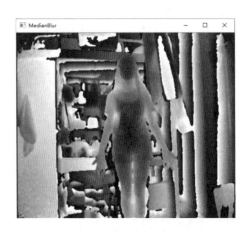

图 10-4　中值滤波效果

　　由图 10-4 所示的中值滤波的处理效果可以看出，中值滤波可以较好地去除噪声点，但是图像边缘细节较模糊。

3. 高斯滤波——GaussianBlur 函数

　　GaussianBlur 函数的作用是用高斯滤波器来模糊一张图片，对输入的图像 src 进行高斯滤波后用 dst 输出。函数原型如下：

```
Void GaussianBlur(InputArray src,OutputArray dst, Size ksize,
double sigmaX, double sigmaY=0,int borderType=BORDER
```

　　第一个参数，InputArray 类型的 src，输入图像，即源图像，填 Mat 类的对象即可。它可以是单独的任意通道数的图片，但需要注意，图片深度应该为 CV_8U、CV_16U、CV_16S、CV_32F 以及 CV_64F 其中之一。

　　第二个参数，OutputArray 类型的 dst，即目标图像，需要和源图片有一样的尺寸和类型。比如可以用 Mat::Clone，以源图片为模板，初始化得到目标图。

　　第三个参数，Size 类型的 ksize 高斯内核的大小。其中，ksize.width 和 ksize.height 可以不同，但它们都必须为正数和奇数。或者，它们可以是零，它们都是由 sigma 计算而来。

　　第四个参数，double 类型的 sigmaX，表示高斯核函数在 x 方向的标准偏差。

　　第五个参数，double 类型的 sigmaY，表示高斯核函数在 y 方向的标准偏差。若 sigmaY 为零，就将它设为 sigmaX，如果 sigmaX 和 sigmaY 都是 0，那么就由 ksize.width 和 ksize.height 计算出来。

　　第六个参数，int 类型的 borderType，用于推断图像外部像素的某种边界模式。注意它有默认值 BORDER_DEFAULT。

　　利用 OpenCV 函数实现代码：

```
GaussianBlur(show,showImageDepth4,Size(5,5),0,0,4);
```

　　高斯滤波结果如图 10-5 所示，可以看出，高斯滤波已经可以较好地消除噪声，且图像边缘细节保留较好。

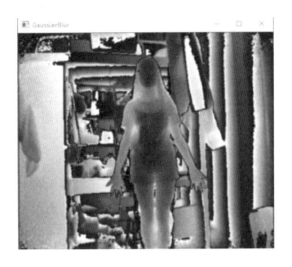

本章后续将在深度图像预处理的基础上通过点云计算、点云三角化、顶点法向等一系列算法完成人体动态三维重建。

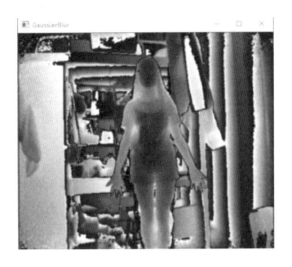

图 10-5　高斯滤波效果

10.4　深度图像点云计算及三角化

本节主要介绍深度图像点云计算及三角化方法，具体包括点云生成原理、点云计算、点云三角化。

10.4.1　点云原理

点云是指在一个三维坐标系统中的一组向量的集合，这些向量通常以 x、y、z 三维坐标的形式表示，而且一般主要用来代表一个物体的外表面形状。不仅如此，除 (x, y, z) 代表的几何位置信息，点云还可以表示一个点的 RGB 颜色、灰度值、深度、分割结果等。

大多数点云是由 3D 扫描设备产生的，如激光雷达(2D/3D)、立体摄像头(stereo camera)、飞行时间相机(time-of-flight camera)等。这些设备用自动化的方式测量在物体表面大量的点的信息，然后用某种数据文件输出点云数据。作为 3D 扫描的结果，点云有多方面的用途，包括为制造部件、质量检查、多元化视觉、卡通制作、三维制图和大众传播工具应用等创建 3D CAD 模型。当点云可以直接被描绘和观察时，因为通常点云本身不能直接用于 3D 应用，因此一般通过表面重建的方法将它转换为多边形或三角形等网状模型以及 NURBS 曲面模型(曲线曲面的非均匀有理 B 样条模型)和 CAD 模型，这里有很多技术应用在将点云转换为 3D 表面的过程中。

本章基于 Kinect 深度图像来获取点云。深度图像是一个二维图像，点云是三维的，这就需要将深度图像空间数据映射到相机空间，这种操作不是特别复杂，但是如果每一个点都操作一次耗时太长，所以系统采用 MapDepthPointsToCameraSpace、GetDepthFrameToCameraSpaceTable 函数来实现。空间中任何一点都可以用深度坐标表示，而且与世界坐标存在一一对应的关系。

10.4.2　点云计算

点云计算就是从深度图像中获取有序点云的过程。本节主要介绍如何从深度图像中获取有序点云，具体包括坐标系之间的转换、摄像机内外参数矩阵变换公式。

10.4.2.1　坐标系

在三维空间中，所有的点都用坐标的形式来表示，并且可以在其他不同的坐标系之间随意转换。

1. 图像像素坐标系

如图 10-6 所示，该坐标系 u-v 的原点为 O_0，横坐标 u 和纵坐标 v 分别是图像所在的行和列，在 OpenCV 库中，u 对应横轴 x，v 对应纵轴 y。

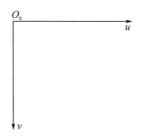

图 10-6　像素坐标系

2. 图像物理坐标系

图像物理坐标系 x-y 的原点是 O_1，且为像素坐标系的中点，如图 10-7 所示，假设 O_1 在 u-v 坐标系的坐标为 (u_0, v_0)，$\mathrm{d}x$ 和 $\mathrm{d}y$ 分别表示每个像素在 x、y 轴的物理尺寸。

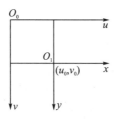

图 10-7　物理坐标系

由图 10-7 可知，图像坐标系和像素坐标系的关系为

$$u = \frac{x}{\mathrm{d}x} + u_0, \quad v = \frac{y}{\mathrm{d}y} + v_0 \tag{10-1}$$

若假设该坐标系以毫米为单位，那么 $\mathrm{d}x$ 的单位就是 mm/像素，即得 $x/\mathrm{d}x$ 的单位就是像素，和 u 的单位一样。为了简便，将式(10-1)写成矩阵形式：

$$\begin{bmatrix} u \\ v \\ 1 \end{bmatrix} = \begin{bmatrix} \dfrac{1}{\mathrm{d}x} & 0 & u_0 \\ 0 & \dfrac{1}{\mathrm{d}y} & v_0 \\ 0 & 0 & 1 \end{bmatrix} \begin{bmatrix} x \\ y \\ 1 \end{bmatrix} \tag{10-2}$$

它的逆关系可以表示为

$$\begin{bmatrix} x \\ y \\ 1 \end{bmatrix} = \begin{bmatrix} \mathrm{d}x & 0 & -u_0\mathrm{d}x \\ 0 & \mathrm{d}y & -v_0\mathrm{d}y \\ 0 & 0 & 1 \end{bmatrix} \begin{bmatrix} u \\ v \\ 1 \end{bmatrix} \tag{10-3}$$

3. 摄像机坐标系

如图 10-8 所示，O 为光心，Z_c 为光轴，Z_c 与 xy 面垂直，OO_1 为摄像机焦距。

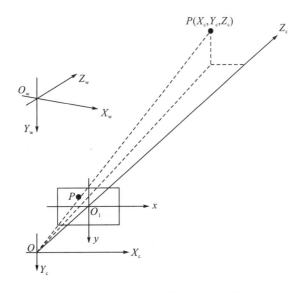

图 10-8　相机坐标系与世界坐标系

其中，摄像机坐标系与图像坐标系的关系为

$$x = f\frac{X_c}{Z_c} \tag{10-4}$$

$$y = f\frac{Y_c}{Z_c} \tag{10-5}$$

$$Z_c \begin{bmatrix} x \\ y \\ 1 \end{bmatrix} = \begin{bmatrix} f & 0 & 0 & 0 \\ 0 & f & 0 & 0 \\ 0 & 0 & 1 & 0 \end{bmatrix} \begin{bmatrix} X_c \\ Y_c \\ Z_c \\ 1 \end{bmatrix} \tag{10-6}$$

4. 世界坐标系

世界坐标系是为了描述摄像机的位置，任何幅度的移动都可以用坐标向量和矩阵的公式关系来表达。世界坐标系的原点表示为 O_c，坐标系表示为：X_c 轴、Y_c 轴、Z_c 轴。世界坐标 (X_w, Y_w, Z_w) 与摄像机坐标 (X_c, Y_c, Y_c) 之间的关系可利用旋转的 R 和一个平移矩阵 t 来表示，如式 (10-7) 所示：

$$\begin{bmatrix} X_w \\ Y_w \\ Z_w \end{bmatrix} = R \begin{bmatrix} X_c \\ Y_c \\ Z_c \end{bmatrix} + t \tag{10-7}$$

其中，R 表示 3×3 旋转矩阵；t 表示是 3×1 平移向量。

10.4.2.2 内外参矩阵变换

摄像机的内外参也就是它的内参数和外参数，内参数由摄像机本身决定，只与摄像机本身有关，其参数有：参数矩阵 (f_x, f_y, c_x, c_y) 和畸变系数（三个径向 k_1, k_2, k_3；两个切向 p_1, p_2）；外参数是指摄像机在世界坐标系中的位置，由摄像机与世界坐标系的相对位置关系决定，其参数有：旋转向量 R（大小为 1×3 的矢量或 3×3 的旋转矩阵）和平移向量 $T(T_x, T_y, T_z)$。采取内外参矩阵变换公式，不仅可以根据深度图计算点云，还会将得到的点云以矩阵的形式存放起来；矩阵中一个元素不仅代表一个点，还对应相同坐标的像素。

摄像机内部参数是固定的，硬件制作好就确定了，与摄像机的空间位置无关，仅需计算一次。摄像机之所以要标定就是为了确定内部参数值，由式 (10-2)～式 (10-7) 可以得到

$$\begin{bmatrix} u \\ v \\ 1 \end{bmatrix} = \begin{bmatrix} f/d_x & 0 & u_0 \\ 0 & f/d_y & v_0 \\ 0 & 0 & 1 \end{bmatrix} \begin{bmatrix} X_C \\ Y_C \\ Z_C \end{bmatrix} = K \begin{bmatrix} X_C \\ Y_C \\ Z_C \end{bmatrix} \tag{10-8}$$

式中，u、v 为像素坐标系中坐标；(u,v)、(u_0,v_0) 为图像中心；K 即为摄像机的内参数矩阵，假设 $f_u=f/d_x$，$f_v=f/d_y$，可将 K 记为

$$K = \begin{bmatrix} f_u & 0 & u_0 \\ 0 & f_v & v_0 \\ 0 & 0 & 1 \end{bmatrix} \tag{10-9}$$

式中，f 为摄像机的焦距；f_u、f_v 为 u 轴和 v 轴上的归一化焦距；(u_0,v_0) 为图像的中心，也就是摄像机光轴与成像平面的交点坐标。

可以通过矩阵 K 计算出像素点的坐标和法向量。假设深度图像中的一个点 p，根据矩阵 K 计算该点的三维坐标：

$$V(p) = D(p)K^{-1}[u,v,1]^T \tag{10-10}$$

式中，$D(p)$ 为预处理后的深度图像；$V(p)$ 为计算出的点云数据。

10.4.3　点云三角化

点云三角化就是将一个点与它相邻的两个点通过 OpenGL 的连线功能连起来形成一个三角面，通过这种方式处理点云数据，最后会得到一个三角网格曲面模型。点云三角化是为后期计算顶点法向做铺垫，是必不可少的一部分。

在一般的三维重建系统中，点云三角化计算复杂、工作量大。对于无序点云的三角化，贪婪投影三角化算法应用较多，其原理是处理一系列可以使网格"生长扩大"的点（边缘点），延伸这些点，直到所有符合几何正确性和拓扑正确性的点都被连上。该算法的优点是可以处理来自一个或者多个扫描仪扫描得到并且有多个连接处的散乱点云，但也有一定的局限性，即更适用于采样点云来自表面连续光滑的曲面并且点云密度变化比较均匀的情况。

本章采用 Kinect 传感器获取点云，通过内外参矩阵变换处理之后得到的点云数据存在一定的规律，是有序的，而且点与点在空间中的对应关系也是已知的，因此可以用贪婪投影三角化算法。

首先，将点云存储在一个与深度图像大小完全一样的矩阵中，可以将它看作一幅画，每一个像素存放着点的空间坐标。三个不共线的点可以构成一个平面，通过 OpenGL 将一个点与它相邻的两个点连起来，构成一个三角平面，然后这个三角平面的一条边与下一个点连线构成另一个三角平面。这样重复工作，最终得到的图像看起来是一张平面的图，而不是立体的，这是因为没有顶点法向。OpenGL 没有法向就无法进行光照。因此，接下来的工作是进行顶点法向计算及表面生成。

10.5　顶点法向计算

顶点法向计算是决定物体该点相对光源的朝向，是表面生成的基础。表面生成前期包括有点云配准、数据融合等基本处理，在此处理后实现表面生成。

法线向量，也就是法线，是垂直于这个表面的向量。在同一个平面，每一个顶点的法线都是一样的，但是在曲面中，每一个顶点的法线就可能不一样。法线用于决定物体相对于光照的朝向，每一个顶点有多少来自光源的光照射到该顶点上，都是由 OpenGL 根据指定的法线来确定的，这将影响该顶点最终的显示效果。

10.5.1　计算法向

每三个不共线的相邻点构成一个三角平面，平面的法向就是这个平面中所有点的法向。但是如果其中一个点的坐标稍微有一点变化，就会影响最终法线的方向，所以这种方法不精确，光照出来的效果不稳定。为了改善这种情况，应择优选择相邻点，这样需要考虑这个点周围的多个点，使用最小二乘法来计算得出一个最优的平面，然后计算这个平面的法向[178]。该点包括其周围的顶点到这个平面的距离的平方和最小，也就是满足下式最小：

$$M = \sum_i^n \left(ax_i + by_i + cz_i + 1 \right)^2 \tag{10-11}$$

式中，a、b、c 是决定这个平面的参数，也就是这个平面的法矢量$(a、b、c)$；x_i、y_i、z_i 是点的坐标。分别对这三个变量求偏导，以求出适合的 a、b、c 的值：

$$\frac{\partial M}{\partial a} = 2\sum_i^n \left(ax_i + by_i + cz_i + 1 \right) x_i \tag{10-12}$$

$$\frac{\partial M}{\partial b} = 2\sum_i^n \left(ax_i + by_i + cz_i + 1 \right) y_i \tag{10-13}$$

$$\frac{\partial M}{\partial c} = 2\sum_i^n \left(ax_i + by_i + cz_i + 1 \right) z_i \tag{10-14}$$

要求最小值，就需要下式成立：

$$\frac{\partial M}{\partial a} = 0, \frac{\partial M}{\partial b} = 0, \frac{\partial M}{\partial c} = 0 \tag{10-15}$$

这样可以得到一个关于 a、b、c 的三元一次线性方程组，以下是它的矩阵形式：

$$\begin{bmatrix} \sum_i^n x_i^2 & \sum_i^n x_i y_i & \sum_i^n x_i z_i \\ \sum_i^n x_i y_i & \sum_i^n y_i^2 & \sum_i^n y_i z_i \\ \sum_i^n x_i z_i & \sum_i^n y_i z_i & \sum_i^n z_i^2 \end{bmatrix} \begin{bmatrix} a \\ b \\ c \end{bmatrix} = - \begin{bmatrix} \sum_i^n x_i \\ \sum_i^n y_i \\ \sum_i^n z_i \end{bmatrix} \tag{10-16}$$

根据 Cramer 法则，求式(10-16)的解，可以将 a、b、c 表示为

$$a = \frac{D_a}{D}, b = \frac{D_b}{D}, c = \frac{D_c}{D} \tag{10-17}$$

式(10-17)中系数矩阵行列式为

$$D = \begin{vmatrix} \sum_i^n x_i^2 & \sum_i^n x_i y_i & \sum_i^n x_i z_i \\ \sum_i^n x_i y_i & \sum_i^n y_i^2 & \sum_i^n y_i z_i \\ \sum_i^n x_i z_i & \sum_i^n y_i z_i & \sum_i^n z_i^2 \end{vmatrix} \tag{10-18}$$

计算出式(10-19)～式(10-21)行列式的值后，就可以解出 a、b、c。

$$D_a = \begin{vmatrix} -\sum_i^n x_i & \sum_i^n x_i y_i & \sum_i^n x_i z_i \\ -\sum_i^n y_i & \sum_i^n y_i^2 & \sum_i^n y_i z_i \\ -\sum_i^n z_i & \sum_i^n y_i z_i & \sum_i^n z_i^2 \end{vmatrix} \tag{10-19}$$

$$D_b = \begin{vmatrix} \sum_i^n x_i^2 & -\sum_i^n x_i & \sum_i^n x_i z_i \\ \sum_i^n x_i y_i & -\sum_i^n y_i & \sum_i^n y_i z_i \\ \sum_i^n x_i z_i & -\sum_i^n z_i & \sum_i^n z_i^2 \end{vmatrix} \tag{10-20}$$

$$D_c = \begin{vmatrix} \sum_i^n x_i^2 & \sum_i^n x_i y_i & -\sum_i^n x_i \\ \sum_i^n x_i y_i & \sum_i^n y_i^2 & -\sum_i^n y_i \\ \sum_i^n x_i z_i & \sum_i^n y_i z_i & -\sum_i^n z_i \end{vmatrix} \tag{10-21}$$

但是在使用 Cramer 法则时，D 不可以等于 0，换句话说就是我们想要的平面不可以过原点。当平面过原点时，式(10-18)的方程组就可以化简为一个齐次方程组：

$$\begin{bmatrix} \sum_i^n x_i^2 & \sum_i^n x_i y_i & \sum_i^n x_i z_i \\ \sum_i^n x_i y_i & \sum_i^n y_i^2 & \sum_i^n y_i z_i \\ \sum_i^n x_i z_i & \sum_i^n y_i z_i & \sum_i^n z_i^2 \end{bmatrix} \begin{bmatrix} a \\ b \\ c \end{bmatrix} = \begin{bmatrix} 0 \\ 0 \\ 0 \end{bmatrix} \tag{10-22}$$

求出的 a、b、c 的解就是三个行向量所在面的法线。将这三个行向量两两做叉积，就得到三个垂直于该面的法线，取模最大的一个作为法向解。

10.5.2　顶点选取

计算法向完成后，还需要确定什么点可以作为所求点的顶点，在这里可以借鉴二维图像滤波器的思想来选取顶点。

根据二维图像滤波器思想，将所求点周围的 8 邻域点作为顶点，如图 10-9 所示。

图 10-9　顶点的取法

假设图像为 $I(x,y)$，核为 $G(x,y)$（$0 \leqslant i \leqslant M_{i-1}$，$0 \leqslant j \leqslant M_{j-1}$，$M$ 为核的大小），参考点在相应核的 (a_i, a_j) 坐标上，则卷积 $H(x,y)$ 定义式为

$$H(x,y) = \sum_{i=0}^{M_i-1} \sum_{j=0}^{M_j-1} I(x+i-a_i, y+j-a_j) G(i,j) \tag{10-23}$$

式中，x、y 为图像 $I(x,y)$ 的坐标；i、j 为所选邻域相应核的 (a_i, a_j) 的下标；$G(i,j)$ 为核的坐标。

完成算法处理后，因为处理的点是有深度的，所以还需要对以上邻域点进行判断，只有当某一个点的深度与中心点的深度接近时，才能选作顶点。

10.6　点 云 配 准

通常情况下，点云是有缺陷、不完整的，这将对后续的三维重建造成影响，想要获得

完整的点云数据，就需要进行点云配准。所谓配准，就是将各个视角获取到的点云数据放置在同一个坐标系下，得到一个完整、方便操作的点云。目前，配准算法有很多，其中 ICP 算法是运用最多的配准算法。

ICP 算法是基于轮廓特征的三维物体对准算法。若在对两幅点云数据进行配准时，当两幅点云的位置姿态差距较大时，需要先大致计算出点云的位置姿态，再通过 ICP 算法对位置姿态进行精确计算。

本章的 Kinect 人体动态三维重建通过极小化点到面的距离平方和来计算位置，以点到对应点切平面的距离作为目标误差函数。

假设分别在带匹配的目标点云 P 和源点云 Q，按照一定的约束条件，找到最邻近点（p_i, q_i），p_i 为目标点云 P 中的一点，q_i 为源点云 Q 中与 p_i 对应的最近点。式（10-24）是 ICP 算法的目标误差函数：

$$E = \sum_{i=1}^{N} d^2(TT^{k-1}p_i, S_i^k) \tag{10-24}$$

式中，T 为变换参数，$TT^{k-1} = T^k$，S_i^k 是 q_i 处的切平面，d 表示点 p_i 到切平面 S_i^k 的距离，通过迭代求解变换参数 T，使距离平方和 E 最小化。

假设 $\mathbf{Tini}$ 是初始化参数，下面是详细的迭代过程：

（1）对于 P 中的各点 p_i，求其法向量 n_i。令 $T_0 = \mathbf{Tini}$。

（2）对 P 中各个点迭代执行下面的步骤，直到达到终止条件（k 为迭代计数器）。

①根据上一次迭代时求得的变换参数 T^{k-1}，求出该点的三维坐标和法向量并转换到 T^k 下，得到 p_i^{new} 和 n_i^{new}；

②根据 p_i^{new} 和 n_i^{new} 确定的法线求出与 Q 的交点，记为 q_i；

③求出 Q 中点 q_i 处的切平面 S_i^k。

（3）用最小二乘法解出变换参数 T，使得目标误差函数最小，令 $T^k = T \times T^{k-1}$。

接下来就是求解变换参数 T，ICP 算法中每次迭代求解变换参数时，通常使用标准的非线性最小二乘法来最小化误差，这一过程速度较慢。所以在本章设计中若已知两点云之间的第 i 组对应点对为 $\{s_i, d_i\}$，d_i 处的法向量 n_i，配准的目的是求出两个点云之间的变换参数 $T[R|t]$，满足式（10-25）所示目标误差函数。

$$T = \begin{bmatrix} R|t \end{bmatrix} = \arg\min \sum_i \|(Rs_i + t - d_i) \cdot n_i\|^2 \tag{10-25}$$

式（10-25）中 t 为平移变量 $t = (t_x, t_y, t_z)$，R 为旋转矩阵，R 如式（10-26）所示：

$$R = R_z(\theta_3)R_y(\theta_2)R_x(\theta_1) = \begin{bmatrix} r_{11} & r_{12} & r_{13} \\ r_{21} & r_{22} & r_{23} \\ r_{31} & r_{32} & r_{33} \end{bmatrix} \tag{10-26}$$

式中，$r_{11} = \cos\theta_3\cos\theta_2$，$r_{12} = -\sin\theta_3\cos\theta_1 + \cos\theta_3\sin\theta_2\sin\theta_1$，$r_{13} = \sin\theta_3\sin\theta_1 + \cos\theta_3\sin\theta_2\cos\theta_1$，$r_{21} = \sin\theta_3\cos\theta_2$，$r_{22} = \cos\theta_3\cos\theta_1 + \sin\theta_3\sin\theta_2\sin\theta_1$，$r_{23} = -\cos\theta_3\sin\theta_1 + \sin\theta_3\sin\theta_2\cos\theta_1$，$r_{31} = -\sin\theta_2$，$r_{32} = \cos\theta_2\sin\theta_1$，$r_{33} = \cos\theta_2\cos\theta_1$。

$R_x(\theta_1)$、$R_y(\theta_2)$ 和 $R_z(\theta_3)$ 分别表示绕 x、y 和 z 坐标轴转动 θ_1、θ_2、θ_3 角度时的旋转矩阵。由此可以知道，求出 θ_1、θ_2、θ_3、t_x、t_y、t_z 是求解变换参数的关键。其 $\sin\theta \approx \theta$ 和 $\cos\theta$

≈ 1；当两点云较为接近时，θ_1、θ_2、θ_3 趋近于 0，则旋转矩阵可以近似地表示为：

$$\boldsymbol{R} \approx \begin{bmatrix} 1 & \theta_1\theta_2 - \theta_3 & \theta_1\theta_3 + \theta_2 \\ \theta_3 & \theta_1\theta_2\theta_3 + 1 & \theta_2\theta_3 - \theta_1 \\ -\theta_2 & \theta_1 & 1 \end{bmatrix} \approx \begin{bmatrix} 1 & -\theta_3 & \theta_2 \\ \theta_3 & 1 & \theta_1 \\ -\theta_2 & -\theta_1 & 1 \end{bmatrix} \qquad (10\text{-}27)$$

式(10-26)中的目标误差函数可表示为

$$\left(\boldsymbol{R}s_i + \boldsymbol{t} - d_i\right)n_i = \left(\boldsymbol{R}\begin{bmatrix} s_{ix} \\ s_{iy} \\ s_{iz} \end{bmatrix} + \boldsymbol{t} - \begin{bmatrix} d_{ix} \\ d_{iy} \\ d_{iz} \end{bmatrix}\right)\begin{bmatrix} n_{ix} \\ n_{iy} \\ n_{iz} \end{bmatrix}$$

$$= \left[\left(n_{iz}s_{iy} - n_{iy}s_{iz}\right)\theta_1 + \left(n_{ix}s_{iz} - n_{iz}s_{ix}\right)\theta_2 + \left(n_{iy}s_{ix} - n_{ix}s_{iy}\right)\theta_3 + n_{ix}t_x + n_{iy}t_y + n_{iz}t_z\right] \qquad (10\text{-}28)$$

$$- \left[n_{ix}d_{ix} + n_{iy}d_{iy} + n_{iz}d_{iz} - n_{ix}s_{ix} - n_{iy}s_{iy} - n_{iz}s_{iz}\right]$$

令 $x = (\theta_1, \theta_2, \theta_3, t_1, t_2, t_3)^{\mathrm{T}}$，$b_i = n_{ix}d_{ix} + n_{iy}d_{iy} + n_{iz}d_{iz} - n_{ix}s_{ix} - n_{iy}s_{iy} - n_{iz}s_{iz}$，$A_i = \left[\left(n_{iz}s_{iy} - n_{iy}s_{iz}\right)\right.$ $\left(n_{ix}s_{iz} - n_{iz}s_{ix}\right)\left(n_{iy}s_{ix} - n_{ix}s_{iy}\right)n_{ix}n_{iy}n_{iz}\left.\right]$，

式(10-28)可以表示为

$$A_i x - b_i \qquad (10\text{-}29)$$

对于 N 组对应点，可构造出如下表达式：

$$\boldsymbol{A}x - \boldsymbol{b} \qquad (10\text{-}30)$$

其中，

$$\boldsymbol{A} = \begin{bmatrix} A_1 \\ A_2 \\ \cdots \\ A_N \end{bmatrix}, \boldsymbol{b} = \begin{bmatrix} b_1 \\ b_2 \\ \cdots \\ b_N \end{bmatrix} \qquad (10\text{-}31)$$

对 $\boldsymbol{R}$ 和 $\boldsymbol{t}$ 的求解可转化为间接求解式(10-32)：

$$x_{\text{new}} = A_{\text{new}}\boldsymbol{b} = \left(x_1, x_2, x_3, x_4, x_5, x_6\right)^{\mathrm{T}} \qquad (10\text{-}32)$$

式中，x_4、x_5、x_6 是平移向量在三个坐标轴方向上的分量，x_1、x_2、x_3 依次为绕三个坐标轴转动的角度。变换参数 $\boldsymbol{T}=[\boldsymbol{R}|\boldsymbol{t}]$，平移向量 $\boldsymbol{t}=(x_4, x_5, x_6)\boldsymbol{T}$，旋转矩阵 $\boldsymbol{R}$ 由 x_1、x_2、x_3 代入式(10-27)计算可得。

由于在前面点云处理时已经对点云进行了排序，所以相邻帧点云之间的变换参数比较接近，因此算法中的初始化变换参数 T_0 选用前一帧的变换参数作为当前点云的初始变换参数值进行迭代。

10.7　数　据　融　合

基于 Kinect 的深度信息在配准后也只能展示景物的部分信息，不能将物体的整体信息显示出来，所以需要对点云数据进行融合。所谓数据融合就是将不同时间、不同空间采集到的点云数据进行分析、对比，融合为一幅图像的过程。在具体实现中，以 Kinect 传感器的位置为原点，将空间分割成一个一个小的立方体，这样点云数据就分布在这些小的

立方体中，这些小立方体也称为体素；给所有的体素赋予一个有向距离值，称为有向距离场(signed distance field, SDF)，依据 SDF 来间接模拟表面。

SDF 是指体素到模拟表面的最小距离值，如果体素在模拟表面之前，则这个体素的SDF 大于 0；相反，如果体素在模拟表面之后，则该体素的 SDF 小于 0，也就是说，当某体素越接近模拟表面，则该体素的 SDF 越接近于 0。

KinectFusion 技术高效实时，但是它消耗了大量的空间在存储体素上，因为 SDF 将整个空间都构造了体素，而需要用到的体素却只有那么一小部分，为此 Curless 等[179]提出了截断式带符号距离场(truncated signed distance field, TSDF)算法。该算法只是存储了距模拟表面较近的部分体素，放弃了大量无用的体素，这样就降低了 KinectFusion 的内存消耗。

为了便于计算，本章设计在 SDF 的基础上计算 TSDF，体素中的值间接地存储了物体的表面信息。另外，一帧点云数据映射到体素中计算出的结果往往不准确，在数据融合的过程中，不同点云的点可能同时映射在同一个体素中，就需要对这多个数据进行加权平均，从而得到一个准确的值。

SDF 计算过程中首先扫描各个体素，对待处理的体素(设其坐标为 v_g)进行以下计算。

(1) 已知 $T=[R|t]$ 为当前点云的变换参数，根据这个参数将世界坐标变换为摄像机坐标：

$$v = R(v\_g - t) \tag{10-33}$$

(2) 将坐标点 v 透视投影后得到点 p，通过下式计算 SDF：

$$\text{sdf} = \|t - v\_g\| - D(p) \tag{10-34}$$

若 sdf<0，则退出运算过程，否则计算值 $t\text{sdf}_i^{\text{tmep}}$：

$$\text{tsdf}_i^{\text{temp}} = \min(1, \text{sdf} / \text{tran\_dist}) \tag{10-35}$$

(3) 计算体素 v_g 新的 TSDF 和权重，并保存以便下次扫描到 v_g 时使用：

$$w_i = \min(\text{max\_weight}, w_{i-1} + 1) \tag{10-36}$$

$$\text{tsdf}_i = (t\text{sdf}_i^{\text{temp}} + t\text{sdf}_{i-1}) / (w_i + w_{i-1}) \tag{10-37}$$

式(10-36)、式(10-37)中，v_g 为单个体素的坐标，sdf 为该体素到实际表面的距离，max_weight 为权重。

10.8   表 面 生 成

经过数据融合将多幅点云数据映射到立方体中，这只是间接地显示出物体表面，不能直观地看到三维模型。表面生成就是将物体的直观模型构造出来，常采用体素级方法。

MC 移动立方体法是一种经典的体素级算法。移动立方体法的实现方法是给体素中的值在这个立方体的边上找等值点，三个点连成三角等值面。合并所有立方体的等值面便可生成完整的三维表面。为了快捷，根据立方体的八个顶点的值和给定值来寻找等值点。该算法对提取特征的等值面可以产生清晰的图像，是面绘制的经典算法，也是所有基于体素的面绘制算法的共同基础。

10.9　人体动态三维图像重建结果分析

　　基于上述算法，本章在 Visual Studio 2012 平台下，使用 C++编程语言设计出人体动态三维重建系统。人体动态图像三维重建数字化界面显示如图 10-10 所示。

图 10-10　人体动态图像三维重建数字化界面

　　从图 10-10 可以看出，系统连接成功后，首先初始化 KinectFusion 数据库，然后初始化 Kinect 设备，实时获取 Kinect 深度数据；获取到 Kinect 深度数据后，依据图 10-1 所示的处理流程，进入循环，按照 10.4 节所述的深度图像点云计算及三角化方法对点云数据进行处理，按 10.5 节所述的顶点法向计算及表面生成方法实现人体图像的三维重建；后台始终实时更新数据，以此实现实时的人体动态图像三维重建。

(a)彩色图像

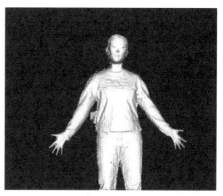

(b)三维重建图像

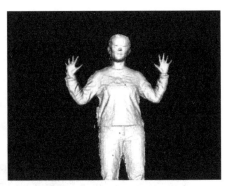

(c)改变姿势后的彩色图像　　　　　　　　　(d)改变姿势后的三维重建图像

图 10-11　基于 Kinect 深度数据的人体动态图像三维重建

　　图 10-11 所示为三维重建效果图，其中图 10-11(a)是彩色摄像头捕捉的画面，图 10-11(b)是去除背景后的人体图像三维重建效果，图 10-11(c)是相同条件下改变姿势后的彩色图像，图 10-11(d)是改变姿势后的实时三维重建效果。

　　由 10-11 所示的基于 Kinect 深度数据的人体动态图像三维重建效果图可以看出，去除背景后的人体图像三维重建立体效果明显，边缘细节明显；相同条件下姿势改变后，5～10s 的延迟后会出现相应的改变姿势后的人体动态图像三维重建。

10.10　本 章 小 结

　　三维重建技术一直以来都是计算机视觉领域研究的热点与难点，人体动态三维重建在此基础上要求更加严格，技术也更加复杂。当代科技处在一个飞速发展的阶段，人们对生活水平的追求也越来越高，人体动态的三维重建在诸多行业得到广泛的应用，与人们的日常生活和工作的联系越来越紧密。传统的深度摄像机价格昂贵，不便于操作，这使得这项技术无法大面积普及到人们生活当中。而基于 Kinect 传感器的人体动态三维重建因其操作方便、价格低廉，成为学者们新的研究重点。

　　本章对基于 Kinect 的人体动态三维重建进行了研究，概述了基于 Kinect 的人体动态图像三维重建的环境搭建方法；详细介绍点云三角化、计算顶点法向、点云配准、数据融合、表面生成的原理和实现方法，编程分析其运行结果，证明基于 Kinect 的动态三维图像可以较实时、逼真地反映三维场景人物信息，为后期的三维重建深入研究奠定基础。

第11章　AR技术在疲劳驾驶监测系统中的应用

一直以来，人类以拥有情感而自豪，这是人类和机器的一种本质的区别。随着计算机技术的发展，我们更期盼人机之间的沟通交流是一种带有感情的沟通交流。计算机技术在情感方面的成长经历也类似我们每个人的成长过程——以观察和辨别情感作为最终自然、亲切、生动交互的开始。随着互联网技术的发展，人工智能技术得到大力发展，人体面部表情的识别作为人工智能的一个重要研究领域，作为未来带有情感的人机交互技术，吸引了众多科研机构和高校参与研究，到现在为止，人脸表情识别技术已发展到一定程度，对人类发展具有重大的意义。而由于人的感情在面部会出现表情的细微变化，故面部表情识别研究仍然存在许多发展空间。

由第6章AR设备资料介绍可知，RealSense 3D是英特尔公司推出的一套配有深度传感器和全1080p彩色镜头的体感设备，能够精确识别手势动作、面部特征、前景和背景，进而让设备理解人的动作和情感。本次设计将它应用于人脸疲劳监测系统，根据深度信息对人脸特征点进行分析处理，判断脸部疲劳状态，实现对汽车驾驶员的实时疲劳监测。

11.1　系　统　分　析

目前，自驾游已是人们出行的一种普遍方式，但长时间开车会出现疲劳，导致精神无法集中，在碰到危险时无法第一时间做出反应，有可能酿成严重的交通事故。因此，采取应对措施实时监测驾驶人的驾驶状态、提醒驾车者安全驾驶是目前疲劳驾驶监测方法急需解决的主要问题。

现有的疲劳驾驶监测方法主要有基于生理信号的监测方法、基于行车信息的监测方法、基于面部信息的监测方法。

基于生理信号的监测方法需要采集驾驶员的脑电以及血压生理信号，并依据生理信号的变化做出疲劳驾驶状态的判断，要求有高精度的监测仪，因此开发成本很高，另外信号采集与分析很难达到实时性。

基于行车信息的监测方法主要依据汽车当前行驶状态，包括车辆的左右摇晃幅度、偏离车道位置、行车里程与时间信息，受行车道路与行车环境外在因素影响很大，容易产生误判与错判。

基于面部信息的监测方法主要通过图像处理技术定位人脸区域，再根据当前人脸区域的眼睛关键点位置进行判断，上一帧人脸图像是下一帧人脸图像判定的基础，分类识别、预处理是常用的处理方法。但是，在人脸定位过程中，由于驾驶员坐姿的变化，如向左、向右一定角度的偏转，低头以及闭眼状态的出现会使脸部图像的实时获取、处理以及后期眼部特征信息的统计分析与判别出错，成为实时监测系统的一个技术难题。

　　本系统旨在通过使用 Unity3D 引擎搭建一个与现实三维空间相映射的虚拟三维空间，利用 RealSense 3D 实感摄像头在现实三维空间中捕捉人体面部若干特征点，并将人的面部映射到 Unity3D 搭建的虚拟三维空间中，通过在此虚拟三维空间中对人物面部细节的解析，并结合相应算法，计算驾驶员是否处于疲劳驾驶状态，若是，则发出报警提示音。

11.2　系　统　设　计

　　在 Unity3D 开发平台下，基于 RealSense 3D 的疲劳驾驶监测系统实现包括人脸深度图像实时采集、脸部特征点(上下嘴唇、上下眼皮)初始距离确定、疲劳状态(打哈欠、闭眼)判定、疲劳驾驶判定、疲劳驾驶报警等部分，具体的系统功能结构如图 11-1 所示。

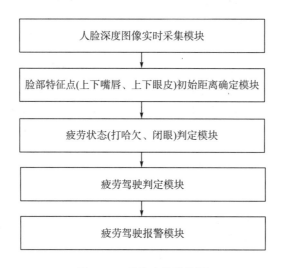

图 11-1　系统功能结构图

　　图 11-1 中，人脸深度图像实时采集模块用于实时采集人脸的深度图像，跟踪定位人体面部上下嘴唇、上下眼皮特征点的空间位置；脸部特征点(上下嘴唇、上下眼皮)初始距离确定模块用于根据所述人脸深度图像实时采集模块在初始时间时采集的深度图像，确定人体面部上下嘴唇、上下眼皮特征点的初始距离；疲劳状态(打哈欠、闭眼)判定模块用于根据所述人体面部上下嘴唇、上下眼皮特征点初始距离确定模块所确定的初始距离，实时判断当前上下嘴唇特征点与上下眼皮特征点的空间距离是否超出阈值范围，若上下嘴唇特征点空间距离大于初始距离，且持续时间大于预设阈值，判定为打哈欠，若上下眼皮特征点空间距离小于初始距离一定比例，且持续时间大于预设阈值，判定为眼部疲劳；疲劳驾驶判断模块用于根据疲劳状态(打哈欠、闭眼)判定模块所确定的打哈欠与眼部疲劳状态，在限定时间内监测打哈欠或眼部疲劳的次数，若次数超过限定值，则判定为疲劳驾驶；疲

劳驾驶报警模块用于根据所述疲劳驾驶判定模块所确定的疲劳驾驶状态,通过声音报警提示。

系统环境配置与各模块具体实现方法如下所述。

11.3　系 统 实 现

系统在实现过程中,首先需要在 Unity3D 开发平台下基于 AR 技术构建可与真实场景交互的虚拟场景,并利用 RealSense 3D 实感摄像技术实时跟踪定位人体面部特征部位,根据人体面部上下嘴唇特征点、上下眼皮特征点的位置深度变化信息来确定驾驶员是否为疲劳驾驶。

11.3.1　RealSense 3D 环境配置

RealSense 3D 环境配置需要注意的问题主要是摄像头驱动文件及 SDK 文件的安装,具体过程如下所述。

(1)将摄像头与电脑通过 USB 3.0 连接。

(2)安装摄像头驱动。摄像头驱动文件标识如图 11-2 所示,双击驱动安装文件,勾选"我接受…"后点击"下一步",出现如图 11-3 所示的安装界面。

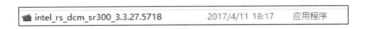

图 11-2　摄像头驱动文件标识

图 11-3　驱动安装界面

在图 11-3 所示的驱动安装界面中,如果提示是否更新固件,注意点击"否,请不要更新",然后点击"下一步",直接点击"安装"。

(3)安装摄像头驱动。安装摄像头 SDK 文件标识如图 11-4 所示,双击安装文件,勾选"我接受…"后点击"下一步"，出现如图 11-5 所示的安装界面。

图 11-4　安装摄像头 SDK 文件标识

图 11-5　SDK 文件安装界面

在图 11-5 所示的 SDK 文件安装界面中，注意系统此时安装的是"R2"版本的 SDK，在官网上能下载到的 SDK 的版本高于 R2，但是新版的 SDK 开发方式有较大变化，这里我们仍然使用 R2 版本的 SDK。

(4) 连续点击"next"后，安装完成，点击"finish"。

(5) 检测安装是否成功。双击进入桌面的　"Intel RealSense SDK Gold"图标，双击进入"tools"，双击进入"Eamera Explorer"，若摄像头已正确连接，则在 camera explorer 里面的第一项处于解锁状态，点击进入第一项，若摄像头指示灯亮起，出现如图 11-6 所示安装检测窗口，能实时获取图像，则表示安装正确。

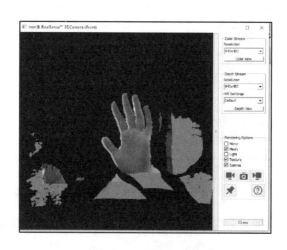

图 11-6　安装检测窗口

11.3.2　Unity 环境下使用 RealSense 3D

本章设计中主要使用 RealSense 3D 的人脸捕捉功能，具体过程如下所述。

（1）首先创建一个普通 3D 场景，如图 11-7 所示。

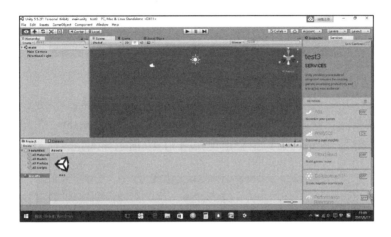

图 11-7　普通 3D 场景

（2）在 RealSense 安装目录下，找到"UnityToolkit"（路径为：安装路径\RSSDK\framework\Unity），双击"UnityToolkit"或者直接拖入"UniToolkit"至当前 Unity 工程的"Project"窗口下(当前工程要打开)，出现如图 11-8 所示导入提示窗口。

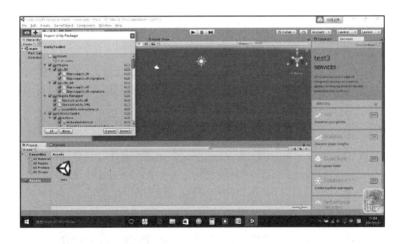

图 11-8　导入提示窗口

（3）导入提示窗口中默认为全选状态，因此这里我们直接点击"Import"，稍等片刻，导入完成，由于目前版本问题，导入后会提示脚本代码需要升级，如图 11-9 所示脚本升级提示窗口，点击"I Made a Backup,Go Ahead!"（因为 Unity 不断更新），进行脚本升级。

图 11-9　脚本升级提示窗口

提示：若此处忘记升级，可以随时点击"Asset\Run API Updater…"进行脚本升级。

（4）导入完成后，Project 窗口中会出现如图 11-10 所示导入完成显示文件夹。

图 11-10　导入完成显示

注：图中 main 是之前保存的场景文件。

（5）删除 Hierarchy 窗口中的"Main Camera"，然后在 project 窗口中依次点击进入 RSUnityToolkit\Prefabs，将此文件夹中的"Sense AR"和"SenseManager"拖拽到 Hierarchy 中释放，此时便已将其添加入场景中，如图 11-11 所示。

图 11-11　导入完成显示

（6）捕捉功能测试，首先创建一个 Cube（在 Unity 开发环境下点击 GameObject 菜单下子菜单 3D Object→Cube），场景显示如图 11-12 所示。

图 11-12　在场景中创建 Cube

（7）在图 11-12 所示的场景中，点击选中 Cube 的条件下，在右方 Inspector 窗口下方点击"Add Component"按钮，会出现如图 11-13 所示的弹出窗口，在搜索输入框里面输入"tra"，在下方第一项便出现"Traking Action"，点击它，将其绑定 Cube。

图 11-13　绑定 Cube 弹出窗口

（8）在图 11-14 所示的场景中，点击 Set Defaults To 右方的下拉栏，将跟踪对象设置为脸部（Face Tracking）。

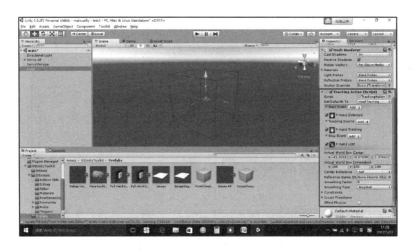

图 11-14   设置跟踪对象

(9) 在图 11-15 所示的 Landmark To Track 右方下拉栏，可以选择跟踪部位，这里我们就选择默认的 "LANDMARK_NOSE_TIP"（跟踪鼻尖，这里可以自行设置需要的跟踪点）。

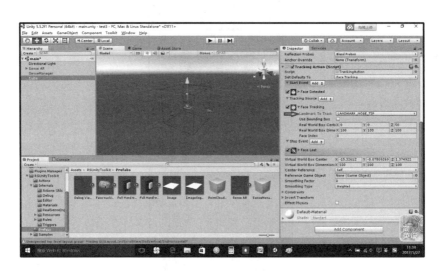

图 11-15   跟踪鼻尖设置

(10) 以上步骤完成后，就可以点击运行，可以看到摄像头捕捉到的画面，并且之前的 Cube 会实时捕捉鼻尖运动。

11.3.3   疲劳驾驶监测

本系统在 Unity 3D 开发平台下利用 RealSense 3D 的脸部特征点捕捉功能实现疲劳驾驶监测，具体监测流程如图 11-16 所示。

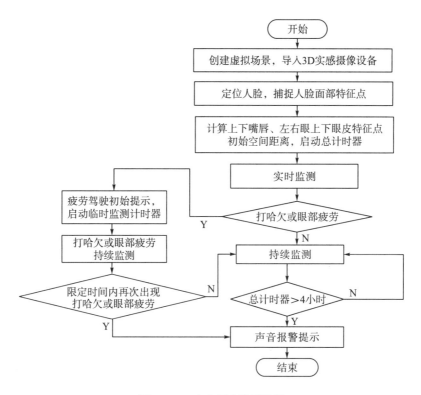

图 11-16　疲劳驾驶监测流程

图 11-16 所示的疲劳驾驶监测流程中各部分实现方法如下所述。

(1)创建虚拟场景,导入 3D 实感摄像设备。作为一种实施方式,3D 实感摄像设备在进行疲劳驾驶监测前,需要先构建与真实场景一一映射的虚拟场景,在此场景下利用 3D 实感摄像设备实时跟踪定位人体面部特征点的深度位置信息,具体导入方法如 11.3.1 节所述。

(2)定位人脸,捕捉人脸面部特征点。利用 RealSense 3D 进行人脸定位,捕捉人脸面部特征点时需要在虚拟场景中创建与真实场景中相对应的虚拟对象,通过为虚拟对象添加目标跟随控件实现人脸特征点的捕捉,具体捕捉方法如 11.3.2 节所述。

(3)计算上下嘴唇、左右眼上下眼皮特征点初始空间距离,启动总计时器。作为一种实施方式,在进行疲劳驾驶监测前,需要先确定所述驾驶员初始驾驶时的正常驾驶状态,即上下嘴唇、左右眼上下眼皮特征点的初始空间距离。后续的疲劳驾驶状态判定中将以上下嘴唇、左右眼上下眼皮特征点的初始空间距离为判定基准。

本系统中,计算初始时间内各帧深度图像的上下嘴唇特征点距离平均值,作为上下嘴唇特征点的初始距离;计算初始时间内各帧深度图像的上下眼皮特征点距离平均值,作为上下眼皮特征点的初始距离。

空间任意两个特征点的距离计算公式为

$$d_{(A,B)} = \sqrt{(x_2 - x_1)^2 + (y_2 - y_1)^2 + (z_2 - z_1)^2} \qquad (11\text{-}1)$$

式中, A、B 代表空间两个特征点,它们的空间坐标分别为 (x_1, y_1, z_1) 和 (x_2, y_2, z_2)。

启动总计时器是为了统计总驾驶时间，在后续的持续监测中若有总驾驶时间超过 4h 的情况出现，系统会报警提示。

(4) 实时监测。实时监测是系统实时监测上下嘴唇、左右眼上下眼皮特征点的空间距离变化。通过上下嘴唇特征点的空间距离变化来实时监测嘴巴的张合度，当嘴巴张开持续时间大于预设阈值，判定为打哈欠。通过上下眼皮特征点的空间距离变化来实时监测双眼张合度，当双眼张开度小于初始距离限定比例，且持续时间大于预设阈值，判定为眼部疲劳。

(5) 判断当前监测时刻是否出现打哈欠或眼部疲劳。实时监测过程中，判断当前监测时刻是否出现打哈欠或眼部疲劳，若监测到打哈欠或眼部疲劳，进入步骤(7)；若没有监测到，进入步骤(6)。

(6) 持续监测。持续监测是系统持续按上述步骤(4)所述方法进行上下嘴唇、左右眼上下眼皮特征点的空间距离变化监测。

(7) 疲劳驾驶初始提示，启动临时监测计时器。实时监测过程中，若在步骤(5)中监测到打哈欠或眼部疲劳，此时会对疲劳驾驶进行初次提示，同时启动临时监测计时器，判定在后续的限定时间内是否出现多次疲劳驾驶状态。

(8) 打哈欠或眼部疲劳持续监测。在初次判定打哈欠或眼部疲劳后，后续监测过程中会持续监测驾驶员嘴部和眼部特征点变化，判定在限定时间内是否再次出现打哈欠或眼部疲劳。

(9) 限定时间内再次出现打哈欠或眼部疲劳。实时监测过程中，在初次识别到打哈欠或眼部疲劳后，后续监测中判定限定时间内是否再次出现打哈欠或眼部疲劳。若限定时间内再次出现打哈欠或眼部疲劳的次数超过预设值，将判定为疲劳驾驶，通过声音报警提示。若限定时间内没有再次出现打哈欠或眼部疲劳，系统返回步骤(6)。

(10) 监测总计时器时间是否超过 4h。为了统计总驾驶时间，整个监测过程中会启动总计时器。监测过程中，若没有出现疲劳驾驶状态，但是总驾驶时间超过 4h，系统同样会出现声音报警提示，进入步骤(11)。如果没有出现疲劳驾驶状态，总驾驶时间也没有超过 4h，系统返回步骤(6)持续监测。

(11) 疲劳驾驶持续提示。

11.4　系统测试结果及分析

依据 11.3 节所述方法搭建系统，对系统进行测试。图 11-17 所示为人脸疲劳状态测试结果图，其中，图 11-17(a) 为人脸特征点定位效果图；图 11-17(b) 为监测过程中初始监测时嘴部与眼部特征点的初始距离计算效果图；图 11-17(c) 为监测过程中首次表现疲劳状态，临时监测计时开始的效果图；图 11-17(d) 为在限定监测时间内，再次出现疲劳状态且达到报警条件的效果图。

(a) 人脸特征点定位效果图

(b) 嘴部与眼部特征点的初始距离计算效果图

(c) 临时监测计时开始效果图

(d) 再次出现疲劳状态且达到报警条件效果图

图 11-17　人脸疲劳状态测试结果图

由图 11-17 可看出，系统可以实时判定人脸疲劳状态，将该系统应用于疲劳驾驶监测系统，以驾驶员每次行车前的最佳状态作为疲劳驾驶的评判标准，可以有效地提高驾驶安全性。

11.5　本　章　小　结

本章将 AR 设备 RealSense 应用于疲劳驾驶监测系统，具体实现的步骤为：构建与真实场景一一映射的虚拟场景，在虚拟场景下利用 3D 实感摄像技术实时跟踪定位人体面部上下嘴唇特征点、上下眼皮特征点；通过上下嘴唇特征点的空间位置变化来实时监测嘴巴的张合度，当嘴巴张开持续时间大于预设阈值，判定为打哈欠；通过上下眼皮特征点的空间位置变化来实时监测双眼张合度，当双眼张开度小于初始距离限定比例，且持续时间大于预设阈值，判定为眼部疲劳；根据在限定时间内监测到的打哈欠或眼部疲劳次数，判断驾驶员是否为疲劳驾驶，若是疲劳驾驶，报警提示。本系统以驾驶员每次行车前的最佳状态作为疲劳驾驶的评判标准，可以有效地提高驾驶安全性。

本章设计系统所提供的疲劳驾驶监测方法与装置基于 AR 技术构建与真实场景一一映射的虚拟场景，在此场景下利用 3D 实感摄像技术实时跟踪定位人体眼部与嘴部特征点的深度位置信息，依据眼部和嘴部的空间位置变化信息判定驾驶员的疲劳驾驶状态，相比现有的基于二维图像处理的人脸特征点跟踪定位方法，加入了位置深度信息，以空间位置变化信息代替二维平面信息，更不易受到人脸姿态、角度的变化影响，同时避免了因图像预处理及分类识别引起的监测延时问题。而且，本章设计系统所提供的根据嘴部和眼部特征点的空间初始距离进行打哈欠及眼部疲劳状态判定方法中,计算获得的初始值是每次监测时驾驶员行车前的最佳状态值,相比现有的监测方法,可以更有效地提高驾驶安全性。

在后续研究中,我们考虑将该疲劳驾驶监测系统移植于 Raspberry Pi,使其脱离有线 PC 控制,实现具有具体应用价值的系统开发。

参 考 文 献

[1] 安托南•阿尔托. 残酷戏剧: 戏剧及其重影[M]. 杜裕芳译. 北京: 商务印书馆, 2015.

[2] 佚名. VR 系统的组成与交互技术汇总 [OL]. [2016-08-23]. https://www. sohu. com/a/111631795_424294.

[3] 杨旭波, 叶水送. 在现实中触碰虚拟世界: 视觉盛宴背后的技术革命 [OL]. [2016-08-22]. https://tech. sina. com. cn/d/i/2016-08-22/ doc-ifxvcsrm2129942. shtml.

[4] 许晟、高亢. 虚拟现实技术的前世今生 [OL]. [2016-04-29]. http://www. xinhuanet. com/politics/2016/04/29/c_128942358. htm.

[5] 苏万明. 《中国虚拟现实应用状况白皮书(2018)》在青岛发布 [OL]. [2018-09-28]. http://www. gov. cn/xinwen/2018-09/28/content_5326504. htm.

[6] 佚名. VR 虚拟现实最全分类: VR 虚拟现实分类介绍[OL]. [2016-05-31]. http://www. pc6. com/infoview/Article_95488. html.

[7] 一根筋教育. 使用 VR 最成功的 10 个案例[OL]. [2017-03-13]. http://www. sohu. com/a/128643781_616063.

[8] 百度 VR. 不可思议: 知名专家总结深沉浸感的 VR 场景四大方式[OL]. [2017-06-08]. https://www. sohu. com/a/146997715_692906.

[9] 张淑芳. 美国: 网络虚拟世界已经延伸至大学校园和课堂[J]. 妇女生活(现代家长), 2008(9): 56.

[10] 喻臻钰, 杨昆. 基于 3DS Max 与 Unity 3D 的三维虚拟校园系统的设计与实现[J]. 电脑知识与技术, 2016(7):218-221.

[11] 张超. 数字城市漫游系统若干技术的研究与实现[D]. 西安:西安科技大学, 2011.

[12] 方沁. 基于 Unity 和 3dmax 的虚拟实验室三维建模设计与实现[D]. 北京:北京邮电大学, 2015.

[13] Unity Technologies. Unity5. x 从入门到精通[M]. 北京:中国铁道出版社, 2016.

[14] Unity Technologies. Unity 官方案例精讲[M]. 北京:中国铁道出版社, 2015.

[15] 2018—2024 年中国远程医疗行业市场调查及发展趋势研究报告[R]. 智研咨询集团, 2018.

[16] 远程医疗[OL]. [2019-03-19]. http://www. baike. com/wiki/%E8%BF%9C%E7%A8%8B%E5%8C%BB%E7%96%97&prd=button_doc_jinru.

[17] 侯俊杰. 深入浅出 MFC(第二版)[M]. 武汉:华中科技大学出版社, 2001.

[18] 万跃华. 编程解疑系列丛书——Visalc++网络编程[M]. 北京:科学出版社, 2002.

[19] AnyChat SDK[OL]. [2016-5-11]. https://baike. baidu. com/item/Anychat%20SDK/7792042.

[20] MITK[OL]. [2016-3-18]. https://baike. baidu. com/item/mitk/232371.

[21] 张小瑞、宋爱国、刘佳, 等. 虚拟物体的力/触觉模型及再现技术研究进展[J]. 系统仿真学报, 2009, 21(15):4555-4559.

[22] 宋爱国. 人机交互力觉临场感遥操作机器人技术研究[J]. 科技导报, 2015, 33(23):100-109.

[23] 王党校、焦健、张玉茹, 等. 计算机触觉: 虚拟现实环境的力触觉建模和生成[J]. 计算机辅助设计与图形学学报, 2016, 28(6):881-895.

[24] 黄永辉、潘显炜、林艳萍, 等. 虚拟钻骨手术仿真力反馈交互实现研究现状[J]. 上海交通大学学报(医学版), 2017, 37(5):699-703.

[25] Banerjee P, Hu M Q, Kannan R, et al. A semi-automated approach to improve the efficiency of medical imaging segmentation for haptic rendering[J]. Journal of Digital Imaging, 2017, 30(4):519-527.

[26] Pedram S A, Klatzky R L, Berkelman P, et al. Torque contribution to haptic rendering of virtual textures[J]. IEEE Transactions

on Haptics, 2017, 10（4）:567-579.

[27] Kim M, Lee Y, Lee Y, et al. Haptic rendering and interactive simulation using passive midpoint integration[J]. International Journal of Robotics Research, 2017, 36（12）:1341-1362.

[28] Zhang C X, Wang M N, Song Z J. A Brain-deformation framework based on a linear elastic model and evaluation using clinical data[J]. IEEE Transactions on Biomedical Engineering, 2011, 58（1）:191-199.

[29] Van Silfhout R B R, Beijer J G J , Zhang K C, et al. Modelling methodology for linear elastic compound modelling versus visco-elastic compound modelling[C]. Proceedings of the 6th International Conference on Thermal, Mechanical and Multi-Physics Simulation and Experiments in Micro-Electronics and Micro-Systems, 2005: 483-489.

[30] 宋爱国. 力觉临场感遥操作机器人技术研究进展[J]. 机械制造与自动化, 2012, 41（1）:1-5.

[31] Machado L S, Mello A N, Lopes R D, et al. A virtual reality simulator for bone marrow harvest for paediatric transplant[J]. Studies in Health Technology and Informatics, 2001, 81: 293-297.

[32] Popescu V G, Burdea G C, Bouzit M, et al. A virtual reality based telerehabilitation system withforce feedback[J]. IEEE Trans. on Information Technology in Biomedicine, 2000, 4（1）: 45-51.

[33] Ballantyne G H, Moll F. The da Vinci telerobotic surgical system: The virtual operative field and telepresence surgery[J]. Surgical Clinics of North America, 2000, 83（6）: 1293-1304.

[34] 张乔冶. 达芬奇手术机器人系统及其应用[J]. 医疗装备, 2016, 29（9）:197-198.

[35] 戴金桥, 俞阿龙, 孙红兵, 等. 虚拟手术训练力觉交互技术的现状与趋势[J]. 测控技术, 2014, 33（10）:1-4, 12.

[36] Liang S, Banerjee P P, Edward D P. A high performance graphic and haptic curvilinear capsulorrhexis simulation system[C]. International Conference of the IEEE Engineering in Medicine & Biology Society, 2009:5092-5095.

[37] Tobergte A, Helmer P, Hagn U, et al. The sigma. 7 haptic interface for MiroSurge: A new bi-manual surgical console[C]. IEEE/RSJ International Conference on Intelligent Robots & Systems, 2011:3023-3030.

[38] 王勇军, 吴鹏, 郭光友, 等. 支持力反馈的鼻腔镜虚拟手术仿真系统[J]. 系统仿真学报, 2001, 13（3）:404-407.

[39] 王党校, 张玉茹, 王玉慧. 实时力觉交互中的虚拟力计算及渲染方法[J]. 系统仿真学报, 2004, 16（7）:1494-1498.

[40] 刘冠阳, 张玉茹, 王瑜, 等. 双通道触觉交互系统中牙科手术工具之间动态交互的力觉仿真[J]. 系统仿真学报, 2007, 19（20）, 4711-4738.

[42] Wang D, Zhang Y, Hou J, et al.Dental: A haptic-based dental simulator and its preliminary user evaluation[J]. IEEE Transac-tions on Haptics, 2012, 5（4）: 332-343.

[43] Wang D, Xiao J, Zhang Y. Haptic Rendering for Simulation of Fine Manipulation[M]. Heidelberg: Springer, 2014.

[44] 宋爱国. 力觉临场感遥操作机器人（2）：操作者的输入输出特性建模[J]. 南京信息工程大学学报：自然科学版, 2013, 5（2）:97-105.

[45] 宋爱国. 力觉临场感遥操作机器人（3）：环境的动力学描述[J]. 南京信息工程大学学报：自然科学版, 2014, 6（2）:113-120.

[46] 宋爱国. 力觉临场感遥操作机器人（4）：系统的操作性能评价[J]. 南京信息工程大学学报：自然科学版, 2014, 6（3）: 211-220.

[47] 岳龙旺, 许天春, 负今天. "妙手"系统机械结构设计与优化[J]. 机器人, 2006, 28（2）:154-159.

[48] 陆熊, 宋爱国. 力触觉再现中柔性物体可视化物理形变模型研究进展[J]. 计算机辅助设计与图形学学报, 2008, 20（11）:1389-1394.

[49] 张小瑞, 孙伟, 宋爱国, 等. 具备实时力/触觉交互的增强形变模型[J]. 仪器仪表学报, 2014, 35（9）:1932-1936.

[50] 蔡伟, 况迎辉. 触觉可视化技术中柔性物体变形模型研究[J]. 计算机技术与发展, 2010, 20（3）:20-23.

[51] 徐少平, 刘小平, 张华, 等. 虚拟手术中软组织实时形变模型的研究进展[J]. 生物医学工程学杂志, 2010, 27(2):435-439.

[52] Bryn A L, Gabor S, Matthias H. Identification of spring parameters for deformable object simulation[J]. IEEE Trasactions on Visualization and Computer Graphics, 2007, 13(5): 1081-1084.

[53] 吕梦雅, 李发明, 唐勇, 等. 基于弹簧质点模型的快速逼真的布料模拟仿真[J]. 系统仿真学报[J], 2009, 21(16):5236-5239.

[54] Lee B, Popescu D C, Joshi B, et al. Efficient topology modification and deformation for finite element models using condensation[J]. Studies in Health Technology and Informatics, 2006, 119: 299-304.

[55] Bro-Nielsen M. Surgery simulation using fast finite elements[J]. Lecture Notes in Computer Science, 1996, 1131:529-534.

[56] Bro-Nielsen M. Fast finite elements for surgery simulation[J]. Studies in Health Technology & Informatics, 1997, 39:395.

[57] Bro-Nielsen M. Finite element modeling in surgical simulation[J]. Proceedings of the IEEE, 1998, 86(3):490-503.

[58] Hansen K V, Larsen O V. Using Region-of-interest Based Finite Element Modeling for Brain-surgery Simulation[M]. Heidelberg: Springer, 1998.

[59] Berkley J, Turkiyyah G, Berg D, et al. Real-time finite element modeling for surgery simulation: An application to virtual suturing[J]. IEEE Transactions on Visualization and Computer Graphics, 2004, 10(3):314-325.

[60] Saekely G, Brechbuhler C, Hutter R, et at. Modeling of soft tissue deformation for laparoscopic surgery simulation[J]. Medical Image Analysis. 2000, 4(1):l57-166.

[61] Ridha H, Abdessalam C, Hédi B H S. Real-time deformation of structure using finite element and neural networks in virtual reality applications[J]. Finite Elements in Analysis and Design, 2006(42): 985-991.

[62] Tang Z Y, Yang Y, Guo X H, et al. Distributed haptic interactions with physically based 3D deformable models over lossy networks[J]. IEEE Transactions on Haptics, 2013, 6(4):417-428.

[63] Dutu L C, Listic U, De Savoie, et al. A fuzzy model relating vibrotactile signal characteristics to haptic sensory evaluations[C]. Computational Intelligence and Virtual Environments for Measurement Systems and Applications(CIVEMSA), 2013: 49-54.

[64] Ponce P D W, Randall B H, Veronica J S. Spatial asymmetry in tactile sensor skin deformation aids perception of edge orientation during haptic exploration [J]. IEEE Transactions on Haptics, 2014, 7(2):191-202.

[65] Wang D X, Shi Y J, Zhang Y D, et al. Haptic simulation of organ deformation and hybrid contacts in dental operations[J]. IEEE Transactions on Haptics, 2014, 7(1):48-60.

[66] Fredrik R, Howard J C. A proxy method for real-time 3-DOF haptic rendering of streaming point cloud data[J]. IEEE Transactions on Haptics, 2013, 6(3):257-267.

[67] Xu X, Burak C, Anas A, et al. Point cloud-based model-mediated teleoperation with dynamic and perception-based model updating[J]. IEEE Transactions on Instrumentation and Measurement, 2014, 63(11):2558-2569.

[68] Zhang X Y, Liu Y. A fast algebraic non-penetration filter for continuous collision detection[J]. Graphical Models, 2015, 80:31-40.

[69] 孙劲光, 吴素红. 基于分类遍历的碰撞检测优化算法[J]. 计算机应用, 2015, 35(1):194-197.

[70] Zhang X Y, Liu Y. An algebraic non-penetration filter for continuous collision detection using sturm theorem [C]. Proc of International Conference on Mechatronics and Automation, 2015: 761-766.

[71] 唐勇, 杨偲偲, 吕梦雅, 等. 自适应椭球包围盒改进织物碰撞检测方法[J]. 计算机辅助设计与图形学学报, 2013, 25(10):1589-1596.

[72] 李红波, 周东谕, 吴渝. 基于混合包围盒的碰撞检测算法[J]. 计算机应用, 2010, 30(12):3304-3306.

[73] 宋城虎, 闵林, 朱琳, 等. 基于包围盒和空间分解的碰撞检测算法[J]. 计算机技术与发展, 2014, 24(1):57-60.

[74] 方彬, 王竹林, 郭希维. 基于 AABB 的四维时空层次包围盒碰撞检测方法[J]. 计算机测量与控制, 2014, 22(2):397-399.

[75] Li Z, Li L, Zou F Y, et al. 3D foot and shoe matching based on OBB and AABB[J]. International Journal of Clothing Science and Technology, 2013, 25(5):389-399.

[76] 周清玲, 刘艳, 程天翔. 大规模柔体的连续碰撞检测算法[J]. 中国图象图形学报, 2016, 21(7): 901-912.

[77] 谢倩茹, 耿国华. 虚拟手术环境中软组织的快速碰撞检测[J]. 计算机应用研究, 2015, 32(8):2484-2499.

[78] Wong S K, Lin W C, Hung C H, et al. Radial view based cull-ing for continuous self-collision detection of skeletal models[J]. ACM Transactions on Graphics, 2013, 32(4): 114.

[79] Sulaiman H A, Othman M A, Saat M S M, et al. Vector-based technique for distance computation in narrow phase collision de-tection[C]//2014 International Symposium on Technology Man-agement and Emerging Technologies. Bandung: IEEE, 2014: 506-510.

[80] Schwesinger U, Siegwart R, Furgale P. Fast collision detection through bounding volume hierarchies in workspace-time space for sampling-based motion planners[C]// Proceedings of IEEE In-ternational Conference on Robotics and Automation. Seattle, WA, USA: IEEE, 2015: 63-68.

[81] 周清玲, 刘艳, 程天翔. 大规模柔体的连续碰撞检测算法 [J]. 中国图象图形学报, 2016, 21(7):901-912.

[82] 赵伟, 曲慧雁. 基于云计算 Map-Reduce 模型的快速碰撞检测算法[J]. 吉林大学学报(工学版), 2016, 46(2):578-584.

[83] 于瑞云, 赵金龙, 余龙, 等. 结合轴对齐包围盒和空间划分的碰撞检测算法[J]. 中国图象图形学报, 2018, 23(12):1925-1937.

[84] 胡凌燕, 何声星, 熊鹏文, 等. 基于点云模型的虚拟手术系统建模及碰撞检测[J]. 数据采集与处理, 2016, 31(5):903-910.

[85] 刘正雄, 黄攀峰, 台健生. 空间遥操作预测仿真快速图形碰撞检测算法[J]. 系统工程与电子技术, 2016, 38(7):1690-1696.

[86] 潘海鸿, 冯俊杰, 陈琳徐, 等. 基于分离距离的碰撞检测算法综述[J]. 系统仿真学报, 2014, 26(7):1407-1416.

[87] 刘忠源. GPU 加速的空间哈希碰撞检测算法[D]. 杭州: 浙江大学, 2018.

[88] Tang M, Manocha D, Lin J, et al. Collision-streams: Fast GPU-based collision detection for deformable models[C]// Symposium on Interactive 3D Graphics and Games. New York, USA: ACM, 2011: 63-70.

[89] Du P, Zhao J Y, et al. GPU accelerated real-time collision handling in virtual disassembly[J]. Journal of Computer Science and Technology, 2015, 30(3): 511-518.

[90] 刘良平, 刘箴, 方昊, 等. 基于 GPU 的三维场景表面流体碰撞检测方法研究[J]. 系统仿真学报, 2015, 27(10): 2439-2452.

[91] Konstantinos M, Dimitrios T, Michael G S. SQ-Map: Efficient layered collision detection and haptic rendering[J]. IEEE Transactions on Visualization and Computer Graphics, 2007, 13(1):80-92.

[92] Jung D, Gupta K K. Octree-based hierarchical distance maps for collision detection[J]. Journal of Robotic Systems, 1997, 14(11):789-806.

[93] Brechbuhler C, Gerig G, Kubler O. Parametrization of closed surfaces for 3D shape description[J]. Computer Vision and Image Understanding, 1995, 61(2):154-170.

[94] Shen L, Farid H, McPeek M A. Modeling 3-dimensional morphological structures using spherical harmonics[J]. Evolution, 2009, 63(4):1003-1016.

[95] Shen L, Makedon F S. Spherical mapping for processing of 3-D closed surfaces[J]. Image and Vision Computing, 2006, 24(7): 743-761.

[96] McPeek M A, Shen L, et al. The correlated evolution of 3-dimensional reproductive structures between male and female damselflies[J]. Evolution, 2009, 63:73-83.

[97] Li S. SPHARM（Version 1. 2）[OL]. http://www. enallagma. com/ SPHARM . php, 2009.

[98] Li S. SPHARM-MAT（Release 1. 0. 0）[OL] . http://imaging. indyrad. iupui. edu/projects/SPHARM/, 2010.

[99] Thomas F E. A diagonalized multilevel fast multipole method with spherical harmonics expansion of the k-space integrals[J]. IEEE Transactions on Antennas and Propagation, 2005, 53（2）:814-817.

[100] 梅春亮. 基于 SPHARM 和 Fourier 变换的三维模型刻画[J]. Science &Technology Information, 2011, 13:21-22.

[101] 张欣, 莫蓉, 等. 一种三维模型形状检索描述符[J]. 计算机辅助设计与图形学学报, 2010, 22（5）: 741- 745.

[102] 章志勇, 杨柏林. 球面调和描述子在图像形状匹配中的应用. 自动化学报. 2007, 33（7）:683-687 .

[103] 章志勇, 杨柏林. 一种基于球面调和描述子的 3 维模型相似性比较算法. 中国图象图形学报, 2007, 12 （3）:541-545.

[104] 胡彭勇. 基于 SPHARM 的人脸识别[J]. 合肥学院学报（自然科学版）, 2008, 18（2）:35-39.

[105] Sloan P P , Kautz J , Snyder J . Precomputed radiance transfer for real-time rendering in dynamic, low-frequency lighting environments[J]. ACM Transactions on Graphics, 2002, 21（3）:527-536.

[106] Chen C W, Huang, T S, Arrott M. Modeling, analysis, and visualization of left ventricle shape and motion by hierarchical decomposition[J]. IEEE PAMI , 1994, 16（4）:342-356.

[107] Gerig G, Styner M. Shape versus size: Improved understanding of the morphology of brain structures[C]. International Conference on Medical Image Computing and Computer Assisted Intervention LNCS 2208, 2001, 24-32.

[108] Styner M, Gerig G. Three-dimensional medial shape representation incorporating object variability [C]. IEEE Computer Vision and Pattern Recognition , 2002:651-656.

[109] Styner M, Lieberman A J, Pantazis D, et al. Boundary and medial shape analysis of the hippocampus in schizophrenia [J]. Im. Ana. MEDIA. 2004, 8（3）:197-203.

[110] Huang H, Shen L, Ford J, et al. Functional analysis of cardiac MR images using SPHARM modeling[J]. Proceedings of the SPIE 5747 , 2005: 1384-1391.

[111] 徐鹏捷. 基于内容的三维模型检索技术[D]. 桂林:广西师范大学, 2010.

[112] 史卉萍. 三维颅面建模与编辑方法的研究与实现[D]. 西安:西北大学, 2008.

[113] 盛玲, 姜晓彤. 基于 SPHARM 的环境映射技术[J]. 信息与电子工程, 2010, 8（4）:420-424.

[114] Gotsman C, Gu X, Sheffer A. Fundamentals of spherical parameterization for 3DMeshes[C]. Computer Graphics Proceedings, 2003: 358-363.

[115] Emil P, Hugues H. Spherical parametrization and remeshing[J]. ACM Transactions on Graphics, 2003, 22（3）:340-349.

[116] 严寒冰, 胡事民. 球面坐标下的凸组合球面参数化[J]. 计算机学报, 2005, 28（6）:927-932.

[117] 刘则毅, 杨玮玮, 刘晓利, 等. 一种三角网格的球面参数化算法和应用[J]. 计算机应用研究, 2006, 23（3）:38-40.

[118] Zhou K, Bao H J, Shi J Y. 3D surface filtering using spherical harmonics[J]. Computer Aided Design, 2004, 36（4）:363-375.

[119] 谭家万, 金一丞, 石教英. 任意拓扑三角形网格的全局参数化[J]. 中国图象图形学报, 2003, 8（6）: 686-691.

[120] 邹承明, 李引, 赵广辉, 等. 三角形网格球面参数化研究[J]. 武汉理工大学学报, 2010, 32（6）:126-129.

[121] Shen L, Makedon F S. Spherical mapping for processing of 3-D closed surfaces[J]. Image and Vision Computing, 2006, 24（7）: 743-761.

[122] Yang Z Y, Viktor V, Quang M T, et al. Deformable force feedback model constructed from magnetic resonance images for haptic interaction[C]. 2008 IEEE Nuclear Science Symposium and Medical Imaging Conference （2008 Nss/Mic）, 2008: 1082-1084.

[123] Konstantinos M, Dimitrios T, Michael G S. SQ-map: Efficient layered collision detection and haptic rendering[J]. IEEE

Transactions on Visualization and Computer Graphics, 2007, 13（1）:80-92.

[124] Athanasios V, Michael G S. Distance maps for collision detection of deformable models[C]. Proc. Comput. Graph. Vis. Gaming: Des. Engaging Exp. Soc. Interact, 2008: 216-220.

[125] ZANVR 感知科技. VR 开发工具 Vizard[OL]. [2017-10-11]. http://www. zanvr. com.

[126] China AR. 六大魔性 AR 广告案例[OL]. [2016-11-29]. https://www. chinaar. com/ARzx/3853. html.

[127] 百家号, AR 技术的起源与发展[OL]. [2018-07-14]. https://baijiahao. baidu. com.

[128] VRPinea 媒体. 中国依旧玩不了的《Pokemon Go》又要更新了! 神奥地区的伙伴来了[OL]. [2018-10-12]. https://baijiahao. baidu. com.

[129] 微软演示 HoloLens 版 Minecraft:徒手筑虚拟世界[OL]. [2015-06-16]. https://www. cnbeta. com/articles/tech/403021. htm.

[130] 99VR 世界. AR 头显不只有 HoloLens! Meta2 上手体验与优缺点整理[OL]. [2017-04-27]. http://sico-sst. com/archives /201704/4791. html.

[131] Intel® RealSense™ technology[OL]. https://www. intel. com.

[132] 关于 AR 技术现状及发展趋势的研究报告[OL]. [2018-06-18]. http://www. sohu. com/a/236338396_104421.

[133] AR 观察. 五大 AR 增强现实开发平台简介[OL]. [2017-06-23]. https://www. sohu. com/a/151285093_99899590.

[134] AR 工业应用, 增强现实技术（AR）的 103 个应用场景汇总[OL]. [2017-08-25]. http://www. sohu. com/a/167176445_472880.

[135] 王叫兽. AR 增强现实技术全解读[OL]. [2018-03-11]. https://baijiahao. baidu. com/s?id=1594647896450973502&wfr= spider&for=pc.

[136] 许君婵. 我国网络游戏产业的现状和发展趋势[J]. 电子技术与软件工程, 2017（1）:23-23.

[137] 吴亚峰, 索依娜. Unity 5. X 3D 游戏开发技术详解与典型案例[M]. 北京：人民邮电出版社, 2016.

[138] 孙嘉谦. Unity3D 详解与全案解析——基于多平台次时代手游《黑暗秩序》[M]. 北京:清华大学出版社, 2015.

[139] 德州仪器. SimpleLink™ Zigbee 无线 MCU[OL]. www. TI. com. cn.

[140] 张斌彪. 老人远程看护系统的设计和实现[D]. 长春：吉林大学, 2015.

[141] 庞金岸. 智能弱势群体远程看护原型系统设计与实现[D]. 南京：南京邮电大学, 2017.

[142] 王健. 基于 Kinect 的手势识别及人机互动[D]. 南京:南京邮电大学, 2018.

[143] 何理. 基于加速度传感器的人体摔倒检测系统设计[D]. 重庆:重庆大学, 2016

[144] Zigbee 技术[OL]. [2019-02-12]. baike. baidu. com.

[145] Chang Y J, Chen S F, Chuang A F. A gesture recognition system to transition autonomously through vocational tasks for individuals with cognitive impairments [J]. Res Dev DLsabil, 2011, 32: 2064-2068

[146] Belinda L, Chien-Yen C, Evan S, et al. Development and evaluation of low cost game-based balance rehabilitation tool using the microsoft kinect sensor [J]. Conf Proc IEEE Eng Med Biol Soc, 2011（4）: 1831-1834.

[147] Chang Y J, Chen S F, Huang J D. A Kinect-based system for physical rehabilitation: A pilot study for young adults with motor disabilities [J]. Res Dev Disabil, 2011, 32（6）: 2566-2570.

[148] 罗元，谢鼠, 张毅. 基于 Kinect 传感器的智能轮椅手势控制系统的设计与实现[J]. 机器人，2012, 34（2）: 110-113.

[149] 张良登, 何庆勇, 赵燕, 等. 基于聚类分析的类风湿性关节炎活动期中医证候分类及其诊断研究[J]. 中国中医药信息杂志, 2009（7）:16-18.

[150] 刘渊, 牛维. 退行性膝骨关节病中医证分型的聚类分析[J]. 中国组织工程研究与临床康复, 2010, 14（33）:6184-6187.

[151] Sreenivasa M, Chamorro C J G, Gonzalez-Alvarado D. Patient-specific bone geometry and segment inertia from MRI images for model-based analysis of pathological gait[J]. Journal of Biomechanics, 2016, 49（9）:1918-1925.

[152] Choi J S, Kang D W, Seo J W. The development and evaluation of a program for leg-strengthening exercises and balance assessment using Kinect[J]. Journal of Physical Therapy Science, 2016, 28(1):33-37.

[153] 何丽清, 闫立, 杨涛, 等. 586 例膝骨关节炎中医症型聚类分析及与中医体质的关系[J]. 辽宁中医药大学学报, 2012(7):134-136.

[154] Akhand R, Upadhyay S H. Bearing performance degradation assessment based on a combination of empirical mode decomposition and k-medoids clustering[J]. Mechanical Systems and Signal Processing, 2017, 93:16-29.

[155] 何童. 不确定性目标的 CLARANS 聚类算法[J]. 计算机工程, 2012, 38(11):56-58.

[156] 李晓瑜, 俞丽颖, 雷航, 等. 一种 K-means 改进算法的并行化实现与应用 [J]. 电子科技大学学报, 2017, 46 (1):61-68.

[157] 叶灿华, 陈峰, 钱文伟, 等. 成人型髋关节发育不良的分型与治疗[J]. 中华骨与关节外科杂志, 2017, 10(1):70-75.

[158] 董世明. 基于 Kinect 的增强现实交互技术研究[D]. 上海:上海大学, 2014.

[159] 李恒. 基于 Kinect 骨骼跟踪功能的骨骼识别系统研究[D]. 西安:西安电子科技大学, 2013.

[160] 刘博. 基于 MEMS 传感器的动作捕捉系统开发设计[D]. 北京: 北京理工大学, 2011.

[161] 石云平. 使用平均误差准则函数 E 的 K-means 算法分析[D]. 西安:西安邮电学院, 2012.

[162] 向培素. 两种聚类有效性评价指标的 MATLAB 实现[J]. 西南民族大学学报自然科学版. 2013, 39(6):1002-1005.

[163] 深圳捷通科技有限公司. 欧盟的盲人导航系统使用 RFID 技术啦[OL]. [2018-11-15]. http://www. 51g3. com. cn/jtrfidcn/info_7208441. html.

[164] RFID 导盲手杖 盲人过街福星[OL]. [2016-08-10]. https://tech. hqew. com/news_1241302.

[165] Abby. 大数据 24 小时:我国首部智能导盲机器人亮相东京[OL]. [2017-07-25]. https://www. sohu. com/a/159753163_400678.

[166] 陈超, 唐坚, 靳祖光. 基于 RFID 技术导盲机器人室内路径规划的研究[J]. 江苏科技大学学报(自然科学版), 2013, 27(1):60-63.

[167] 导盲机器人[OL]. [2015-03-16]. baike. baidu. com.

[168] 李子康, 徐桂芝, 郭苗苗. 视听融合导盲机器人的设计与研究[J]. 激光与光电子学进展, 2017, 54(12):1-11

[169] 王丽丽. 电子导盲仪的发展现状与趋势[J]. 甘肃科技, 2012, 28(3):99-100

[170] 刘志. 基于多传感器的导盲机器人同时定位与地图构建[D]. 镇江: 江苏科技大学, 2017.

[171] 刘志, 陈超. 基于激光雷达和 Kinect 信息融合的导盲机器人 SLAM 研究[J]. 江苏科技大学学报(自然科学版), 2017, 32(2):218-223.

[172] 郑欢. 基于 Kinect 的深度图像修复技术研究[D]. 西安: 陕西师范大学, 2016.

[173] Raspberry Pi Desktop[OL]. [2018-11-26]. 树莓派官网.

[174] 上海教授用 AR 三维重建造出真人, 还能把大英博物馆的藏品搬回家[OL]. [2017-11-17]. http://mini. eastday. com/a/171117054605452-2. html.

[175] Newcombe R A, et al. KinectFusion: Real-time dense surface mapping and tracking[C]. Mixed and Augmented Reality (ISMAR), 2011 10th IEEE International Symposium on IEEE, 2011.

[176] Whelan T, et al. Real-time large-scale dense RGB-D SLAM with volumetric fusion[J]. The International Journal of Robotics Research, 2015, 34(4-5): 598-626.

[177] 布格 VR. VR 场景是如何搭建的? 谈谈基于深度相机的三维重建技术[OL]. [2016-08-18]. https://www. gameres. com/676770. html.

[178] Aipiano. Kinect 实现简单的三维重建[EB/OL]. https://blog. csdn.net/Aichipnnunk/article/details8721290.

[179] Curless B, Levoy M. A volumetric method for building complex models from range images[C]. Proceedings of the 23rd annual conference on Computer graphics and interactive techniques, ACM, 1996: 303-312.